数据库技术与应用(应用篇)
——SQL Server 2005

主　编　陆　琳　刘桂林

副主编　罗明亮　成奋华　刘　钢

编　委　黄　胜　李　军　李　桥
　　　　马　翔　邹　竞　刘　俐

中南大学出版社

前　言

　　数据库技术是现代社会各项科学技术中发展最快的技术之一，它综合应用了数学、计算机科学、管理科学等多学科知识，从基本原理、设计技术到开发应用形成了一套完整的知识体系，已成为现代信息系统的基础和核心，在当今社会国民经济各领域得到了广泛的应用。

　　本书以关系数据库系统为核心，按照"原理→设计→应用"循序渐进的模式，全面、系统地阐述了数据库系统的基本原理、设计技术和开发应用的主要知识。全书内容分为两大部分，分别为技术篇与应用篇：其中第 1 章、第 2 章，主要介绍关系数据库的主要基本概念与数据模型，为原理部分；第 3 章、第 4 章、第 5 章，讨论关系数据库的模式、保护以及开发设计等方面的原理、方法与技术，从基础理论知识渐次过渡到实用设计技术，为技术部分；第二部分是应用篇，从第 6 章开始，按照理论联系实际、重在实践操作的原则，以现今最流行的关系数据库管理系统——SQL Server 2005 及其使用的 Transact – SQL 语言为例，通过大量实例，全面介绍了关系数据库的程序设计基础、SQL Server 2005 的安装、配置和各种主要应用操作。

　　本书编者集多年的科研、开发与教学经验，深知数据库系统的学习的主要知识点、重点与难点，并以此为基础，构建了本书全面而不失系统性、翔实而不失严谨性的结构体系。本书内容丰富、重点突出，概念清楚、层次清晰，图文并茂、适合学习。每章都配有丰富的例题和习题，以及本章主要重点内容的小结，因而有助于巩固和加深读者对所学主要内容的掌握。

　　本书内容前后呼应，既有深入透彻的理论知识阐述，又有成熟实用的应用技术介绍，适合作高等院校的计算机类专业、信息管理与信息系统专业的数据库原理与应用课程教材，也可作为数据库应用系统开发人员和从事信息领域工作的科技人员的技术参考书。

　　本书内容按照 96 课时的教学时间编写，立足全面系统，力求讲深讲透，不敢吝啬笔墨。对于希望夯实基础但课时较少的本科专业，可以压缩前述应用篇的讲授课时，对于强调应用技术的专科层次的教学，可以少讲技术培训篇的较为深入的原理介绍。总之，可以根据自己的教学目的进行裁剪、取舍。

　　由于数据库技术发展迅速，加上编者水平有限、时间仓促，难免顾此失彼，对于书中存在的错误和不妥之处，敬请读者批评、指正。

编　者

2010 年 3 月

目　录

第 **6** 章　SQL Server 2005 概述

　　本章介绍 SQL Server 的发展历史、主要新特性和功能、版本及其选用；SQL Server 2005 的环境要求与安装步骤，SQL Server 2005 的工具等内容。本章学习的重点内容有：SQL Server 2005 的版本、选用及安装，SQL Server 2005 的主要工具(管理控制台，配置管理器，文档资源管理器)。本章的难点内容是 SQL Server 2005 的主要工具的使用。

　　通过本章学习，应达到下述目标：
- 掌握 SQL Server 2005 的版本与选用；
- 掌握 SQL Server 2005 的安装与配置；
- 掌握 SQL Server 2005 的管理控制台、配置管理器、文档资源管理器的使用。

　　当前主流 DBMS 大致有 Oracle，DB2，Sybase 和 SQL Server 等几种，其中 Oracle，DB2 等以其优越的性能、海量的数据管理能力、众多的支持平台和相对长久的广泛应用历史而雄踞高端、大型甚至巨型应用的主要市场份额，而 SQL Server 则以其界面友好、易学易用、物美价廉而受到众多中、小型企业及商业应用的欢迎。

　　随着 SQL Server 2005 及 SQL Server 2008 的推出，SQL Server 在延续其物美价廉特点的同时，在系统的安全性、可靠性、可扩展性和海量、高效、智能化方面有了明显的改善，开始了对高、中、低端各类市场和大、中、小型各种应用的全面进军，已经跻身与当今世界主流 DBMS 行列。

6.1　SQL Server 2005 简介

　　SQL Sever 2005 是 Microsoft 公司推出的新一代数据管理与分析软件。该软件通过全面的功能集和现有系统的集成性，以及对日常任务的自动化管理能力，为不同规模的企业提供了一个完整的数据解决方案。

6.1.1　SQL Server 的发展简介

　　SQL Server 是一个关系数据库管理系统，最初由 Microsoft 和 Sybase 共同开发，于 1988 年推出第一个 OS/2 版本。1993 推出的 SQL Server 6.05 是一种小型商业数据库，能满足小部门数据存储和处理需求,数据库与 Windows 集成,易于使用并广受欢迎。Windows NT 推出后,Microsoft 与 Sybase 在 SQL Server 的开发上分道扬镳,Microsoft 专注于开发推广 SQL Server 的 Windows NT 版本,Sybase 则较专注于 SQL Server 在 UNIX 上的应用。

1995 年,在对核心数据库引擎做了重大改写后,Microsoft 推出了 SQL Server 6.05。这是一种小型商业数据库,具备处理小型电子商务和内联网应用程序能力,花费上却少于其他同类产品。

1998 年,再次对核心数据库引擎进行了重大改写后推出的 SQL Server 7.0 是一种相当强大的、具有丰富特性的 Web 数据库产品,它介于基本桌面数据库(如 MS Access)与高端企业级数据库(如 Oracle 和 DB2)之间(价格上亦如此),为中小型企业提供了切实可行且廉价的可选方案,该版本易于使用并提供了对于其他竞争数据库来说需额外附加的昂贵的重要商业工具(例如分析服务、数据转换服务),获得良好声誉。

2000 年推出的 SQL Server 2000 是与 Windows 2000 操作系统完美结合、界面友好、易于安装、部署和使用且功能强大的 DBMS,它实现了客户机/服务器模式和与 Internet 集成,具备构造大型 Web 站点的数据存储组件所需的可伸缩性、可用性和安全性,具备企业级数据库功能,可同时管理上千个并发数据库用户,其分布式查询使用户可以引用来自不同数据源的数据,同时具备分布式事务处理系统,保障分布式数据更新的完整性;它还具备数据仓库功能,可帮助用户完成创建、使用和维护数据仓库的任务。

2005 年推出的 SQL Server2005 作为 Microsoft 的具有里程碑性质的新一代数据管理与商业智能平台,全面继承了 SQL Server 2000 的优点,增加了许多新的功能与特性,有助于简化企业数据与分析应用的创建、部署和管理,并在解决方案伸缩性、可用性和安全性方面实现重大改进,是一款面向高端的、企业级数据库产品。它的用户群极为广泛,可以小到只用于少量用户,也可以大到足以支持最大的企业;它不用花费 Oracle 或者 Sybase 那样大的价钱,但却能向上扩展并处理兆兆字节(TB)的数据而无需太多的考虑。尽管它在性能上与 Oracle、Sybase ASE 和 DB2 尚有相当差距,却因物美价廉而深受用户欢迎。

6.1.2　SQL Server 2005 的新特性简介

SQL Server 2005 中包含了非常丰富的新特性:通过提供一个更安全、可靠和高效的数据管理平台,增强企业组织中用户的管理能力,大幅提升 IT 管理效率并降低运行、维护的风险和成本;通过提供先进的商业智能平台满足众多客户对业务的实时统计分析、监控预测等多种复杂管理需求,推动企业管理信息化建设和业务发展;提供一个极具扩展性和灵活性的开发平台,可以不断拓展用户的应用空间,实现 Internet 数据业务互联,为用户带来新的商业应用机遇。

1.安全、可靠、高效的企业级数据管理平台

在当今互联世界中,数据和管理数据的系统必须始终为用户可用且能确保安全。SQL Server 2005 包含了几个在企业数据管理中关键的增强,使得组织内的用户和信息技术(IT)专家将从减少的应用程序停机时间、提高的可伸缩性及性能、更紧密而灵活的安全控制中获益。

①易管理性:SQL Server 2005 使部署、管理和优化企业数据以及分析应用程序变得更简单、更容易。作为一个企业数据管理平台,它提供单一管理控制台,使数据管理员能够在任

何地方监视、管理和协调企业中所有的数据库和相关的服务。它还提供了一个可以使用 SQL 管理对象轻松编程的可扩展的管理基础结构，使得用户可以定制和扩展他们的管理环境，同时使独立软件供应商(ISV)也能够创建附加的工具和功能来更好地扩展打开即得的能力。针对 SQL 事件探查器及其他工具的改进还可帮助数据库管理员将服务器调节至最佳性能状态。

②高可用性：SQL Server 2005 在高可用性技术、额外的备份和恢复功能，以及复制增强上的投资使企业能够构建和部署高可用的应用程序。例如，数据库镜像、故障转移群集、数据库快照和增强的联机操作等创新有助于最小化停机时间和确保关键企业系统随时接受访问。

③可伸缩性：SQL Server 2005 的表分区、快照隔离和 64 位支持等可伸缩性的改进将使用户能够使用 SQL Server 2005 构建和部署最关键的应用程序，对大型表和索引的分区功能显著地增强了大型数据库的查询性能。

④安全性：SQL Server 2005 的缺省安全保障设置、数据库加密和改进安全模型等增强特性有助于为企业数据提供高度安全保障；在身份验证空间中，强制执行 SQL Server 登录密码策略，并能根据不同范围上指定的权限来提供更细的粒度；在安全管理空间中，允许所有者和架构的分离。

2. 先进、一体化的商业智能平台

SQL Server 2005 使用户可以快速构建部署各类商业智能解决方案，为用户提供深入的业务分析统计和监控预测平台，进一步推动企业的信息化管理和业务发展。SQL Server 2005 提供完整的商业智能套件，包括相关的数据仓库、数据分析、ETL、报表、数据挖掘的一系列设计、开发、管理工具。为了满足客户日渐增强的实时 BI 和企业级应用规模的需求，SQL Server 2005 在构建商业智能平台的实时性、扩展性方面也有了质的飞跃。全新的数据分析工具和丰富的数据挖掘算法将帮助客户有效进行深入的业务监控分析、决策支持；企业级的 ETL 工具将支持各种异类数据和复杂数据业务的整合；面向终端用户的报表设计及管理工具与 Office 的前端集成能够提供非常灵活的数据展示和自由定制功能。

3. 极具扩展性和灵活性的开发平台

SQL Server 2005 将提供更加强大的开发工具和各类新的开发特性，在大大提高开发效率的同时，将进一步拓展用户的应用空间，带来新的商业应用机遇。例如，XML 数据库与 Web Service 的支持将使用户的应用实现 Internet 数据互联，. Net 集成极大的扩展了开发空间，异构数据集成、Service Broker 使用户的数据和其他应用无缝集成，各种新数据类型和 T – SQL 扩展带来了诸多灵活性。C#、VB. Net、XQuery、XMLA、ADO. Net 2. 0、SMO、AMO 等都将成为 SQL Server 数据平台上开发数据相关应用的有力工具。

6.1.3　SQL Server 2005 的功能简介

SQL Server 2005 数据管理系统包括以下服务功能和工具：

①关系型数据库：安全、可靠、可伸缩、高可用性的关系型数据库引擎，提升了性能且支持结构化和非结构化(XML)数据。

②复制服务：数据复制可用于数据分发、处理移动数据应用、企业报表解决方案的后备数据可伸缩存储、与异构系统的集成等，包括已有的 Oracle 数据库等。

③通知服务：该服务用于开发、部署可伸缩应用程序的先进的通知服务，能够向不同的连接和移动设备发布个性化、及时的信息更新。

④集成服务：该服务可以支持数据库和企业范围内数据集成的抽取、转换和装载能力。

⑤分析服务：联机分析（OLAP）功能可用于多维存储的大量、复杂的数据集的快速高级分析。

⑥报表服务：该服务属于全面的报表解决方案，可创建、管理和发布传统的、可打印的报表，以及交互的、基于 Web 的报表。

⑦管理工具：SQL Server 包含的集成管理工具可用于高级数据库管理，它也和其他微软工具，紧密集成在一起。

⑧开发工具：SQL Server 为数据库引擎、数据抽取、转换和装载（ETL）、数据挖掘、OLAP 和报表提供了和 Microsoft Visual Studio 相集成的开发工具，以实现端到端的应用程序开发能力。SQL Server 中每个主要的子系统都有自己的对象模型和 API，能够以任何方式将数据系统扩展到不同的商业环境中。

6.1.4　SQL Server 2005 的版本及其选用

为了满足各类企业和个人独特的性能、运行时间以及价格要求，SQL Server 2005 分为企业版、标准版、工作组版、开发版和快递版 5 个版本，并提供了一批组件供用户选用。

1. SQL Server 2005 的版本

①企业版：SQL Server 2005 Enterprise Edition（32 位和 64 位）。Enterprise Edition 达到了支持大型企业进行联机事务处理（OLTP）、复杂的数据分析、数据仓库系统和网站所需的性能水平。Enterprise Edition 的全面商业智能和分析能力及其高可用性功能（如故障转移群集），使它可以处理大多数关键业务的企业工作负荷。Enterprise Edition 是最全面的 SQL Server 版本，是大型企业的理想选择，能够满足复杂的要求。它的特性包括：支持 64 颗 CPU，无限的伸缩和分区功能，高级数据库镜像功能，完全的在线和并行操作能力，包括完全的 OLAP 和数据挖掘的高级分析工具，报表生成器和定制的高扩展的报表功能，企业级的数据集成服务。企业版支持的 CPU 数和内存数不限，数据库大小不限。

②开发版：SQL Server 2005 Developer Edition（32 位和 64 位）。Developer Edition 使开发人员可以在 SQL Server 上生成任何类型的应用程序。它包括 SQL Server 2005 Enterprise Edition 的所有功能，但有许可限制，只能用于开发和测试系统，而不能用作生产服务器。Developer Edition 是独立软件供应商（ISV）、咨询人员、系统集成商、解决方案供应商以及创建和测试应用程序的企业开发人员的理想选择。Developer Edition 可根据需要升级至 Enterprise Edition。

③标准版：SQL Server 2005 Standard Edition（32 位和 64 位）。Standard Edition 包括电子商务、数据仓库和业务流解决方案所需的基本功能。Standard Edition 的集成商业智能和高可用性功能可以为企业提供支持其运营所需的基本功能。Standard Edition 是为那些需要比 SQL Server2005 工作组版更多功能（如商业智能工具）的中型企业和大型部门而设计的，是需要全面的数据管理和分析平台的中小型企业的理想选择。它的特性包括：支持 4 颗 CPU，高可用性，支持64bit CPU，数据库镜像，增强的集成服务，分析服务和报表服务，数据挖掘，完全的

数据复制和发布。标准版支持的内存数不限,数据库大小不限。

④工作组版:SQL Server 2005 Workgroup Edition(仅适用于 32 位)。Workgroup Edition 可以用作前端 Web 服务器,也可以用于部门或分支机构的运营。它包括 SQL Server 产品系列的核心数据库功能,并且可以轻松地升级至 Standard Edition 或 Enterprise Edition。Workgroup E-dition 是理想的入门级数据库,具有可靠、功能强大且易于管理的特点。对那些不满足 SQL Server 2005 精简版的功能,需要在大小和用户数量上没有限制的数据库,希望得到一个可负担得起的完全数据库产品的中小型组织而言的小型企业,Workgroup Edition 是理想的数据管理解决方案。它的特性包括:管理工具集、导入/导出、有限的复制/发布能力、日志传递备份等功能。工作组版将支持 2 颗 CPU、3GB 内存、数据库大小不限。

⑤快递版:SQL Server 2005 Express Edition(仅适用于 32 位,又称为精简版)。

SQL Server Express 是一个免费、易用且便于管理的数据库。SQL Server Express 与 Mi-crosoft Visual Studio 2005 集成在一起,可以轻松开发功能丰富、存储安全、可快速部署的数据驱动应用程序。SQL Server Express 是免费的,可以再分发(受制于协议),还可以起到客户端数据库以及基本服务器数据库的作用。SQL Server Express 是低端 ISV、低端服务器用户、创建 Web 应用程序的非专业开发人员以及创建客户端应用程序的编程爱好者的理想选择,它为新手程序员提供了学习、开发和部署小型的数据驱动应用程序的快捷途径。它的特性包括:一个简单的管理工具、一个报表向导和报表控件、简单的数据复制与发布功能。它可以免费从 Web 下载。精简版支持 1 颗 CPU、1GB 内存,数据库最大容量为 4GB。

2. SQL Server 2005 的版本选用

大多数企业都在 SQL Server 2005 Enterprise Edition、SQL Server 2005 Standard Edition 和 SQL Server 2005 Workgroup Edition 三个版本之间选择。这是因为只有 Enterprise Edition、Standard Edition 和 Workgroup Edition 可以在生产服务器环境中安装和使用。

对于大型企业客户,大多希望以一种简洁的方式获得一个完整的、集成的数据平台。他们希望使用一个单一的产品来完成数据库、商业智能、报表、数据挖掘或是其他各类的数据解决方案的构建。此外,客户还希望这个产品能尽可能地满足他们的需求,包括安全、高可用性、协同工作能力、易管理性或是生产力方面的需求。SQL Server 2005 企业版将是这部分客户的理想选择。

对于中小型企业,使用 SQL Server 2005 标准版完全能够满足需求。小型机构需要的是入门级的数据库产品和快捷易用的数据库解决方案,SQL Server 工作组版成为很好的选择。

有的情况下,用户可以不花钱而将一个轻量级数据库嵌入到他们的应用程序中,因此,精简版是他们很好的选择。

6.1.5　SQL Server 2005 的组件简介

1. 服务器组件

包括 SQL Server 数据库引擎、SSAS、Reporting Services、Notification Services 和 SSIS。

(1)SQL Server 数据库引擎(SQL Server Database Engine)。包括数据库引擎、复制、全文搜索以及用于管理关系数据和 XML 数据的工具。

①数据库引擎:提供存储、处理和保证数据安全的核心服务。它提供控制访问和进行快

速的事务处理,满足企业中最需要占用数据的应用程序的要求;还为维护高可用性提供了大量支持。它包括存储引擎和查询处理器两个组件。

②复制:复制是在数据库之间对数据和数据库对象进行复制和分发,然后在数据库之间进行同步以保持一致性的一组技术。使用复制可以将数据通过局域网、广域网、拨号连接、无线连接和 Internet 分发到不同位置以及分发给远程用户或移动用户。

③全文搜索:提供针对 SQL Server 表中基于纯字符的数据进行全文查询的功能。它包括 Microsoft Full – Text Engine for SQL Server(MSFTESQL,提供索引支持和查询支持)和 Microsoft Full – Text Engine Filter Daemon(MSFTEFD)两个组件。

(2)SQL Server Analysis Services(SSAS)。包括用于创建和管理联机分析处理(OLAP)及数据挖掘应用程序的工具。SSAS 使用服务器组件和客户端组件为商业智能应用程序提供 OLAP 和数据挖掘功能。

(3)SQL Server Reporting Services。包括用于创建、管理和部署表格报表、矩阵报表、图形报表以及自由格式报表的服务器和客户端组件。它是基于服务器的报表平台,提供支持 Web 的企业级报告功能,以便用户创建能从多种数据源(例如关系数据源、多维数据源)获取内容的报表,以不同格式(表格、矩阵、图形、自由格式等)发布报表,并集中管理安全性和订阅。

Reporting Services 的安装需要 Internet 信息服务(IIS)5.0 或更高版本;其报表设计器组件需要 Microsoft Internet Explorer 6.0 Service Pack(SP)1)。

(4)SQL Server Notification Services。是生成并发送通知的应用程序的开发和部署平台。使用它可及时生成个性化消息并将其发送到成千上万的订阅方,还可将消息传递给各种设备。

(5)SQL Server Integration Services(SSIS)。SSIS 是生成高性能数据集成解决方案(包括数据仓库的提取、转换和加载(ETL)包)的平台,包括一组图形工具和可编程对象。SSIS 用于:执行工作流函数、SQL 语句或发送电子邮件的任务;提取和加载数据的数据源和目标;清理、聚合、合并和复制数据的转换;管理 Integration Services 理服务;对 Integration Services 对象模型编程的应用程序编程接口(API)。

2. 客户端组件

连接组件:用于客户端和服务器之间通信的组件,以及用于 DB – Library、ODBC 和 OLE DB 的网络库。(安装 Notification Services、SQL Server 引擎组件或 SSMS 时已包含 Notification Services 客户端组件)

3. 管理工具组件

SQL Server 2005 的管理工具主要包括 SSMS、配置管理器、SQL Server Profiler、数据库引擎优化顾问。

①SQL Server Management Studio(SSMS)。一个用于访问、配置、管理和开发 SQL Server 的所有组件的集成环境。SQL Server 2005 将 SQL Server 早期版本中的查询分析器(相当于 SSMS 中的代码编辑器)、企业管理器集成到了 SSMS 中。SSMS 的安装需要 Internet Explorer 6.0 SP1。

②SQL Server 配置管理器。为 SQL Server 服务、服务器协议、客户端协议和客户端别名提供基本配置管理。SQL Server 2005 将 SQL Server 早期版本中的服务器网络实用工具、客户

端网络实用工具、服务管理器等集成到了 SQL Server 配置管理器中。

③SQL Server Profiler。用于监视数据库引擎实例或 Analysis Services 实例。

④数据库引擎优化顾问。可以协助创建索引、索引视图和分区的最佳组合。SQL Server 2005 将 SQL Server 早期版本中的索引优化向导集成到了数据库引擎优化顾问中,并进行了改进。

4. 开发工具组件

Business Intelligence Development Studio。用于 Analysis Services、Reporting Services 和 Integration Services 解决方案的集成开发环境。其安装需要 Internet Explorer 6.0 SP1。

5. 文档和示例组件

主要包括 SQL Server 2005 联机丛书、示例数据库和示例。

①SQL Server 联机丛书。是 SQL Server 2005 的核心文档,详细介绍了 SQL Server 的各种功能及其使用。

②SQL Server 示例。提供数据库引擎、Analysis Services、Reporting Services 和 Integration Services 的示例代码和示例应用程序。其示例数据库基于 Adventure Works Cycles 公司的 Adventure Works 示例 OLTP 数据库、AdventureWorksDW 示例数据仓库及 AdventureWorksAS 示例分析服务数据库。这些数据库用在 SQL Server 联机丛书的代码示例及随产品安装的配套应用程序和代码示例中。

本节所述部分组件模块的较详细的介绍,请参考本章第 6.3 节。

6.2　SQL Server 2005 的安装和设置

SQL Server 2005 提供了一个完整的数据管理和分析解决方案。为了更好地满足每一个客户的需求,微软重新设计了 SQL Server 2005 产品家族。在产品家族中,不同的版本对计算机硬件、软件都有不同的要求。根据应用程序的需要,安装要求可能有很大不同。SQL Server 2005 的不同版本能够满足企业和个人独特的性能、运行时间以及价格要求,需要安装哪个版本和组件应根据企业或个人的需求而定。

SQL Server 2005 支持同一台计算机上数据库引擎、SQL Server 2005 Analysis Services(SSAS)和 SQL Server 2005 Reporting Services(SSRS)的多个实例。也可以在已安装 SQLServer 早期版本的计算机上升级 SQL Server,或安装 SQL Server 2005。

6.2.1　安装和运行 SQL Server 2005 的环境要求

本节描述运行 SQL Server 2005 的最低硬件和软件要求。注意。在 32 位平台上运行 SQL Server 2005 的要求与在 64 位平台上的要求不同,本书以 32 位平台为例介绍。

1. 一般环境要求

①监视器:SQL Server 图形工具需要分辨率至少为 1024×768 像素。

②网络软件:Windows 2003、Windows XP 和 Windows 2000 都具有内置网络软件。独立的命名实例和默认实例支持以下网络协议:Shared Memory;Named Pipes;TCP/IP;VIA。

注意:在故障转移群集上不支持 Shared memory;SQL Server 2005 不支持 Banyan VINES

顺序包协议(SPP)、多协议、AppleTalk 和 NWLink IPX/SPX 网络协议。以前使用这些协议连接的客户端必须选择其他协议才能连接到 SQL Server 2005。

2. Internet 要求

①Internet 软件:需要 Microsoft Internet Explorer 6.0 SP1 或更高版本(最小安装即可,不要求 Internet Explorer 是默认浏览器)。如果只安装客户端组件且不需要连接到要求加密的服务器,则 IE 4.01(带 Service Pack 2)即可满足要求。

②Internet 信息服务(IIS):安装 SQL Server 2005 Reporting Services(SSRS)需要 IIS 5.0 或更高版本。

③ ASP. NET 2.0:Reporting Services 需要 ASP. NET 2.0。安装 Reporting Services 时,如果尚未启用 ASP. NET,则 SQL Server 安装程序将启用 ASP. NET。

如果在 64 位服务器上安装 Reporting Services(64 位),则必须安装 64 位版本的 ASP. NET。如果在 64 位服务器的 32 位子系统(WOW64)上安装 Reporting Services(32 位),则必须安装 32 位版本的 ASP. NET。Reporting Services 不支持同时在 64 位平台上和 WOW64 上进行并行配置。

3. 软件组件要求

SQL Server 安装程序需要 Microsoft Windows Installer 3.1 或更高版本,以及 Microsoft 数据访问组件(MDAC)2.8 SP1(可从 Microsoft 网站下载)或更高版本。SQL Server 安装程序安装该产品所需的以下软件组件:Microsoft Windows. NET Framework 2.0、Microsoft SQL Server 本机客户端和 Microsoft SQL Server 安装程序支持文件。这些组件中的每一个都是分别安装的,只有 Microsoft SQL Server 安装程序支持文件会在卸载 SQL Server 2005 时被自动删除。

注意:SQL Server 2005 Express Edition 不安装. NET Framework 2.0。在安装 SQL Server 2005 Express Edition 之前,必须从 Microsoft 网站下载并安装. NET Framework 2.0。另外,SQL Server 2005 不安装. NET Framework 2.0 软件开发包(SDK,包含文档、C++ 编译器和其他工具),可以从 Microsoft 网站下载. NET Framework SDK。

安装所需组件之后,SQL Server 安装程序将验证要安装 SQL Server 的计算机是否也满足成功安装所需的所有其他要求。

4. 硬盘空间要求

实际硬盘空间要求取决于系统配置和选择安装的应用程序和功能。

表 6 - 1　SQL Server 2005 各组件对磁盘空间的要求

功　能	磁盘空间要求
数据库引擎和数据文件、复制以及全文搜索	150 MB
Analysis Services 和数据文件	35 kB
Reporting Services 和报表管理器	40 MB
Notification Services 引擎组件、客户端组件和规则组件	5 MB
Integration Services	9 MB

续表 6-1

功　　能	磁盘空间要求
客户端组件	12 MB
管理工具	70 MB
开发工具	20 MB
SQL Server 联机丛书和 SQL Server Mobile 联机丛书	15 MB
示例和示例数据库	390 MB

5. CPU 和内存要求

表 6-2　32 位平台上安装和运行 SQL Server 2005 的 CPU 和 RAM 要求

SQL Server 2005(32 位)版本	处理器类型要求	处理器速度要求	内存(RAM)要求
企业版、开发版、标准版、工作组版	Pentium III 兼容处理器或更高	最低:600 MHz 建议:≥1 GHz	最小 512 MB;建议:≥1 GB
快递版			最小 192 MB;建议:≥512 MB

6. 操作系统要求

表 6-3　部分常用 OS 对于 32 位 SQL Server 2005 的服务器软件的支持状况

OS	企业版	开发版	标准版	工作组版	快递版
Windows 2000	否	否	否	否	否
Windows 2000 Professional Edition SP4	否	是	是	是	是
Windows 2000 Server SP4	是	是	是	是	是
Windows 2000 Advanced Server SP4	是	是	是	是	是
Windows 2000 Datacenter Edition SP4	是	是	是	是	是
Windows XP Home Edition SP2	否	是	否	否	是
Windows XP Professional Edition SP2	否	是	是	是	是
Windows XP Media Edition SP2	否	是	是	是	是
Windows XP Tablet Edition SP2	否	是	是	是	是
Windows 2003 Server SP1	是	是	是	是	是
Windows 2003 Enterprise Edition SP1	是	是	是	是	是
Windows 2003 Datacenter Edition SP1	是	是	是	是	是
Windows 2003 Web Edition SP1	否	否	否	否	是

7. 支持的客户端(32 位)

32 位 SQL Server 2005 客户端组件可安装到 Windows 2000 Professional SP4 或更高版本上。

6.2.2　SQL Server 2005 的安装步骤

本书以 SQL Server 2005 开发版为例,介绍 SQL Server 2005 的安装和配置。

1. 安装 SQL Server 2005 前的准备工作

(1)确保计算机系统能满足 SQL Server 2005 相应版本的最低要求(包括对 CPU、内存、硬盘空间、操作系统等的要求,参见本章第 6.2.1 节)。

(2)安装 Microsoft Windows Installer 3.1 或更高版本、Microsoft Internet Explorer 6.0 SP1 或更高版本、Microsoft 数据访问组件(MDAC)2.8 SP1 或更高版本。

(3)安装 Microsoft Visual Studio 2005、Microsoft. NET Framework SDK v2.0。但不要安装 Microsoft Visual Studio 2005 自带的 SQL Server 2005(该 SQL Server 2005 是精简版)。

(4)如果安装 Reporting Services,需先安装和启用 Microsoft Internet Information Services (IIS) 5.0 或更高版本,以及 ASP. NET 2.0。

(5)保证 Windows Management Instrumentation(WMI)服务可以使用。

(6)SQL Server 2005 不能安装到压缩驱动器上,也不能安装到域控制器上。

(7)如果在运行 Microsoft Windows XP 或 Windows 2003 的计算机上安装 SQL Server 2005,并且要求 SQL Server 2005 与其他客户端和服务器通信,则先创建一个或多个域用户账户。

(8)安装 SQL Server 时,先退出防病毒软件;停止依赖于 SQL Server 的所有服务(包括所有使用开放式数据库连接(ODBC)的服务,如 Internet 信息服务(IIS);退出事件查看器和注册表编辑器(Regedit. exe 或 Regedt32. exe)。

(9)检查所有 SQL Server 安装选项,并准备在运行安装程序时作适当选择。

2. 安装 SQL Server 2005 的步骤

(1)将第 1 张安装盘(系统安装盘)放入光驱,运行 setup. exe,进入安装启动界面(如图 6 -1),单击"安装"项目下的"服务器组件、工具、联机丛书和示例(C)"。

图 6 -1　安装启动界面

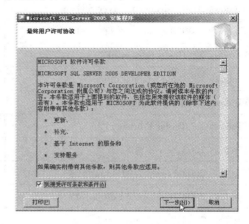

图 6 -2　最终用户许可协议界面

（2）进入最终用户许可协议界面，选择"我接受许可条款和条件"（如图 6 - 2），然后单击"下一步"。

（3）进入安装必备组件界面，单击"安装"，安装和配置必备组件（如图 6 - 3）。

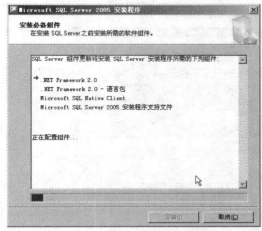

图 6 - 3　安装和配置必备组件界面

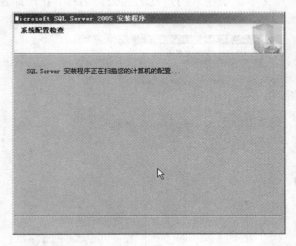

图 6 - 4　配置必备组件界面

（4）必备组件安装完后，单击"下一步"，安装程序将进行系统配置检查（扫描计算机配置，如图 6 - 4），继而进入 SQL Server 2005 安装向导界面（如图 6 - 5），单击"下一步"。

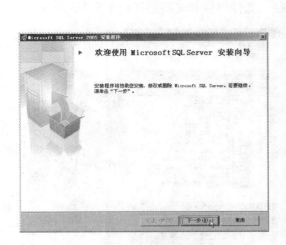

图 6 - 5　安装向导界面

图 6 - 6　系统配置检查界面

（5）进入系统配置检查（如图 6 - 6）。安装程序将对系统的硬件、软件进行整体检查。如果操作成功，则显示状态"成功"；如果不成功，但不影响安装，则显示状态"警告"；如果不成功,影响了以后的安装,则显示状态"失败",用户应该根据报告重新设置,再安装。如果没有"失败"状态,则单击"下一步"。

(6)进入准备安装界面(如图6-7)。准备安装结束后,进入注册信息界面(如图6-8)。在文本框中输入用户姓名和公司名称,在产品密钥中输入注册密码,然后单击"下一步"。

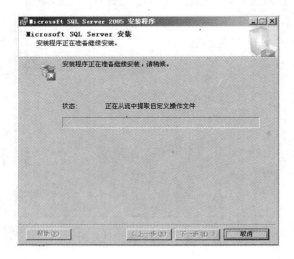

图6-7　准备安装界面

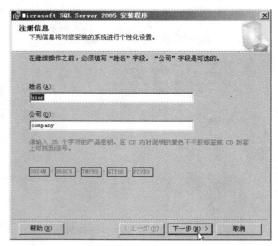

图6-8　注册信息界面

(7)进入组件安装选择界面(如图6-9)。用户可根据自己的需要选择安装相应的组件,也可单击"高级"进入"功能选择"(就各组件的各功能部分进行选择,如图6-10)。在功能选择界面中可选择各功能组件的安装路径(如图6-10鼠标箭头所指处),并可查看计算机上的磁盘开销以帮助决定SQL Server 2005的安装路径。选择组件和安装路径后单击"下一步"。

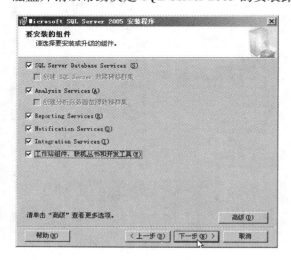

图6-9　组件安装选择界面

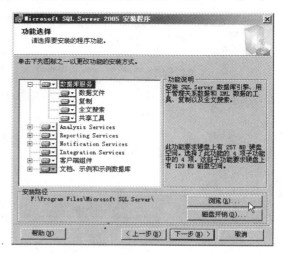

图6-10　高级安装组件功能选择界面

（8）进入实例名选择界面，可选择默认的"默认实例"（如图 6 – 11），然后单击"下一步"。

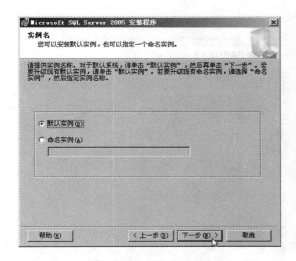

图 6 – 11　实例名选择界面

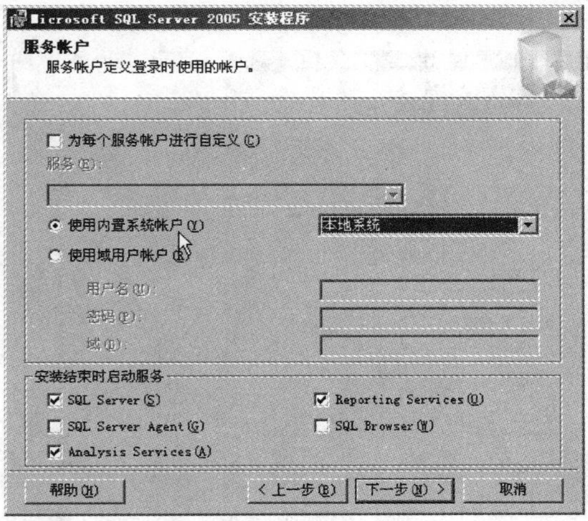

图 6 – 12　服务账户定义界面

（9）进入服务账户定义界面，选择"使用内置系统账户"（如图 6 – 12），然后单击"下一步"。

（10）进入身份验证模式界面，设置系统要使用的身份验证模式。可选择默认的"Windows 身份验证模式"，不用设置密码（如图 6 – 13）；如果选择"混合模式"，则需要设置超级用户 sa 的登录密码。然后单击"下一步"。

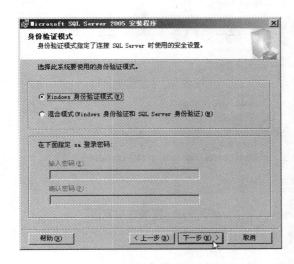

图 6 – 13　身份验证模式选择界面

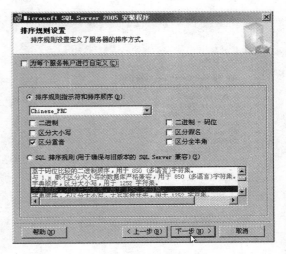

图 6 – 14　排序规则设置界面

（11）进入排序规则设置界面，选择默认的各选项（如图 6 – 14），单击"下一步"。

（12）进入报表服务器安装选项界面，选择"安装默认配置"（如图 6 – 15），单击"下一步"。

（13）进入错误和使用情况报告设置界面，可选择发送方式或不选，单击"下一步"（如图6－16）。

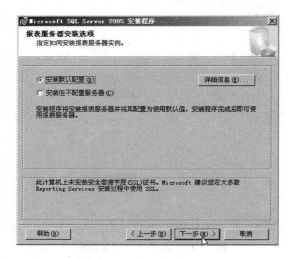

图6－15　报表服务器安装选项界面

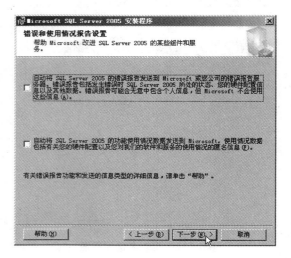

图6－16　错误和使用情况报告设置界面

（14）进入准备安装界面（如图6－17），该界面显示了下一步准备安装的组件，单击"下一步"。

图6－17　准备安装界面

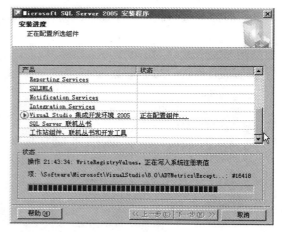

图6－18　安装进度界面

（15）进入安装进度界面（如图6－18）。该界面逐个描述各组件的安装和配置进程，耗时较长。当安装进度界面中所有的产品名称前面的符号都为绿色的"√"时（如图6－19），表明所有的组件都已经安装成功，则可单击"下一步"。

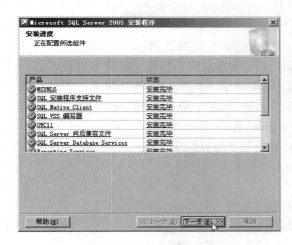
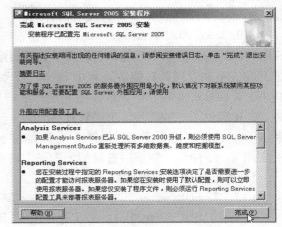

图 6-19　安装进度完毕界面　　　　　　　　图 6-20　安装完成界面

（16）进入安装完成界面（如图 6-20），标志 SQL Server 2005 的安装完成。

说明：第 1 张安装盘（系统安装盘）安装完毕则表明 SQL Server 2005 已经安装成功。第 2 张安装盘（工具安装盘）可不安装。

6.3　SQL Server 2005 的工具

SQL Server 2005 大量的图形工具和命令行工具，能够完成对 SQL Server 2005 的管理和开发任务。主要工具大致可以分为 4 类：

①管理工具：包括 SQL Server Management Studio、SQL Server Configuration Manager、SQL Server Profiler、Database Engine Tuning Advisor。

②开发工具：包括 Business Intelligence Development Studio（业务智能开发工具）

③命令行工具：包括 bcp 工具、dta 工具、dtexec 工具、dtutil 工具、nscontrol 工具等。

④帮助：包括 SQL Server 2005 联机丛书、示例数据库和示例。

通过这些工具，用户、程序员和管理员可以执行以下功能：启动和停止 SQL Server；管理和配置 SQL Server；确定 SQL Server 副本中的目录信息；设计和测试用于检索数据的查询；复制、导入、导出和转换数据；提供诊断信息。

除了这些实用工具外，SQL Server 还提供几个向导，可引导管理员和程序员完成必要的步骤以执行更复杂的管理任务。

本节介绍 SQL Server 2005 中几个主要管理和开发工具的使用。

6.3.1　SQL Server Management Studio（管理控制台）

SQL Server 2005 将服务器管理和业务对象创建合并到两种集成环境中：SQL Server Management Studio 和 Business Intelligence Development Studio。这两个环境通过使用解决方案和项目来进行管理和组织。这两个 Visual Studio 环境是独立的环境，不属于 Visual Studio.NET。

它们是为使用 SQL Server、SQL Server Mobile、Analysis Services、Integration Services 和 Reporting Services 的商业应用程序开发者设计的。

SQL Server Management Studio(SSMS,管理控制台)是一个用于访问、配置和管理所有 SQL Server 组件的集成环境。它组合了大量图形工具和丰富的脚本编辑器,使各种技术水平的开发人员和管理员都能访问 SQL Server。SSMS 中集成了 SQL Server 早期版本中的企业管理器、查询分析器和分析管理器的功能,是 SQL Server 2005 中最重要的管理工具组件。此外,它还提供了一种环境,用于管理 Analysis Services、Integration Services、Reporting Services 和 XQuery。此环境为开发者提供了一个熟悉的体验环境,为数据库管理人员提供了一个单一的实用工具,使用户能够通过易用的图形工具和丰富的脚本完成任务。

SSMS 包括以下常用功能:

(1)支持 SQL Server 2005 和 SQL Server 2000 的多数管理任务。

(2)用于 SQL Server Database Engine 管理和创作的单一集成环境。

(3)用于管理 SQL Server Database Engine、Analysis Services、Reporting Services、Notification Services 以及 SQL Server Mobile 中的对象的新管理对话框,使用这些对话框可以立即执行操作,将操作发送到代码编辑器或将其编写为脚本以供以后执行。

(4)非模式以及大小可调的对话框允许在打开某一对话框的情况下访问多个工具。

(5)常用的计划对话框使用户可以在以后执行管理对话框的操作。

(6)在 Management Studio 环境之间导出或导入 SSMS 服务器注册。

(7)保存或打印由 SQL Server Profiler 生成的 XML 显示计划或死锁文件,供以后进行查看,或将其发送给管理员以进行分析。

(8)新的错误和信息性消息框提供了更多信息,使用户可以向 Microsoft 发送有关消息的注释,将消息复制到剪贴板,还可以通过电子邮件轻松地将消息发送给支持组。

(9)集成的 Web 浏览器可以快速浏览 MSDN 或联机帮助。

(10)从网上社区集成帮助。

(11)具有筛选和自动刷新功能的新活动监视器。

(12)集成的数据库邮件接口。

若要正常使用 SSMS,首先必须在如图 6 – 21 所示的对话框中注册并连接一个服务器。在服务器类型、服务器名称、身份验证中输入或选择正确信息。单击"连接"按钮,即可注册登录到 SSMS,如图 6 – 21 所示。(当然,要使图 6 – 21 所示的连接到服务器操作执行成功,先要启动拟连接的服务器。如果指定的服务器未启动,可在 SSMS 的"已注册的服务器"窗口中展开"数据库引擎",在拟连接的已注册服务器图标上单击右键,在弹出的快捷菜单中选择"启动"选项,启动拟连接的服务器)SSMS 的工具组件包括已注册的服务器、对象资源管理器、解决方案资源管理器、模板资源管理器、摘要以及查询编辑器等,如图 6 – 22 所示。若要显示某个工具,在 SSMS 主界面顶层下拉菜单中选择"视图"菜单上该工具名称即可。若要显示查询编辑器工具,单击标准工具栏的"新建查询"按钮即可。

1.已注册的服务器

默认状态下,SSMS 主界面左上角是"已注册的服务器"组件,它显示注册服务器数据库引擎的名称信息。当数据库引擎的图标显示为 时,表示已成功注册并启动,用户可以访问

图 6 − 21　连接到服务器

图 6 − 22　SQL Server Management Studio 主界面

数据库服务器和数据库服务器提供的各种服务和数据库服务器中的每个数据库。当数据库引擎的图标显示为 时，表示没有成功注册，不能使用。

　　用户可以通过该组件创建、删除、移动和重命名已注册的服务器和服务器组，还可以注册到网络中其他 SQL Server 服务器等，类似于 SQL Server 2000 的服务管理器和企业管理器。

　　例如，用户可以在"已注册的服务器"窗口中选中某一服务器，通过鼠标右键的快捷菜单,可以启动、停止、暂停、重新启动服务器,可以进行 SQL Server 配置管理器设置、登录身份验证方式设置,还可以导入、导出其他服务器。

2. 对象资源管理器

默认状态下,SSMS 主界面左下角是"对象资源管理器"组件。对象资源管理器是 SSMS 的一个最常用、最重要的组件,可连接到数据库引擎实例、Analysis Services、Integration Services、Reporting Services 和 SQL Server Mobile。它提供了服务器中所有对象的视图,并具有可用于管理这些对象的用户界面。用户可以通过该组件操作数据库,包括新建、修改、删除数据库、表、视图操作,新建查询、设置关系图、设置系统安全、数据库复制、数据备份、恢复等设置。对象资源管理器的功能根据服务器的类型稍有不同,但一般都包括用于数据库的开发功能和用于所有服务器类型的管理功能,类似于 SQL Server 2000 的企业管理器。

3. 解决方案资源管理器

解决方案资源管理器组件用于在解决方案或项目中查看和管理项以及执行项管理任务。

SSMS 提供了两个用于管理数据库项目的容器:解决方案和项目。这些容器所包含的对象称为项。"项目"是一组文件和相关的元数据。项目中的文件取决于该项目用于哪个 SQL Server 组件。例如,SQL Server 项目可能包含用于定义数据库中的对象的数据定义语言(DDL)查询。"解决方案"包含一个或多个项目,以及定义整个解决方案所需的文件和元数据。解决方案和项目所包含的"项"表示创建数据库解决方案所需的脚本、查询、连接信息和文件。用户可以通过该组件添加、删除项目等设置。通过该组件,用户还可使用 SQL Server Management Studio 编辑器对与某个脚本项目关联的项进行操作。

说明:SQL Server Management Studio 不支持 Visual Studio. NET 解决方案或项目。

4. 摘要页

摘要页显示对象资源管理器中当前所选节点的摘要或提示等有关信息。

在对象资源浏览器中选中一项后,SSMS 将在称为摘要页的文档窗口中显示有关该对象的信息。可以将 SSMS 配置为启动 Management Studio 时自动显示摘要页,或不显示摘要页以节省时间。

选择列表模式可将对象资源管理器节点显示为对象列表。其中"列表"仅显示对象名,"详细信息"显示其他信息(如果可用的话)。在列表模式中,单击"向上"按钮可以使摘要页显示上一级节点的信息;双击某个元素则可以使其显示下一级节点的信息。

选择"报表"模式则以报表格式显示信息,显示的信息随所选对象类型的不同而不同。

5. 模板资源管理器

模板即为样板文件,包含的 SQL 脚本可帮助用户在数据库中创建对象。SQL Server 2005 的模板资源管理器提供了多种模板(可从模板资源管理器中打开模板),可在代码资源管理器中快速构造代码。模板按要创建的代码类型分组。这些模板适用于解决方案、项目和各种类型的代码编辑器。模板可用于创建对象,如数据库、表、视图、索引、存储过程、触发器、统计信息和函数。此外,通过创建用于 Analysis Services 和 SQL Server Mobile 的扩展属性、链接服务器、登录、角色、用户和模板,有些模板还可以帮助用户管理服务器。

6. 查询编辑器

SSMS 除了提供图形工具,还提供了 SQL 代码编辑器。通过 SQL 代码编辑,用来撰写

T-SQL、MDX、DMX、XML/A 和 XML 脚本。查询编辑器中的 SQL 代码可以使用所有 T-SQL 脚本能够使用的功能。这些功能包括颜色编码、执行脚本、源代码管理、分析脚本和显示计划等，类似于 SQL Server 2000 的查询分析器。

查询编辑器工具可通过单击标准工具栏的"新建查询"进入，其界面如图 6-23 所示。

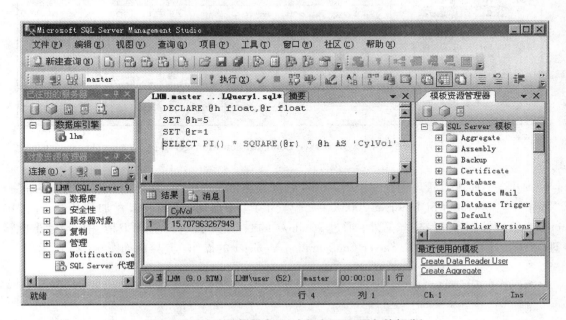

图 6-23　查询编辑器窗口(中间有 SQL 语句的部分)

6.3.2　SQL Server Configuration Manager(配置管理器)

SQL Server Configuration Manager(配置管理器)用于管理与 SQL Server 相关联的服务、配置 SQL Server 使用的网络协议以及从 SQL Server 客户端计算机管理网络连接配置。SQL Server 配置管理器集成了 SQL Server 2000 工具中的服务器网络实用工具、客户端网络实用工具和服务管理器的功能，其界面如图 6-24 所示。

可以使用 SQL Server 配置管理器启动、停止、暂停、恢复或配置另一台计算机上的服务，以及查看或更改服务属性，还可以更改服务使用的账户(更改 SQL Server 或 SQL Server 代理服务使用的账户，或更改账户的密码)。还可以执行其他配置，例如在 Windows 注册表中设置权限，以使新的账户可以读取 SQL Server 设置。

可以使用 SQL Server 配置管理器来管理服务器和客户端网络协议。可以配置服务器和客户端网络协议以及连接选项，其中包括强制协议加密、查看别名属性或启用/禁用协议等功能。

SQL Server 2005 支持 Shared Memory、TCP/IP、Named Pipes 以及 VIA 协议，不支持 Banyan VINES 顺序包协议(SPP)、多协议、AppleTalk 和 NWLink IPX/SPX 网络协议。以前使用这些协议连接的客户端必须选择其他协议才能连接到 SQL Server 2005。

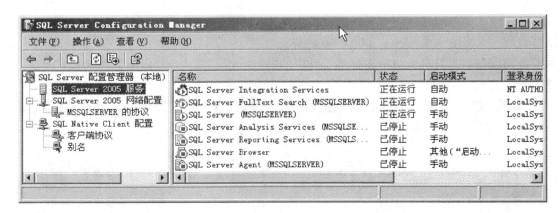

图6-24 SQL Server Configuration Manager 界面

SQL Server 配置管理器是一个 Microsoft 管理控制台管理单元,可从 Windows 的"开始"→"程序"→"Microsoft SQL Server 2005"→"配置工具"中启动,也可将其添加到其他任何 Microsoft 管理控制台显示中。另外,通过 Windows 的"控制面板"→"管理工具"中的"计算机管理"组件,也可实现对 SQL Server Configuration Manager 的操作,其界面如图6-25所示。

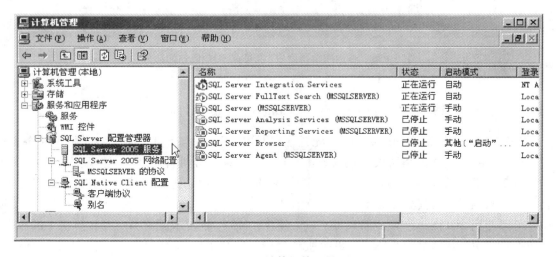

图6-25 计算机管理界面

6.3.3 SQL Server Profiler

SQL Server Profiler(SQL Server 简略)提供了图形用户界面,是用于从服务器捕获 SQL Server 2005 事件的工具,用于监视数据库引擎实例或 Analysis Services 实例。事件保存在一个跟踪文件中,可在以后对该文件进行分析,也可以在试图诊断某个问题时,用它来重播某一系列的步骤。

　　用户可以使用 SQL Server Profiler 来捕获有关每个事件的数据并将其保存到文件或表中供以后分析，例如，可以对生产环境进行监视，了解哪些存储过程由于执行速度太慢影响了性能。

　　SQL Server Profiler 用于下列活动中：①逐步分析有问题的查询以找到问题的原因；②查找并诊断运行慢的查询；③捕获导致某个问题的一系列 Transact－SQL 语句，然后用所保存的跟踪在某台测试服务器上复制此问题，接着在该测试服务器上诊断问题；④监视 SQL Server 的性能以优化工作负荷；⑤使性能计数器与诊断问题关联。

　　SQL Server Profiler 还支持对 SQL Server 实例上执行的操作进行审核。审核将记录与安全相关的操作，供安全管理员以后复查。

　　SQL Server Profiler 类似于 SQL Server 2000 的 SQL 事件探查器。

　　SQL Server Profiler 可从 SQL Server Management Studio 主界面的"工具"选项下启动，也可从 Windows 的"开始"→"程序"→"Microsoft SQL Server 2005"→"性能工具"中启动，其界面如图 6－26 所示。

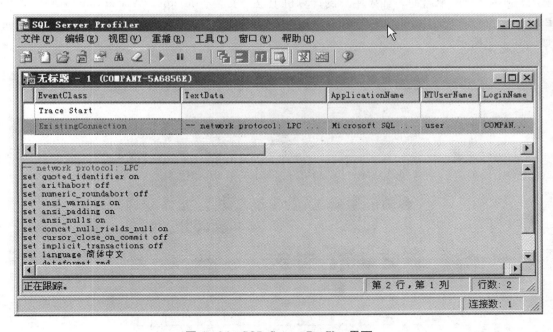

图 6－26　SQL Server Profiler 界面

6.3.4　Database Engine Tuning Advisor(数据库引擎优化顾问)

　　Database Engine Tuning Advisor(数据库引擎优化顾问)是 SQL Server 早期版本中的索引优化向导的改进和增强。它可以帮助用户选择和创建索引、索引视图和分区，达到最佳组合，而且并不要求用户具有数据库结构、工作负载和 SQL Server 2005 内核的专业知识。

　　数据库引擎优化顾问可从 SQL Server Management Studio 主界面的"工具"选项下启动，也可从 Windows 的"开始"→"程序"→"Microsoft SQL Server 2005"→"性能工具"中启动。

6.3.5 Business Intelligence Development Studio(业务智能开发工具)

Business Intelligence Development Studio(BIDS,业务智能开发工具)是一个用于开发商业智能构造(如多维数据集、数据源、报告和 Integration Services 软件包)的集成环境。它包含一些项目模板,这些模板可提供开发特定构造的上下文。例如,如果用户要创建一个包含多维数据集、维数或挖掘模型的 Analysis Services 数据库,则可以选择一个 Analysis Services 项目。

在 Business Intelligence Development Studio 中开发项目时,用户可以将其作为某个解决方案的一部分进行开发,而该解决方案独立于具体的服务器。例如,用户可在同一个解决方案中包括 Analysis Services 项目、Integration Services 项目和 Reporting Services 项目。在开发过程中,用户可将对象部署到测试服务器中进行测试,然后,可以将项目的输出结果部署到一个或多个临时服务器或生产服务器。

Business Intelligence Development Studio 可从 Windows 的"开始"→"程序"→"Microsoft SQL Server 2005"中启动。如果用户的计算机上已经安装有 Microsoft Visual Studio 2005 系统,Business Intelligence Development Studio 将共用 Microsoft Visual Studio 2005 系统的 IDE 界面,如图 6 - 27 所示。

图 6 - 27 Microsoft Visual Studio 2005 系统的 IDE 界面

SSMS 和 BIDS 都提供组织到解决方案中的项目。SQL Server 项目作为 SQL Server 脚本、Analysis Server 脚本和 SQL Server Mobile 脚本保存。Business Intelligence Development Studio 项目作为 Analysis Services 项目、Integration Services 项目和报表项目保存。应该使用创建项目的工具打开相应的项目。

SSMS 用于开发和管理数据库对象，以及用于管理和配置现有 Analysis Services 对象。BIDS 用于开发商业智能应用程序。如果要实现使用 SQL Server 数据库服务的解决方案，或者要管理使用 SQL Server、Analysis Services，Integration Services 或 Reporting Services 的现有解决方案，则应当使用 SSMS。如果要开发使用 Analysis Services、Integration Services 或者 Reporting Services 的方案，则应当使用 BIDS。

6.3.6　命令行工具

SQL Server 2005 提供了许多命令行工具，使用这些命令，可同 SQL Server 2005 交互。但不能在图形界面下运行，只能在 Windows 命令提示符下输入命令行以及参数运行（相当于 DOS 命令）。这些命令行工具默认存储在 C：\Program Files\Microsoft SQL Server\90\Tools\Binn 或 C：\Program Files\Microsoft SQL Server\90\DTS\Binn 路径下。表 6 – 4 列出了这些命令行工具。

表 6 – 4　SQL Server 2005 的命令行工具

命令行工具	用　　　途
bcp	用于在 SQL Server 实例和用户指定格式的数据文件之间复制数据
dta	用于分析工作负荷并建议物理设计结构，以优化该工作负荷下的服务器性能
dtexec	用于配置并执行 SQL Server Integration Services（SSIS）包。该命令提示实用工具的用户界面版本称为 DTExecUI，可提供"执行包实用工具"
dtutil	用于管理 SSIS 包
Microsoft.AnalysisServices.Deployment	用于将 Analysis Services 项目部署到 Analysis Services 实例
nscontrol	用于创建、删除和管理 Notification Services 实例
osql	用户可以在命令提示符下输入 Transact – SQL 语句、系统过程和脚本文件
profiler90	用于在命令提示符下启动 SQL Server Profiler
rs	用于运行专门管理 Reporting Services 报表服务器的脚本
rsconfig	用于配置报表服务器连接
rskeymgmt	用于管理报表服务器上的加密密钥
sac	用于在 SQL Server 2005 实例之间导入或导出外围应用配置器设置
sqlagent90	用于在命令提示符下启动 SQL Server 代理
sqlcmd	用户可以在命令提示符下输入 Transact – SQL 语句、系统过程和脚本文件
SQLdiag	用于为 Microsoft 客户服务和支持部门收集诊断信息
sqlmaint	用于执行以前版本的 SQL Server 创建的数据库维护计划
sqlservr	用于在命令提示符下启动和停止 数据库引擎 实例以进行故障排除
sqlwb	用于在命令提示符下启动 SQL Server Management Studio
tablediff	用于比较两个表中的数据以查看数据是否无法收敛

例如，使用 bcp 命令行工具在 SQL Server 2005 数据库实例之间复制数据。

bcp AdventureWorks. Sales. Currency out"Currency Types. dat" – T – c

说明：创建了一个名为 Currency Types. dat 的数据文件。

bcp AdventureWorks. Sales. Currency out Currency. dat – T – c

说明：创建一个名为 Currency. dat 的数据文件，并用字符格式将表数据复制到该文件中。

OSql – E – i stores. qry

说明：读入一个包含由 osql 执行的查询的文件。

6.3.7　文档资源管理器(帮助)

SQL Server 2005 提供了一个功能强大、内容详尽的联机帮助——Microsoft 文档资源管理器，它提供了与为各种产品和技术编写的主题交互的方法。通过该帮助，用户可以随时了解 SQL Server 2005 更多的功能。使用 Microsoft 文档资源管理器，可以：

①使用"目录"窗口浏览主题标题；

②使用"索引"窗口按关键字搜索主题；

③使用"搜索"页搜索主题的全文；

④使用"如何实现"按类别浏览主题；

⑤在"帮助收藏夹"窗口中加入有用主题的书签或保存复杂的搜索查询。

SQL Server 2005 的联机帮助在 SQL Server 2000 联机帮助的基础上进行了较大的改进：

(1)新的全文搜索功能："搜索"窗口已由新的"搜索"页取代。"搜索"页不与"内容"和"索引"窗口停靠在一起，而是作为一个单独的窗口出现。"搜索"页包含简化的筛选器选项并按源显示搜索结果。搜索引擎也经过改进，可以产生更好的搜索结果。

(2)"如何实现"页："如何实现"页提供了用户可以浏览的选择帮助内容的分类视图。根据已安装的版本，可能有多个"如何实现"页可用。

(3)使用联机帮助源：文档资源管理器允许用户显示位于 MSDN Online 上的 F1 主题，并搜索位于用户的计算机以及网上的帮助内容。可以在三个位置使用文档资源管理器查找帮助：安装在计算机中的本地帮助、MSDN Online 和 Codezone 社区网站。用户第一次访问帮助时，将提示用户选择帮助源首选项。用户可随时从"选项"对话框→"帮助"→"联机"中更改帮助源首选项。

(4)帮助筛选器：可以对目录和索引使用预定义筛选器。为全文搜索提供了一个不同的自定义筛选器。注意：对于安装 Visual Studio 产品的开发人员，最初选择的设置决定了所应用的筛选器。

(5)搜索查询：可以保存帮助搜索查询，以便在需要时再次运行同一搜索查询。这些查询出现在"帮助收藏夹"窗口中。

SQL Server 2005 的联机帮助也是一个组件，包括联机丛书、示例数据库和示例。

①SQL Server 联机丛书：是 SQL Server 2005 帮助的核心文档，详细介绍了 SQL Server 2005 的各种功能及其使用。

②SQL Server 示例：提供 SQL Server 2005 的数据库引擎、Analysis Services、Reporting Services 和 Integration Services 的示例代码和示例应用程序。其示例数据库基于 Adventure

Works Cycles 公司的 AdventureWorks 示例 OLTP 数据库、AdventureWorksDW 示例数据仓库及 AdventureWorksAS 示例分析服务数据库。这些数据库用在 SQL Server 联机丛书的代码示例及随产品安装的配套应用程序和代码示例中。

SQL Server 2005 的联机帮助的界面如图 6 – 28 所示。

图 6 – 28　SQL Server 2005 的联机帮助界面

本章小结

SQL Sever 2005 是 Microsoft 公司推出的新一代数据管理与分析软件。该软件通过全面的功能集和现有系统的集成性，以及对日常任务的自动化管理能力，为不同规模的企业提供了一个完整的数据解决方案。

SQL Sever 2005 是一个安全、可靠、高效的企业级数据管理平台，一个先进、一体化的商业智能平台，一个极具扩展性和灵活性的开发平台。

SQL Server 2005 数据管理系统主要包括以下服务功能和工具：①关系型数据库；②复制服务；③通知服务；④集成服务；⑤分析服务；⑥报表服务；⑦管理工具；⑧开发工具。

SQL Server 2005 的版本包括：①企业版（SQL Server 2005 Enterprise Edition）；②开发版（SQL Server 2005 Developer Edition）；③标准版（SQL Server 2005 Standard Edition）；④工作组版（SQL Server 2005 Workgroup Edition）；⑤快递版（SQL Server 2005 Express Edition）

SQL Server 2005 的组件包括：

①服务器组件：包括数据库引擎（包括数据库引擎、复制、全文搜索以及用于管理关系数据和 XML 数据的工具）、SSAS、Reporting Services、Notification Services 和 SSIS。

②客户端组件：连接组件是用于客户端和服务器之间通信的组件。

③管理工具组件：包括 SSMS、配置管理器、SQL Server Profiler、数据库引擎优化顾问。

④开发工具组件：Business Intelligence Development Studio。

⑤文档和示例组件：包括 SQL Server 2005 联机丛书、示例数据库和示例。

SQL Server 2005 的安装包括两大步骤：①安装前的准备工作；②安装和配置 SQL Server 2005。

SQL Server 2005 的工具大致可以分为 4 类：①管理工具(包括 SQL Server Management Studio、SQL Server Configuration Manager、SQL Server Profiler、Database Engine Tuning Advisor)；②开发工具(Business Intelligence Development Studio)；③命令行工具(包括 bcp、dta、dtexec、dtutil、nscontrol 工具等)；④帮助(包括 SQL Server 2005 联机丛书、示例数据库和示例)。

习 题

1. 名词解释

数据库引擎　连接组件　SSMS　配置管理器

2. 简答题

(1)SQL Server 2005 数据库管理系统产品家族分为哪几种版本？

(2)SQL Server 2005 主要有哪些组件？

(3)SQL Server 2005 安装前要做哪些准备工作？

3. 应用题

(1)安装和配置 SQL Server 2005。

(2)熟悉 SQL Server Management Studio 环境。

第 **7** 章　SQL Server 程序设计基础

本章介绍使用 T–SQL 进行 SQL Server 2005 程序设计的基础知识，包括 T–SQL 暨 SQL Server 2005 的标识符、数据类型、常量与变量、运算符与表达式、批处理与流程控制语句、系统内置函数以及用户自定义函数的创建、修改、引用与删除等内容。本章学习的重点内容有：T–SQL 标识符定义规则与使用，数据库对象的引用格式，常用数据类型的分类与使用，常量与变量的类别、定义格式与使用，常用运算符及其优先级，常用表达式的构成与使用，常用流程控制语句的格式与使用，系统内置函数中的常用的数学函数、聚合函数、字符串函数、日期时间函数，用户定义标量函数的创建、修改、删除，用户定义函数的使用。本章的难点内容是系统内置函数的使用。

通过本章学习，应达到下述目标：

- 掌握常规标识符、分隔标识符的定义与使用，数据库对象的引用格式；
- 掌握常用数据类型的使用，常量与变量的类别、定义格式与使用，常用运算符及其优先级；
- 掌握常用流程控制语句的格式与使用，特别注意 BREAK 和 CONTINUE 的区别；
- 掌握常用的数学函数、聚合函数、字符串函数、日期时间函数使用；
- 掌握用户定义标量函数的创建、修改、删除的两种方式，用户定义函数的使用方法。

SQL 是 Structure Query Language（结构化查询语言）的缩写，是关系数据库的应用语言。1974 年 IBM 的 Chamberlin 和 Ray Boyce 发明了 SQL，IBM 将它作为 IBM 关系数据库原型 System R 的原型关系语言，实现了关系数据库中的信息检索。

20 世纪 80 年代初，美国国家标准局（ANSI）开始着手制定 SQL 标准，最早的 ANSI 标准于 1986 年完成（SQL–86），后几经修改和完善，已成为标准的关系数据库语言，得到大多数关系型数据库系统的支持，成为多种平台进行交互操作的底层会话语言。

Transact–SQL（以下简写为 T–SQL）是 ANSI 标准 SQL 的一个强大的实现，是 Microsoft 公司在关系数据库管理系统 SQL Server 中对 SQL 的扩展，具有 SQL 的主要特点，同时增加了变量，运算符，函数，流程控制和注释等语言元素，使得其功能更加强大。

T–SQL 对 SQL Server 十分重要，SQL Server 中使用图形界面能够完成的所有功能，都可以利用 T–SQL 来实现。使用 T–SQL 操作时，与 SQL Server 通信的所有应用程序都通过向服务器发送 T–SQL 语句来进行,而与应用程序的界面无关。

SQL 包括 3 类主要功能:数据定义(DDL,例如,用 GREATE,ALTER,DROP 定义、修改、删除数据模式);数据操纵(DML,例如,用 SELECT,INSERT,UPDATE,DELETE 查询、更新数据);数据控制(DCL,例如,用 GRANT、REVOKE 授予、回收数据存取权限)。这些内容本书将在后续章节详细介绍。本章只从程序设计语言的角度,介绍使用 T–SQL 进行 SQL Server 2005 程序设计的基础知识。

7.1　标识符、数据类型、常量、变量

7.1.1　语法约定

1.语法关系描述约定

表 7–1 列出了 T–SQL 的语法关系描述中使用的约定,本书相关描述遵循这些约定。

表 7–1　SQL 语法约定

约定	用　　　于
UPPERCASE(大写)	T–SQL 保留字
italic	用户提供的 T–SQL 语法的参数
下划线	指示当语句中省略了包含带下划线的值的子句时应用的默认值
l(竖线)	分隔括号或大括号中的语法项。只能选择其中一项
[ ](方括号)	可选语法项。不要键入方括号
{ }(大括号)	必选语法项。不要键入大括号
[,...n]	占位符。指示前面的项可以重复 n 次。每一项由逗号分隔
[...n]	占位符。指示前面的项可以重复 n 次。每一项由空格分隔
[;]	可选的 T–SQL 语句终止符。不要键入方括号
< label > ∷=	语法块的名称。此约定用于对可在语句中的多个位置使用的过长语法段或语法单元进行分组和标记。可使用的语法块的每个位置由括在尖括号内的标签指示:< label >

为简明起见,本章各示例中的 GO 语句及结果集中的"– – – – – – –"行一般予以省略。

2.其他常见术语的含义

下面列出本书 T–SQL 语法中部分常见术语的含义。若无特别说明,本书后续各章节出现的与下列术语书写相同的术语的含义均如下所述,不另行赘述。

server_name:要处理或引用的数据库对象所在的服务器的名称。

database_name:要处理或引用的数据库对象所在的数据库名称(对于驻留在 SQL Server

本地实例的对象）或 OLEDB 目录（对于驻留在 SQL Server 链接服务器上的对象）。

schema_name：要处理或引用的数据库对象所属的架构的名称。

object_name：要处理或引用的数据库对象的名称。

table_name：要处理或引用的表的名称或要处理的数据对象所在表的名称。

column_name：要处理或引用的列的名称或要处理的数据对象所在列的名称。

type_name：数据类型的名称。

precision：数据类型的精度值。

scale：数据类型的小数位数值。

另外，本书介绍的 T－SQL 语法中术语的含义均只在首次出现时解释。

7.1.2　标识符

在 SQL Sever 中，标识符是指用来定义服务器、数据库、数据库对象和变量等的名称。可以分为常规标识符和分隔标识符，还有一类称为"保留字"的特殊标识符。

1.常规标识符

常规标识符是不需要使用分隔标识符进行分隔的标识符。常规标识符符合标识符的格式规则。在 T－SQL 语句中使用常规标识符时不用将其分隔。

（1）定义规则

①首字符必须是 Unicode 标准定义的字母，或下划线（_），或 at 符号（@），或数字符号（#）。

②后续字符可以是 Unicode 标准定义的字母，或下划线（_），或 at 符号（@），或数字符号（#），或基本拉丁字母，或十进制数字，或美元符号（$）。

③不能与 T－SQL 保留字相同。SQL Sever 保留其保留字的大写和小写形式。

④不允许嵌入空格或其他特殊字符。

⑤包含的字符数必须在 1～128 之间（对于本地临时表，标识符最多可有 116 个字符）。

（2）相关说明

①在 SQL Server 中，标识符中的拉丁字母的大写和小写形式等效。

②某些处于标识符开始位置的符号具有特殊意义：以一个数字字符（#）开始的标识符表示临时表或过程；以双数字字符（##）开始的标识符表示全局临时对象；以 at 符号（@）开始的标识符表示局部变量或参数；以双 at 符号（@@）开始的标识符表示全局变量。

③某些 T－SQL 函数名称以双 at 符号开头。为避免混淆，不应使用以@@开头的标识符。

④Unicode（万国码）是由 Unicode Consortium 创立的一种将码位映射到字符的标准，现已包含了超过 10 万个字符。其定义的字母包括拉丁字符 a～z 和 A～Z，以及来自其他语言的字母字符。SQL Server 2005 支持 Unicode 标准 3.2 版。

⑤如果没有特别说明，本书所说的标识符均指常规标识符。

2.分隔标识符

在 T－SQL 中，不符合常规标识符定义规则的标识符必须使用分隔符分隔，称为分隔标识符。

例如,下面语句的"My table"和"order"均不符合常规标识符定义规则,其中"My table"中间含有空格,而"order"为 T – SQL 的保留字,因此必须使用分隔符([])进行分隔:

SELECT * FROM [My Table] WHERE [order] = 10

(1)定义规则

在 SQL Sever 2005 中,分隔标识符的格式规则是:

①分隔标识符的主体可以包含当前代码页内字母(分隔符本身除外)的任意组合。例如,分隔符标识符可以包含符合常规标识符定义规则的字符以及下列字符:空格、代字号(~)、连字符(–)、惊叹号(!)、百分号(%)、插入号(^)、撇号(′)、and 号(&)、句号(.)、反斜杠(\)、重音符号(`)、左括号(|)、右括号(|)、左圆括号(()、右圆括号())、左方括号([)。

②如果分隔标识符主体本身包含一个右方括号(]),则必须用两个右方括号(]])表示(第一个右方括号(])起转义符的作用)。

③分隔标识符可以包含与常规标识符相同的字符数(1 ~ 128 个,不包括分割符字符)。

④使用限定对象名称时,如果要分隔组成对象名的多个标识符,必须单独分隔每个标识符。

(2)相关说明

①分隔标识符在下列情况下使用:在对象名称或对象名称的组成部分中使用保留字时(从 SQL Server 早期版本升级的数据库可能含有标识符,可用分隔标识符引用对象直到可改变其名称);必须使用未被列为合法标识符的字符时。

②代码页是给定脚本的有序字符集,用于支持不同的 Windows 区域设置所使用的字符集和键盘布局。通常将 Microsoft Windows 代码页称为"character set"或"charset"。

3. 标识符的使用

数据库对象的名称被看成该对象的标识符。SQL Server 中的每一内容都可带有标识符。服务器、数据库和数据库对象(例如表、视图、列、索引、触发器、过程、约束、规则等)都有标识符。大多数对象要求带有标识符,但对于有些对象(如约束),标识符是可选项。

在 SQL Server 中,除另有指定外,所有数据库对象的 T – SQL 引用可由四部分名称组成:

server_name. database_name. schema_name. object_name

实际使用时常使用简写格式,但要用句点指示被省略的中间部分的位置。表 7 – 2 列举了引用对象名的有效格式。

表 7 – 2 引用对象名的有效格式及其说明

对 象 引 用 格 式	说　明
server_name. database_name. schema_name. object_name	四个部分的名称全部使用
server_name. database_name. object_name	省略架构名
server_name. schema_name. object_name	省略数据库名
server_name. object_name	省略数据库和架构名
database_name. schema_name. object_name	省略服务器
database_name. object_name	省略服务器和架构名
schema_name. object_name	省略服务器和数据库名

对 象 引 用 格 式	说 明
object_name	省略服务器、数据库和架构名

相关说明：

①在上面的简写格式中，没有指明的部分使用如下的默认设置：server 默认为本地服务器；database 默认为当前数据库；schema 默认为指定的默认架构。

②在 SQL Server 2005 中，架构是形成单个命名空间的数据库实体的集合。命名空间是一个集合，其中每个元素的名称都是唯一的(例如，为了避免名称冲突，同一架构中不能有两个同名的表。两个表只有在位于不同的架构中时才可以同名)。

③为避免名称解析错误，建议只要指定了架构范围内的对象时就指定架构名称。

④SQL Server 2005 采用用户、架构分离策略。在 SQL Server 2005 中，架构独立于创建它们的数据库用户而存在。可在不更改架构名称的情况下转让架构的所有权，并且可在架构中创建具有用户友好名称的对象，明确指示对象的功能。这点与 SQL Server 2000 不同(在 SQL Server 2000 中，数据库用户和架构隐式连接在一起)。

⑤默认架构：SQL Server 2005 引入了"默认架构"的概念，用于解析未使用其完全限定名称引用的对象的名称。在 SQL Server 2005 中，每个用户有一个默认架构，用于指定服务器在解析对象的名称时将要搜索的第一个架构。可以使用 CREATEUSER 和 ALTERUSER 的 DEFAULT_SCHEMA 选项设置和更改默认架构。默认的默认架构是 DBO。

【例 7 – 1】　一个用户名为 bookadm 的用户登录到 MyServer 的服务器，并使用 book 数据库。使用下述语句创建一个 MyTable 表：

CREATE TABLE MyTable (column1 int, column2 char(20))

对于 SQL Server 2000，表 MyTable 的全称是 MyServer. book. bookadm. MyTable。

对于 SQL Server 2005，如果用户 bookadm 的默认架构是 Myschema，则表 MyTable 的全称是 MyServer. book. Myschema. MyTable。

4. 保留关键字

保留关键字(简称为"保留字"或"关键字")是一种语言中规定具有特定含义的标识符。在 SQL Server 中，它们是 T – SQL 语法的一部分，用于解析 T – SQL 语句。SQL Server 2005 使用关键字来定义、操作或访问数据库。

对于 T – SQL 语句，除 SQL Server 给定的位置以外，其他任何位置上使用关键字均为非法。

虽然 T – SQL 允许以分隔标识符的形式使用 SQL Server 关键字作为标识符，但建议不要用与关键字相同的名称命名任何数据库对象。

SQL Server 的关键字有 174 个，SQL – 2003 标准定义了 235 个关键字(与 ODBC 关键字相同)。另外，SQL Serve 2005 还提出了 195 个"将来的关键字"，为确保与支持核心 SQL 语法的驱动程序兼容，应用程序应避免使用这些关键字。

7.1.3　数据类型

1. 数据类型概述

数据类型是指列、参数、表达式和局部变量的数据特征，它决定数据的存储格式，代表不同的信息类型。包含数据的对象都具有相关的数据类型,此数据类型定义对象所能提供的数据种类。

　　SQL Server 提供了许多系统数据类型,在 2005 版本中,增强了和增添了若干系统数据类型。除系统数据类型外,SQL Server 允许用户自行定义数据类型。用户定义数据类型是在系统数据类型的基础上,使用存储过程 sp_addtype 所建立的数据类型。

　　在 SQL Server 2005 中,数据类型名称的大写和小写形式等效。

　　在 SQL Server 2005 中,以下对象可以具有数据类型:表和视图中的列;存储过程中的参数;变量;返回一个或多个特定数据类型数据值的 T – SQL 函数;具有一个返回代码的存储过程(返回代码总是具有 integer 数据类型)。

　　指定对象的数据类型,则定义了该对象的 4 个特征:

　　①对象所含的数据类型,如字符、整数或二进制数。

　　②值的存储长度。数字数据类型以及 Image、bimary 和 varbinary 数据类型的存储长度以字节定义,String 和 Unicode 数据类型的长度以字符数定义。

　　③数字精度(仅用于数字数据类型)。精度是数字可以包含的数字个数。例如,smalint 对象最多拥有 5 个数字,其精度为 5。

　　④数值小数位数(仅用于数字数据类型)。小数位数是能够存储在小数点右边的数字个数。例如,int 对象不能含小数点,小数位数为 0;Money 对象小数点右边最多有 4 个数字,小数位数为 4。

　　SQL Server 2005 中的数据类型归纳为表 7 – 3 所示。

表 7 – 3　SQL Server 2005 的数据类型

数字类数据类型	精确数字	整数	bigint、int、smallint、tinyint、bit
		小数	decimal、numeric
		货币	money、smallmoney
	近似数字(浮点数)		float、real
日期/时间数据类型			datetime、smalldatetime
字符串类数据类型	非 Unicode 字符串		char、varchar、text
	Unicode 字符串		nchar、nvarchar、ntext
	二进制字符串		binary、varbinary、image
其他数据类型			cursor、sql_variant、table、timestamp、uniqueidentifier、xml

　　在 SQL Server 2005 中,varchar(max),nvarchar(max),varbinary(max)以及 text,ntext,image,xml 数据类型常用于存储大值或大型数据,具有存储特征,因此有时称它们为大值数据类型或大型对象数据类型。

　　下面介绍常用的数字类、日期/时间类和字符串类数据类型。

　　2. 整数数据类型

　　整型数据由负整数或正整数组成,是精确数值类型。包括 bigint, integer, smallint, tinyint，bit 5 种，如表 7 – 4 所示。

表 7 – 4　SQL Server 2005 的整数数据类型

数据类型	数　值　表　达　范　围	存储长度
bigint	$-2^{63} \sim 2^{63}-1$（$-9\,223\,372\,036\,854\,775\,808 \sim 9\,223\,372\,036\,854\,775\,807$）	8 字节
int	$-2^{31} \sim 2^{31}-1$（$-2\,147\,483\,648 \sim 2\,147\,483\,647$）	4 字节
smallint	$-2^{15} \sim 2^{15}-1$（$-32\,768 \sim 32\,767$）	2 字节
tinyint	0 ~ 255	1 字节
bit	0 或 1	1 字节

说明：

①int 数据类型是 SQL Server 2005 中的主要整数数据类型。bigint 数据类型用于整数值可能超过 int 数据类型支持范围的情况。

②在数据类型优先次序表中，bigint 介于 smallmoney 和 int 之间；仅当参数表达式为 bigint 类型时，函数才返回 bigint；SQL Server 不自动将其他整数数据类型提升为 bigint。

③bit 主要用于表的列。如果列的大小为 8bit 或更少，则这些列作为 1 个字节存储；如果为 9 到 16bit，则这些列作为 2 个字节存储，以此类推。字符串值 TRUE 和 FALSE 可以转换为以下 bit 值：TRUE 转换为 1，FALSE 转换为 0。

④使用"＋"、"－"、"＊"、"／"或"％"等算术运算符将 int、smallint、tinyint 或 bigint 常量值隐式或显式转换为 float、real、decimal 或 numeric 数据类型时，SQL Server 计算数据类型和表达式结果的精度时应用的规则有所不同（取决于查询是否自动参数化）。因此，查询中的类似表达式有时可能会生成不同的结果。

【例 7 – 2】　下面的语句创建了一个表 Int_table，其中的 4 个字段分别使用 4 种整数类型。

CREATE TABLE Int_table（c1 tinyint，c2 smallint，c3 int，c4 bigint）

INSERT Int_table VALUES（50，5 000，50 000，500 000）

3. 固定精度和小数位数的数值数据类型

固定精度和小数位数的数值数据类型，包括 decimal 和 numeric 两种，如表 7 – 5 所示，其中参数 p 和 s 的意义和约束如下：

（1）p 为精度（precision，简写为 p），是最多可存储的十进制数字的总位数（包括小数点左边和右边的位数），$1 \leq p \leq 38$，默认值为 18。

（2）s 为小数位数（scale，简写为 s），是小数点右边可存储的十进制数字的最大位数。仅在指定 p 后才可指定 s，且 $0 \leq s \leq p$，默认值为 0。

表 7 – 5　SQL Server 2005 的固定精度和小数位数的数值数据类型

数据类型	数值表达范围	精　度	存储长度
decimal [(p[,s])]	$-1038+1 \sim 1038-1$ (使用最大精度 p = 38 时)	1 ~ 9	5 字节
		10 ~ 19	9 字节
numeric [(p[,s])]		20 ~ 28	13 字节
		29 ~ 38	17 字节

说明:

① decimal 和 numeric 数据类型的存储长度基于精度而变化。

② decimal 的 SQL – 92 同义词为 dec 和 dec(p, s)。numeric 功能等价于 decimal,但二者有区别:在表格中,只有 numeric 型数据的列可带 identity 关键字。

4.货币数据类型

货币数据类型专门用于货币数据处理。SQL Server 提供了 Money 和 Smallmoney 两种货币数据类型,如表 7 – 6 所示,它们都可以精确到万分之一货币单位。

表 7 – 6　SQL Server 2005 的货币数据类型

数据类型	数值表达范围	存储长度
money	$-(2^{63})/10000 \sim (2^{63}-1)/10000$ (– 922 337 203 685 477.5808　~ 922 337 203 685 477.5807)	8 字节
smallmoney	$-(2^{31})/10000 \sim (2^{31}-1)/10000$ (– 214 748.3648 ~ 214 748.3647)	4 字节

说明:

① Money 数据类型的存储包括 2 个 4 字节整数,前 4 字节表示货币值整数部分,后 4 字节表示货币值的小数部分;Smallmoney 类型的存储包括 2 个 2 字节整数,前 2 字节表示货币值的整数部分,后 2 字节表示货币值的小数部分。

②在把值加入定义为 Money 或 Smallmoney 类型的表列时,应在最高位之前放一个货币符号 $ 或其他货币单位的符号,但没有严格要求。

【例 7 – 3】　使用 Money 数据类型和 Smallmoney 数据类型。

```
CREATE TABLE number_example2 ( money_num money, smallmoney_num smallmoney)
INSERT INTO number_example2 VALUES ( $ 222.222, $ 333.333)
```

5.浮点数值数据类型

$ SQL Server 提供了 float 和 real 两种浮点数值数据类型,如表 7 – 7 所示。其中参数 n(1 ≤n≤53,默认值为 53)为用于存储 float 数值尾数的位数(bit),可以确定精度和存储大小。

表7-7　SQL Server 2005 的浮点数值数据类型

数据类型	n 值	数值表达范围	精度（十进制）	存储长度
real		$-3.40E+38$ ～ $3.40E+38$	7 位数	4 字节
float［（n）］	1～24	$-1.79E+308$ ～ $1.79E+308$	7 位数	4 字节
	25～53	$-2.23E+308$ ～ $2.23E+308$	15 位数	8 字节

说明：

①用 float(n)来表明变量和表列时可指定用来存储按科学计数法记录的数据尾数的 bit 数。例如 float(53)表示用 8 个字节存储数据，其中 53 个 bit 存储尾数，此时数据精度可达 15 位。

②SQL Server 2005 将把 n 视为下列两个可能值之一：如果 $1 \leqslant n \leqslant 24$，则将 n 视为 24；如果 $25 \leqslant n \leqslant 53$，则将 n 视为 53。

③从 1 到 53 之间的所有 n 值均符合 SQL-92 标准。double precision 的同义词为 float(53)。

④ real 的 SQL-92 同义词为 float(24)。

⑤浮点数是近似值，因此，并非数据类型范围内的所有值都能精确地表示。

⑥浮点数能存储数值范围很大的数据，但容易发生舍入误差。例如，精度大于 15 位的数据可以存储于精度为 15 位表列，但不能保证精度。舍入误差只影响数据超过精度的右边各位。

6. 日期/时间数据类型

SQL Server 提供了 Datetime 和 Smalldatetime 两种日期/时间数据类型，如表7-8 所示。

表7-8　SQL Server 2005 的日期/时间数据类型

数据类型	数值表达范围	精　度	存储长度
datetime	1753 年 1 月 1 日 ～ 9999 年 12 月 31 日	3.33 毫秒	8 字节
smalldatetime	1900 年 1 月 1 日 ～ 2079 年 6 月 6 日	1 分钟	4 字节

说明：

① Datetime 数据类型的数据存储为两个 4 字节整数，前 4 字节存储早于或晚于基础日期（系统的参照日期，即 1900 年 1 月 1 日）的天数（但不允许早于 1753 年 1 月 1 日），后 4 字节存储一天之中的具体时间（以午夜后经过的毫秒数表示），但系统会将 datetime 值舍入到最接近的.000、.003、或.007 秒的值。秒数的有效范围是 0～59。

② Smalldatetime 数据类型的数据存储为两个 2 字节的整数，前 2 字节存储 1900 年 1 月 1 日后的天数，后 2 字节存储午夜后经过的分钟数。系统会把等于或小于 29.998 秒的 smalldatetime 值向下舍入到最接近的分钟数；将等于或大于 29.999 秒的值向上舍入到最接近的分钟数。

③用户没有指定小时以上精度的数据时，SQL Server 自动设置 Datetime 和 Smalldatetime 数据的时间为 00:00:00。

④凡是日期或时间的数据最好用日期/时间数据类型存储。因为 SQL Server 提供了一系列专门处理日期和时间的函数来处理这些数据。如果使用字符型数据来存储日期和时间，则只有用户本人可以识别，计算机并不能识别，因而也不能自动将这些数据按照日期和时间进行处理。

【例 7 - 4】 Datetime 和 Smalldatetime 值的舍入处理。

SELECT CAST(′2008 - 01 - 01 23:59:59.999′ AS datetime);
GO - - Returns time as 2008 - 01 - 02 00:00:00.000
SELECT CAST(′2008 - 01 - 01 23:59:59.998′ AS datetime);
GO - - Returns time as 2008 - 01 - 01 23:59:59.997
SELECT CAST(′2008 - 01 - 01 23:59:59.992′ AS datetime);
GO - - Returns time as 2008 - 01 - 01 23:59:59.993
SELECT CAST(′2008 - 01 - 01 23:59:59.991′ AS datetime);
GO - - Returns time as 2008 - 01 - 01 23:59:59.990
SELECT CAST(′2008 - 05 - 08 12:35:29.998′ AS smalldatetime);
GO - - Returns time as 12:35
SELECT CAST(′2008 - 05 - 08 12:35:29.999′ AS smalldatetime);
GO - - Returns time as 12:36

7. 字符数据类型(非 Unicode 字符数据类型)

SQL Server 提供了 char、varchar 和 text 三种固定长度或可变长度的非 Unicode 字符数据类型，如表 7 - 9 所示。其中的 n($1 \leqslant n \leqslant 8000$)是定义为 char 或 varchar 的变量或表列所能存储的最大字符个数；max 则表示最大存储大小是 231 - 1 个字节。

表 7 - 9 SQL Server 2005 的非 Unicode 字符数据类型

数据类型	存 储 长 度
char[(n)]	n 个字节(固定存储长度)
varchar[(n|max)]	输入数据实际长度 + 2 字节(可变存储长度)
text	最大 $2^{31} - 1$ 即 2 147 483 647 个字符(可变存储长度)

说明：

① n 的默认值在数据定义或变量声明时默认为 1，CAST 和 CONVERT 函数中默认为 30。

② char 数据类型使用给定的固定长度来存储字符，最长可容纳 8000 个字符，每个字符占一个字节存储空间。如果实际数据的字符长度短于给定，则多余字节填充空格；如果实际

数据的字符长度超过给定的最大长度,则超过的字符被截断。使用字符常量为字符数据类型赋值时,必须用单引号(")将字符常量括起来。char 的 SQL 2003 同义词为 character。

③ varchar 数据类型用来存储最长 8 000 字符的变长字符。其使用类似 char 类型,但 varchar 数据的存储空间随存储在列中的每个数据的字符数的不同而变化。例如,定义列为 Varchar(20),则存储在该列的数据最多 20 个字节,但数据没有达到 20 个字节时不在多余字节上填充空格。

④ 使用双字节字符时,存储长度仍为 n 个字节。根据字符串的不同,n 个字节的存储长度所能存储的字符个数可能小于 n。

⑤ 当存储在列中的数据的值大小经常变化时,使用 varchar 数据类型可有效节省空间。因此,如果列中数据的大小一致,应使用 char;如果差异相当大,应使用 varchar。

⑥ 如果站点支持多语言,应考虑使用 Unicode nchar 或 nvarchar 数据类型,以最大限度地消除字符转换问题。

【例 7 - 5】　char 和 varchar 数据类型的使用。

- 建立一个以字符数据类型定义表列的表,然后向其中插入一行数据。
  CREATE TABLE chars_example (char_1 char(5), varchar_1 varchar(5), text_1 text)
  INSERT INTO chars_example VALES("abcd", "abc", "ddddddddddddddddddddd")

- 显示在变量声明中使用 char 和 varchar 数据类型时,这些数据类型的默认值 n 为 1。
  DECLARE @ myVariable AS varchar
  DECLARE @ myNextVariable AS char
  SET @ myVariable = 'abc'
  SET @ myNextVariable = 'abc'
  SELECT DATALENGTH(@ myVariable), DATALENGTH(@ myNextVariable);
  GO - - returns 1

- 显示在 CAST 和 CONVERT 函数中使用 char 或 varchar 数据类型时,n 的默认值为 30。
  DECLARE @ myVariable AS varchar(40)
  SET @ myVariable = 'This string is longer than thirty characters'
  SELECT CAST(@ myVariable AS varchar)
  SELECT DATALENGTH(CAST(@ myVariable AS varchar)) AS 'VarcharDefaultLength';
  SELECT CONVERT(char, @ myVariable)
  SELECT DATALENGTH(CONVERT(char, @ myVariable)) AS 'VarcharDefaultLength';

8. Unicode 字符数据类型(双字节数据类型)

SQL Server 提供了 nchar、nvarchar 和 ntext 三种固定长度或可变长度的使用 UNICODE UCS - 2 字符集的 Unicode 字符数据类型,如表 7 - 10 所示。其中 $n(1 \leqslant n \leqslant 4000)$ 是定义为 nchar 或 nvarchar 的变量或表列所能存储的最大字符个数;max 则表示最大存储大小是 $2^{31} - 1$ 个字节。

表 7 – 10　SQL Server 2005 的 Unicode 字符数据类型

数据类型	存 储 长 度
nchar[(n)]	n * 2 个字节(固定存储长度)
nvarchar[(n|max)]	输入数据实际长度 *2 + 2 字节(可变存储长度)
ntext	所输入字符个数的两倍(以字节为单位),最大为 $2^{30} - 1$ 即 1 073 741 823 个字符(可变存储长度)

说明:n 的默认值及其他相关使用注意请参考 char[(n)]、varchar[(n\|max)]、text。

9. 二进制数据类型

二进制数据是用十六进制数的形式来表示的数据。例如,十进制数据 245 表示成十六进制数据是 F5。SQL Server 使用三种数据类型来存储二进制数据,分别是 binary,varbinary 和 Image,如表 7 – 11 所示。其中的 n(1≤n≤8000)是定义为 char 或 varchar 的变量或表列所能存储的最大字符个数;max 则表示最大存储大小是 231 – 1 个字节。

表 7 – 11　SQL Server 2005 的 Binary 数据类型

数据类型	存 储 长 度
binary[(n)]	n 个字节(固定存储长度)
varbinary[(n|max)]	输入数据实际长度 + 2 字节(可变存储长度)
image	0 ~ 231 – 1(即 2 147 483 647)个字节(可变存储长度)

说明:

①二进制数据类型同字符类型非常相似,请参考 char[(n)]、varchar[(n\|max)]。

②应使用 binary 或 varbinary 类型存储二进制数据,仅当数据的字节数超过 8 000 字节(如 Word 文档、Excel 图表以及图像数据(. GIF、. BMP、. JPEG 文件)等)时才考虑 Image 类型。

③使用二进制数据常量时无需加上引号,但必须在二进制数据常量前面加一个前缀 0x。

【例 7 – 6】　使用 binary 数据类型和 varbinary 数据类型。

CREATE TABLE binary_example (bin_1 binary (5), bin_2 varbinary(5))

INSERT INTO binary_example VALUES (0xaabbccdd, 0xaabbccddee)

INSERT INTO binary_example VALUES (0xaabbccdde, 0x)

10. 图像、文本数据的使用

为方便用户使用文本、图像等大型数据,SQL Server 提供了 text、ntext 和 image 三种数据类型。它们不像表中其他类型的数据那样一行一行依次存放在数据页中(页的概念在第 8 章介绍),而是经常被存储在专门的页中,在数据行的相应位置只记录指向这些数据实际存储位置的指针。

SQL Server 2005 提供了将小型的文本和图像数据在行中存储的功能。当将文本和图像数据存储在数据行中时，SQL Server 不需为访问这些数据而去访问另外的页，这使得读写文本和图像数据可以与读写 varchar、nvarchar 和 varbinary 字符串一样快。

为将表的文本和图像数据在行中存储，需使用系统存储过程 sp_tableoption 设置该表的"text in row"选项。指定"text in row"选项时，还可指定一个数据大小上限值（应在 24～7 000 字节之间）。当满足"文本和图像数据的大小不超过指定上限值且数据行有足够空间存放这些数据"条件时，文本和图像数据直接存储在行中，否则行中只存放指向这些数据实际存储位置的指针。

例如：指定 text_example 表中不大于 7000 字节的文本和图像数据直接在行中存储：

CREATE TABLE text_example (bin_1 TEXT, bin_2 NTEXT)

sp_tableoption ′text_example ′, ′text in row′, ′7000′

重要提示：因为 Microsoft SQL Server 的未来版本将删除 ntext、text 和 image 数据类型，建议应用程序使用 varchar(max)、nvarchar(max)、varbinary(max)数据类型。

11. 数据类型优先级

当两个不同数据类型的表达式用运算符组合后，数据类型优先级规则指定将优先级较低的数据类型转换为优先级较高的数据类型。如果此转换不是所支持的隐式转换，则返回错误。当两个操作数表达式具有相同的数据类型时，运算的结果便为该数据类型，如表 7 - 12 所示。

表 7 - 12　SQL Server 2005 的数据类型优先级

优先级	数 据 类 型				
1	用户定义数据类型（最高）	2	sql_variant	3	xml
4	datetime	5	smalldatetime	6	float
7	real	8	decimal	9	money
10	smallmoney	11	bigint	12	int
13	smallint	14	tinyint	15	bit
16	ntext	17	text	18	image
19	timestamp	20	uniqueidentifier	21	nvarchar
22	nchar	23	varchar	24	char
25	varbinary	26	binary（最低）		

7.1.4　常　量

表 7 – 13　常量表

类　型	说　　明	举　　例
整型常量	没有小数点和指数 E	60、25、– 365
实型常量	decimal 或 numeric 带小数点的常数 float 或 real 带指数 E 的常数	15. 63、– 200. 25 + 123E – 3、– 12E5
字符串常量	用单引号(')引起来	'学生'、'this is database'
双字节字符串	前缀 N 须大写,字符串用单引号引起来	N'学生'
日期型常量	用单引号引起来	'6/5/03'、'May 12 2008'、'19491001'
货币型常量	精确数值型数据,前缀 $	$ 380. 2
二进制常量	前缀 0x	0xAE、0x12Ef、0x69048AEFDD010E
全局唯一标识符	前缀 0x 单引号(')引起来	0x6F9619FF8B86D011B42D00C04FC964FF'　6F9619FF – 8B86 – D011 – B42D – 00C04FC964FF'

　　全局唯一标识符(GUID)是值不重复的 16 字节二进制数(世界上任何两台计算机都不生成重复的 GUID 值),主要用于在拥有多个节点、多台计算机的网络中,分配具有唯一性的标识符。

7.1.5　变　量

　　变量值在程序运行过程中可以改变。T – SQL 有两种变量:局部变量、全局变量。

　　1. 局部变量

　　局部变量可由用户定义,其作用域(可引用该变量的 T – SQL 语句的范围)从声明变量的地方开始到声明变量的批处理或存储过程的结尾。

　　局部变量必先定义,后使用。定义和引用时要在其名称前加上标志"@ "。其定义形式为:

DECLARE @ 变量名 数据类型 [, ... n]

　　在 T – SQL 中不能使用"变量名 = 变量值"形式给变量赋值,必须使用 SELECT 或 SET 语句来设定变量的值. 其语法如下:

SELECT @ 变量名 = 变量值 [, ... n]

SET @ 变量名 = 变量值

　　局部变量的名称不能与全局变量的名称相同,否则会在使用中出错。

　　【例 7 – 7】　定义一个长度为 4 个字符的变量 Sunm,并赋值一个学号"S003"

DECLARE @ Sunm char(4) － － 定义

SELECT @ Sunm = 'S003' － － 赋值

　　注意:如果在单个 SELECT 语句中有多个赋值子句,SQL Server 不保证表达式求值的顺序。

2. 全局变量

全局变量是由 SQL Server 系统在服务器级定义、供系统内部使用的变量，通常存储一些 SQL Server 的配置设定值和统计数据。

全局变量可被任何用户程序随时引用，以测试系统的设定值或者是 T – SQL 语句执行后的状态值。引用全局变量时必须以"@@"开头，表 7 – 14 所示。

表 7 – 14　SQL 常用的全局变量

名　称	说　明
@@ connections	返回当前到本服务器的连接的数目
@@ rowcount	返回上一条 T – SQL 语句影响的数据行数
@@ error	返回上一条 T – SQL 语句执行后的错误号
@@ procid	返回当前存储过程的 ID 号
@@ remserver	返回登录记录中远程服务器的名字
@@ spid	返回当前服务器进程的 ID 标识
@@ version	返回当前 SQL Server 服务器的版本和处理器类型
@@ language	返回当前 SQL Server 服务器的语言

【例 7 – 8】　查询当前版本信息。

SELECT @@ version

注意：某些 T – SQL 系统函数的名称以两个 at 符号(@@)打头。虽然在 Microsoft SQL Server 的早期版本中，@@ functions 被称为全局变量，但它们不是变量，也不具备变量的行为。@@ functions 是系统函数，它们的语法遵循函数的规则。

7.2　运算符与表达式

7.2.1　运算符及其运算优先级

在 T – SQL 编程语言中常用的运算符有算术运算符、字符串连接运算符、比较运算符、逻辑运算符、赋值运算符、位运算符和一元运算符。

1. 算术运算符

算术运算符有：+(加)、–(减)、*(乘)、/(除)和 %(取余)5 个，参与运算的数据是数值类型数据，其运算结果也是数值类型数据。另外，加(+)和减(–)运算符也可用于对日期型数据进行运算，还可进行数值性字符数据与数值类型数据进行运算。

【例 7 – 9】　算术运算，见图 7 – 1。

2. 字符串连接运算符

字符串连接运算符(+)可以实现字符串之间的连接，还可以串联二进制字符串。参与字符串连接运算的数据只能是字符数据类型(char、varchar、nchar、nvarchar、text 、ntext),其运算结果也是字符数据类型。

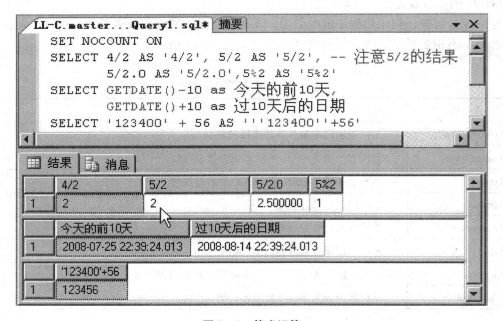

图 7 –1　算术运算

【例 7 –10】　字符串连接运算。

SELECT '计算机系' + ltrim('网络专业')

SELECT '计算机系' + '网络专业'

SELECT left('计算机系', 3) + left('网络专业', 2)

结果集:

计算机系网络专业

计算机系 网络专业

计算机网络

3. 比较运算

常用的比较运算符有:>(大于)、> =(大于等于)、=(等于)、< >(不等于)、<(小于)、< =(小于等于),SQL SERVER 2005 还支持非 SQL –92 标准的 ! =(不等于)、! <(不小于)和! >(不大于)。比较运算符用于测试两个相同类型表达式的顺序、大小、相同与否。除了 texl、ntext 或 image 数据类型的表达式外,比较运算符可以用于所有的表达式,即用于数值大小的比较、字符串在字典排列顺序的前后的比较、日期数据前后的比较。比较运算结果有三种值:正确(TRUE)、错误(FALSE)、未知(UNKNOWN)。比较表达式用于 IF 语句和 WHILE 语句的条件、WHERE 语句、HAVING 语句的条件。

【例 7 –11】　比较运算,见图 7 –2。

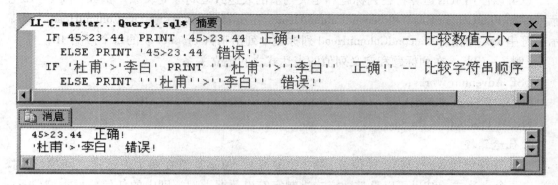

图 7-2 比较运算

4. 逻辑运算符

逻辑运算符(见表 7-15)用于对某个条件进行测试,以获得其真实情况。逻辑运算符和比较运算符一样,返回带有 TRUE 或 FALSE 值的布尔数据类型。逻辑表达式用于 IF 语句和 WHILE 语句的条件、WHERE 语句、HAVING 语句的条件。

表 7-15 逻辑运算符

运 算 符	含 义
AND	如果两个逻辑表达式都是为 TRUE,则运算结果是 TRUE
OR	如果两个逻辑表达式中的一个为 TRUE,则运算结果是 TRUE
NOT	对任何其他布尔运算符的值取反
IN	如果操作数等于表达式列表中的一个,则运算结果是 TRUE
LIKE	如果操作数与一种模式相匹配(像),则运算结果是 TRUE
BETWEEN	如果操作数在某个范围之间,则运算结果是 TRUE
EXISTS	如果子查询包含一些行,则运算结果是 TRUE
ALL	如果一组的比较中,所有(都)为 TRUE,则运算结果是 TRUE
ANY	如果一组的比较中,任何一个为 TRUE,则运算结果是 TRUE
SOME	如果在一组比较中,有一些为 TRUE,则运算结果是 TRUE

5. 赋值运算符

等号(=)是唯一的 T-SQL 赋值运算符。在例 7-12 中,将创建一个 @ MyCounter 变量,然后赋值运算符将 @ MyCounter 设置为表达式返回的值。

【例 7-12】 赋值运算。

```
DECLARE @ MyCounter INT;
SET @ MyCounter = 1;
```

　　也可以使用赋值运算符在列标题和定义列值的表达式之间建立关系。例如，例 7 - 13 显示列标题 FirstColumnHead 和 SecondColumnHead，在所有行的列标题 FirstColumnHead 中均显示字符串 xyz，然后在 SecondColumnHead 列标题中列出来自 Product 表的每个产品 ID。

【例 7 - 13】　　在列标题和定义列值的表达式之间建立关系。

```
USE AdventureWorks;
SELECT FirstColumnHead = 'xyz', SecondColumnHead = ProductID
FROM Production. Product;
```

6. 位运算符

　　位运算符包括 &(位与)、|(位或)和^(位异或)。位运算符在两个表达式之间执行位操作，这两个表达式的结果可以是整数或二进制字符串数据类型类别中的任何数据类型(image 数据类型除外)，但两个操作数不能同时是二进制字符串数据类型类别中的某种数据类型。表 7 - 16 列举了位运算符所支持的操作数数据类型。

表 7 - 16　位运算符所支持的操作数数据类型

左操作数	右操作数
binary	int、smallint 或 tinyint
bit	int、smallint、tinyint 或 bit
int	int、smallint、tinyint、binary 或 varbinary
smallint	int、smallint、tinyint、binary 或 varbinary
tinyint	int、smallint、tinyint、binary 或 varbinary
varbinary	int、smallint 或 tinyint

7. 一元运算符

　　一元运算符包括 +(正，数值为正)、-(负，数值为负)、~(位非，返回数字的非)。一元运算符只对一个表达式执行操作，该表达式可以是 numeric 数据类型类别中的任何一种数据类型。

　　+(正)和 -(负)运算符可以用于 numeric 数据类型类别中任一数据类型的任意表达式。~(位非)运算符只能用于整数数据类型类别中任一数据类型的表达式。

8. 运算优先级

　　当一个复杂的表达式(见本章第 7.2.2 节)有多个运算符时，运算符优先性决定执行运算的先后次序。执行的顺序可能严重地影响所得到的最终值。相关运算符的运算优先级如表 7 - 17 所示。

　　当一个表达式中的两个运算符的优先级不同时，先对较高等级的运算符进行求值。例如，对于表达式 5 + 2 * 4，先求解 2 * 4。

　　当一个表达式中的两个运算符的优先级相同时，按照它们在表达式中的位置对其从左到右进行求值。例如，对于表达式 5 + 2 - 4，先求解 5 + 2。

表 7 – 17　SQL 运算符优先级

优先级	运　算　符
1	~（位非）
2	*（乘）、/（除）、%（取模）
3	+（正）、-（负）、+（加）、+（连接）、-（减）、&（位与）
4	= ，＞、＜、＞ =、＜ =、＜＞、! =、! ＞、! ＜（比较运算符）
5	^（位异或）、|（位或）
6	NOT
7	AND
8	ALL、ANY、BETWEEN、IN、LIKE、OR、SOME
9	=（赋值）

在表达式中使用括号替代所定义的运算符的优先级时，先对括号中的内容进行求解，从而产生一个值，然后括号外的运算符才可以使用这个值。例如，对于表达式 2 * (4 + 5)，先求解 4 + 2。

如果表达式有嵌套的括号，那么首先求解最内层的表达式，再依次求解各外层的表达式。例如，对于表达式 2 * (4 + (5 - 3))，首先求解 5 - 3。

7.2.2　表达式

表达式是标识符、值和运算符的组合，SQL Server 2005 可以对其求值以获取结果。

表达式可以是下列任何一种对象：常量、变量、列名、函数、查询、CASE、NULLIF 或 COALESCE。

简单表达式可以是单个常量、变量、列或标量函数。可以使用运算符将两个或多个简单表达式联接为一个复杂表达式。

1. 语法

{ constant | scalar_function | [alias.] column | (expression)

| {unary_operator} expression | expression {binary_operator} expression }

2. 参数

- constant：常量。Unicode 字符和 datetime 值需包含在引号中。

- scalar_function：标量函数，用于提供特定的服务并返回单一值。

- [alias.] Column：表的列。alias 是表的别名，Column 是列的名称。

- (expression)：任何有效表达式。括号是分组运算符，先计算括号内表达式中的所有运算符，然后再将结果表达式与其他部分组合在一起。

- {unary_operator}：一元运算符。只适用于计算结果为数字数据类型类别表达式。

- {binary_operator}：二元运算符。定义组合两个表达式以得到单一结果。可以是算术运算符、赋值运算符、位运算符、比较运算符、逻辑运算符、字符串连接运算符、一元运算符。

3. 格式举例

● 以下查询是一个表达式(结果集中的每行,SQL Server 可将 LastName 解析为一个值)。

SELECT LastName FROM AdventureWorks. Person. Contact;

● 表达式还可以是计算,如 (price * 1.5) 或 (price + sales_tax)。

● 在表达式中,请用单引号将字符和 datetime 值括起来。例如:

SELECT c. FirstName, c. LastName, e. HireDate

FROM Person. Contact c JOIN HumanResources. Employee e

ON c. ContactID = e. EmployeeID

WHERE c. LastName LIKE ′Bai%′ AND e. HireDate < = ′2005 – 01 – 01′;

● 以下查询使用了多个表达式:col1、SUBSTRING、col3、price 和 1.5 都是表达式。

SELECT col1, SUBSTRING(′This is a long string′, 1, 5), col3, price * 1.5 FROM mytable

4. 表达式的结果

表达式的结果是指 SQL Server 求解表达式所获得的结果,常常又称为表达式的值。

● 简单表达式的结果的数据类型、精度、小数位数和值就是所引用元素的数据类型、精度、小数位数和值。

● 使用比较或逻辑运算符组合两个表达式时,结果数据为布尔类型,值为下列值之一:TRUE、FALSE、UNKNOWN。

● 使用算术、位或字符串运算符组合两个表达式时,结果数据类型由运算符决定。

● 由多个简单表达式和运算符组成的复杂表达式的计算结果为单一值。结果的数据类型、精度和值的确定方式是:一次组合两个包含的表达式,直至得出最终结果为止。表达式的组合顺序由表达式中运算符的优先级来决定。

5. 说明

● 如果两个表达式的数据类型均受运算符支持,并且至少满足下列条件之一,则运算符可以组合这两个表达式:①表达式具有相同的数据类型;②具有较低优先级的数据类型可以隐式转换为具有较高数据类型优先级的数据类型。否则不能组合这两个表达式。

● 在 Microsoft Visual Basic 等编程语言中,表达式的计算结果始终为单一结果。SQL 选择列表中的表达式与此不同,其规则为:针对结果集中的每一行单独计算表达式。对于单个表达式,结果集中的不同行可能有不同的值,但每一行只有一个值。例如,在下面的 SE-LECT 语句中,对选择列表中 ProductID 以及 1 +2 项的引用都是表达式:

SELECT ProductID, 1 +2 FROM Products

在结果集的每一行中,表达式 1 +2 的计算结果都是3。尽管在结果集的每一行中表达式 ProductID 生成的值各不相同,但每一行都只有一个 ProductID 值。

7.2.3　本书 T – SQL 语法中部分表达式的含义

下面列出本书 T – SQL 语法中部分常见表达式及相关术语的含义。若无特别说明,本书后续各章节出现的与下列表达式书写相同的表达式的含义均如下所述,不另行赘述。

character_expression:字符表达式。可以是字符、二进制数据或能隐式转换为 varchar 或

nvarchar 的数据类型（text、ntext 除外），可以是常量、变量、列。

constant_expression：常量表达式。

any_expression：任意表达式。可以是常量、列或函数与算术、位和字符串运算符的任意组合，但不允许使用聚合函数和子查询。用于数字列、字符列和 datetime 列，但不能用于 bit 列。

float_expression：浮点数表达式。结果是 float 类型或能隐式转换为 float 类型的表达式。

input_expression：输入表达式。用于处理或测试、比较的表达式。

integer_expression：整数表达式。结果是整数数据类型的表达式。

logical_expression：逻辑表达式。返回 TRUE 或 FALSE 的表达式。如果表达式中含有 SE-LECT 语句，必须用圆括号将 SELECT 语句括起来。

ncharacter_expression：双字节字符串表达式。结果为 nchar 或 nvarchar 型的表达式。

numeric_expression：数值表达式。结果是数字类数据类型（bit 除外）的表达式。

numeric2_expression：数值表达式 2。结果是数字类数据类型（bit 除外）的表达式。可以是常量、列或函数与算术、位和字符串运算符的任意组合，但不允许使用聚合函数和子查询。

result_expression：结果表达式。

scalar_expression：标量表达式。用于函数的返回值。

string_expression：字符串表达式。由字符串构成的表达式。

7.3　批处理与流程控制语句

7.3.1　批处理

批处理是一个或多个 T – SQL 语句的有序组合，从应用程序一次性发送到 SQL Server 执行。SQL Server 将批处理的语句编译为一个可执行单元（执行计划），其中的语句每次执行一条。

编译错误（如语法错误）可使执行计划无法编译。因此未执行批处理中的任何语句。

运行时错误（如算术溢出或违反约束）会产生以下两种影响之一：

①大多数运行时错误将停止执行批处理中当前语句和它之后的语句；

②某些运行时错误（如违反约束）仅停止执行当前语句，而继续执行批处理中其他所有语句。

在遇到运行时错误之前执行的语句不受影响，但唯一的例外是如果批处理在事务中且错误导致事务回滚。这种情况下，回滚运行时错误之前所进行的未提交的数据修改。

以下规则适用于批处理：

① CREATE DEFAULT、CREATE FUNCTION、CREATE PROCEDURE、CREATE RULE、CREATE TRIGGER 和 CREATE VIEW 语句不能在批处理中与其他语句组合使用。批处理必须以 CREATE 语句开始。所有跟在该批处理后的其他语句将被解释为第一个 CREATE 语句定义的一部分。

②不能在同一个批处理中更改表，然后引用新列。

③如果 EXECUTE 语句是批处理的第一句,则不需要 EXECUTE 关键字;否则需要该关键字。

流程控制语句是指那些用来控制程序执行和流程分支的语句,在 SQL server 2000 中,流程控制语句主要用来控制 SQL 语句、语句块或者存储过程的执行流程。

T-SQL 语句使用的流程控制语句与常见的程序设计语言类似,主要有以下几种:

7.3.2　BEGIN...END 语句

BEGIN...END 语句能够将多个 T-SQL 语句组合成一个语句块,并将处于 BEGIN...END 内的所有程序视为一个单元处理。在条件语句(如 IF...ELSE)和循环等控制流程语句中,当符合特定条件便要执行两个或者多个语句时,就需要使用 BEGIN...END 语句。

①语法:BEGIN

{ sql_statement | statement_block }

END

②参数摘要:sql_statement|statement_block:至少一条有效的 T-SQL 语句或语句组

③说明

● BEGIN 和 END 语句必须成对使用。BEGIN 语句单独出现在一行中,后跟 T-SQL 语句块(至少包含一条 T-SQL 语句);最后,END 语句单独出现在一行中,指示语句块的结束。

● BEGIN 和 END 语句用于下列情况:WHILE 循环需要包含语句块;CASE 函数的元素需要包含语句块;IF 或 ELSE 子句需要包含语句块。

● 在 BEGIN...END 中可嵌套另外的 BEGIN...END 来定义另一程序块。

● 虽然所有的 T-SQL 语句在 BEGIN...END 块内都有效,但有些 T-SQL 语句不应分组在同一批处理或语句块中。(参见本章第7.3.1节)

7.3.3　IF...ELSE 语句

IF...ELSE 语句是条件判断语句,用来判断当某一条件成立时执行某段程序,条件不成立时执行另一段程序。

①语法:IF logical_expression { sql_statement | statement_block }

[ELSE { sql_statement | statement_block }]

②结果类型:Boolean

③说明

● 除非使用 BEGIN...END 语句定义的语句块,否则 IF 或 ELSE 条件只影响一个 T-SQL 语句。

● 如果在 IF...ELSE 的 IF 区和 ELSE 区都使用了 CREATE TABLE 语句或 SELECT INTO 语句,那么 CREATE TABLE 语句或 SELECT INTO 语句必须指向相同的表名。

● IF...ELSE 语句可用于批处理、存储过程和即席查询。

● IF...ELSE 可以嵌套(可在 IF 之后或 ELSE 下面,嵌套另一个 IF 语句)。在 T-SQL 中最多可嵌套32级;在 SQL SERVER 2005 中,嵌套级数的限制取决于可用内存。

【例7-14】　求学号为'110008'的同学的平均成绩,如果大于或等于90分,则输出"优秀"。

　　IF（SELECT AVG（分数）FROM 教学成绩表 WHERE 学号 ='110008' GROUP BY 学号）
>=90

　　PRINT '优秀'

7.3.4　CASE 语句

　　根据测试/条件表达式的值的不同，返回多个可能结果表达式之一。

　　CASE 具有两种格式：简单 CASE；CASE 搜索函数。

　　（1）简单 CASE 函数：将某个表达式与一组简单表达式进行比较以确定结果。

　　①语法：CASE input_expression

WHEN when_expression THEN result_expression

［...n］

［ELSE else_result_expression］

END

　　②参数摘要

　　● when_expression：与 input_expression 比较的简单表达式。

　　● result_expression：当 input_expression = when_expression 比较的结果为 TRUE 时返回的
表达式。

　　● else_result_expression：当 input_expression = when_expression 比较的结果都不为 TRUE
时返回的表达式。

　　● input_expression、when_expression、result expression 和 else_result_expression 可以是任
何有效的 SQL Server 表达式。但前两者、后两者的数据类型必须相同或能隐式转换。

　　③结果类型：result_expressions 和 else_result_expression 中最高优先级类型

　　④返回值

　　● 首先计算 input_expression，然后按指定顺序对每个 WHEN 子句计算 input_expression
= when_expression，返回计算结果为 TRUE 的第一个 result_expression。

　　● 在 input_expression = when_expression 的计算结果都不为 TRUE 的情况下，如果指定了
ELSE 子句则返回 else_result_expression，如果没有指定 ELSE 子句则返回 NULL。

　　【例 7 -15】　CASE 语句示例 1。

DECLARE @分数 decimal，@成绩级别 nchar（3）

SET @分数 = 88

SET @成绩级别 =

CASE FLOOR（@分数/10）

WHEN 10 THEN '优秀'

WHEN 9 THEN '优秀'

WHEN 8 THEN '良好'

WHEN 7 THEN '中等'

WHEN 6 THEN '及格'

ELSE '不及格'

END

PRINT @ 成绩级别

(2) CASE 搜索函数：计算一组逻辑表达式以确定结果。

①语法：CASE。

WHEN logical_expression THEN result_expression

[... n]

[ELSE else_result_expression]

END

②参数摘要：result expression 和 else_result_expression 可以是任何有效的 SQL Server 表达式。

③结果类型：result_expressions 和 else_result_expression 中返回最高优先级类型。

④返回值：按指定顺序对每个 WHEN 子句求 logical_expression 值。返回计算结果为 TRUE 的第一个 logical_expression 的 result_expression；当 logical_expression 的计算结果都不为 TRUE 时，如果指定了 ELSE 子句则返回 else_result_expression，否则返回 NULL。

【例 7 - 16】 CASE 语句示例 2。

DECLARE @ 分数 decimal, @ 成绩级别 nchar(3)

SET @ 分数 = 88

SET @ 成绩级别 =

case

WHEN @ 分数 > = 90 AND @ 分数 < = 100 THEN '优秀'

WHEN @ 分数 > = 80 AND @ 分数 < 90 THEN '良好'

WHEN @ 分数 > = 70 AND @ 分数 < 80 THEN '中等'

WHEN @ 分数 > = 60 AND @ 分数 < 70 THEN '及格'

ELSE N'不及格'

END

PRINT @ 成绩级别

7.3.5 GOTO 语句

GOTO 语句可以使程序直接跳到指定的标有标识符的位置上继续执行，而位于 GOTO 语句和标识符之间的程序将不会执行。GOTO 语句和标识符可以用在语句块、批处理和存储过程中，标识符可以为数字与字符的组合，但必须以冒号(：)结尾，如'A1：'。

①语法：GOTO label。

②参数摘要：label：如果 GOTO 语句指向该标签，则其为处理的起点。标签必须符合标识符规则。无论是否使用 GOTO 语句，标签均可作为注释方法使用。

③说明：GOTO 语句和标签可在过程、批处理或语句块中的任何位置，但不能跳转到该批以外；GOTO 分支可跳转到定义在 GOTO 之前或之后的标签；GOTO 语句可嵌套使用。

【例7－17】 利用 GOTO 语句求出1加到5的总和,见图7－3。

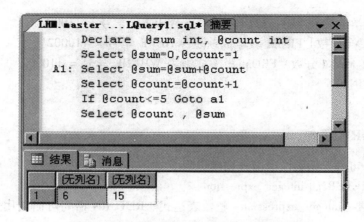

图7－3 利用 GOTO 语句求出1加到5的总和

7.3.6 WHILE 语句

WHILE 语句的作用是为重复执行某一语句或语句块设置条件。只要指定的条件为真,就重复执行语句。可以使用 BREAK 和 CONTINUE 在循环内部控制 WHILE 循环中语句的执行。

①语法:WHILE logical_expression

BEGIN

{ sql_statement | statement_block }

[BREAK]

{ sql_statement | statement_block }

[CONTINUE]

{ sql_statement | statement_block }

END

②参数摘要

• BREAK:立即无条件跳出循环,并开始执行紧接着在 END(循环结束的标记)后面的语句。

• CONTINUE:跳出本次循环,开始执行下一次循环(忽略 CONTINUE 后面的语句)。

③说明

如果嵌套了两个或多个 WHILE 循环,则内层的 BREAK 将退出到下一个外层循环。将首先运行内层循环结束之后的所有语句,然后重新开始下一个外层循环。

【例7－18】 不存在学号为110002的学生成绩低于65分的情况下,将他各门功课成绩加5,并在最高分数高于90分时跳出循环。

WHILE NOT EXISTS(SELECT 分数 FROM 教学成绩表 WHERE 学号 = '110002' AND 分

数 <65)
```
BEGIN
UPDATE 教学成绩表 SET 分数 = 分数 + 5 WHERE 学号 = '110002'
SELECT MAX(分数) FROM 教学成绩表 WHERE 学号 = '110002'
IF (SELECT MAX(分数) FROM 教学成绩表 WHERE 学号 = '110002') > 90 BREAK
ELSE CONTINUE
END
```

7.3.7　RETURN 语句

RETURN 语句用于无条件退出查询或过程。

(1)语法:RETURN [integer_expression]。

(2)参数摘要:integer_expression:整数表达式。RETURN 语句可向调用过程返回一个整数值。

(3)返回类型:可以选择返回 int。

(4)说明:

① RETURN 的执行是即时且完全的,可在任何时候用于从过程、批处理或语句块中立即退出。当前过程、批处理或语句块中 RETURN 之后的语句不会被执行。

②一般只在存储过程中才用到返回结果,调用存储过程的语句可根据 RETURN 返回的值,判断下一步应该执行的操作。除非专门说明,系统存储过程返回值为零表示调用成功,否则有问题发生。

③如果用于存储过程,RETURN 不能返回空值。

④在执行了当前过程的批处理或过程中,可以在后续执行的 T – SQL 语句中包含返回状态值,但必须以下列格式输入:EXECUTE @ return_status ＝ ＜ procedure_name ＞。

7.3.8　WAITFOR 语句

WAITFOR 语句用于在达到指定时间或时间间隔之前,或者指定语句至少修改或返回一行之前,暂时阻止执行批处理、存储过程或事务。

①语法:WAITFOR
```
{ DELAY 'time_to_pass' | TIME 'time_to_execute'
|(receive_statement) [, TIMEOUT timeout ]
}
```

②参数摘要

● DELAY:可继续执行批处理、存储过程或事务之前必须经过的指定时段,最长 24 小时。

● 'time_to_pass':等待的时段。

● TIME:指定的运行批处理、存储过程或事务的时间。

● 'time_to_execute':WAITFOR 语句完成的时间。

● 'time_to_pass'和'time_to_execute'的数据类型为 datatime,格式为 hh:mm:ss。可使用

datetime 数据可接受的格式之一指定时间，也可将其指定为局部变量。不能指定日期，因此，不允许指定 datetime 值的日期部分。

- receive_statement：有效的 RECEIVE 语句。包含 receive_statement 的 WAITFOR 仅适用于 Service Broker 消息。
- TIMEOUT timeout：指定消息到达队列前等待的时间（以毫秒为单位）。指定包含 TIMEOUT 的 WAITFOR 仅适用于 Service Broker 消息。

③说明

- 执行 WAITFOR 语句时，事务正在运行，并且其他请求不能在同一事务下运行。
- WAITFOR 不更改查询的语义。如果查询不能返回任何行，WAITFOR 将一直等待，或等到满足 TIMEOUT 条件（如果已指定）。
- 不能对 WAITFOR 语句打开游标或定义视图。
- 如果查询超出了 query wait 选项的值，则 WAITFOR 语句参数不运行即可完成。
- 若要查看活动进程和正在等待的进程，请使用 sp_who。
- 每个 WAITFOR 语句都有与其关联的线程。如果对同一服务器指定了多个 WAITFOR 语句，可将等待这些语句运行的多个线程关联起来。SQL Server 将监视与 WAITFOR 语句关联的线程数，并在服务器开始遇到线程不足的问题时，随机选择其中部分线程以退出。
- 在保留禁止更改 WAITFOR 语句所试图访问的行集的锁的事务中，可通过运行含 WAITFOR 语句的查询来创建死锁。如果可能存在上述死锁，则 SQL Server 会标识相应情况并返回空结果。

【例 7 – 19】　WAITFOR 语句的使用。

- 使用 WAITFOR TIME，在晚上 10：20（22：20）执行存储过程 sp_update_job。

```
USE msdb;
EXECUTE sp_add_job @ job_name = 'TestJob';
BEGIN
WAITFOR TIME '22：20';
EXECUTE sp_update_job @ job_name = 'TestJob',
@ new_name = 'UpdatedJob';
END;
```

- 使用 WAITFOR DELAY，在 2 小时的延迟后执行存储过程。

```
BEGIN
WAITFOR DELAY '02：00';
EXECUTE sp_helpdb;
END;
```

- 对 WAITFOR DELAY 使用局部变量。创建一个存储过程，该过程将等待可变的时间段，然后将经过的小时、分钟和秒数信息返回给用户。

```
USE AdventureWorks;
IF OBJECT_ID('dbo. time_delay', 'P') IS NOT NULL
DROP PROCEDURE dbo. time_delay;
```

```
CREATE PROCEDURE time_delay @ DELAYLENGTH char(9)
AS
DECLARE @ RETURNINFO varchar(255)
BEGIN
WAITFOR DELAY @ DELAYLENGTH
SELECT @ RETURNINFO = 'A total time of ' +
SUBSTRING(@ DELAYLENGTH, 1, 2) + 'hours, ' +
SUBSTRING(@ DELAYLENGTH, 4, 2) + 'minutes, AND ' +
SUBSTRING(@ DELAYLENGTH, 7, 2) + 'seconds ' +
'has elapsed! Your time is up.';
PRINT @ RETURNINFO;
END;
-- This next statement executes the time_delay procedure.
EXEC time_delay '00:00:10'
```

结果集:

A total time of 00 hours, 00 minutes, and 10 seconds has elapsed. Your time is up.

7.4 系统内置函数

T-SQL 中的函数可分为系统定义函数(系统内置函数)和用户定义函数。本节介绍系统定义函数中的数学函数、聚合函数、字符串函数、日期时间函数、系统函数、游标函数、元数据函数。

7.4.1 数学函数

数学函数对作为函数参数提供的输入值执行计算,返回一个数字值。SQL Server 2005 中定义了 23 种数学函数(参见表 7-18),本节介绍其中常用的几个数学函数。

表 7-18 SQL Server 2005 的数学函数

ABS	返回给定数字表达式的绝对值
ACOS	返回余弦为给定的 float 表达式的角度值(弧度);亦称反余弦
ASIN	返回正弦为给定的 float 表达式的角度值(弧度);亦称反正弦
ATAN	返回正切为给定的 float 表达式的角度值(弧度);亦称反正切
ATN2	返回正切介于两个给定的 float 表达式之间的角度值(弧度);亦称反正切
CEILING	返回大于或等于所给数字表达式的最小整数
COS	返回给定表达式中给定角度(以弧度为单位)的三角余弦值
COT	返回给定 float 表达式中指定角度(以弧度为单位)的三角余切值

续表 7－18

DEGREES	当给出以弧度为单位的角度时,返回相应的以度数为单位的角度
EXP	返回常量 e 的指定 float 表达式的幂
FLOOR	返回小于或等于所给数字表达式的最大整数
LOG	返回给定 float 表达式的自然对数
LOG10	返回给定 float 表达式的以 10 为底的对数
PI	返回圆周率 PI 的常量值
POWER	返回给定表达式的指定次幂
RADIANS	对于在数字表达式中输入的度数值返回弧度值
RAND	返回 0 到 1 之间的随机 float 值
ROUND	返回数字表达式并四舍五入为指定的长度或精度
SIGN	返回给定表达式的正(＋1)、零(0)或负(－1)号
SIN	以近似数字(float)表达式返回给定角度(以弧度为单位)的三角正弦值
SQRT	返回给定表达式的平方根
SQUARE	返回给定表达式的平方
TAN	返回输入表达式(以弧度为单位)的正切值

1. ABS 函数

ABS 函数返回指定数值表达式的绝对值。

①语法：ABS (numeric_expression)。

②返回类型：返回与 numeric_expression 相同的类型。

③说明：ABS 函数可能产生溢出错误。例如, tinyint 数据类型只具有从 0 到 255 之间的值, 因此, 当 variable ＝ －256 时, ABS(variable)将产生溢出错误。

2. CEILING 函数

CEILING 函数返回大于或等于所给数字表达式的最小整数。

①语法：CEILING (numeric_expression)。

②返回类型：返回与 numeric_expression 相同的类型。

【例 7－20】　显示使用 CEILING 函数的正数、负数和零值。

SELECT CEILING($123.45), CEILING($ －123.45), CEILING($0.0)

结果集：

124.00　－123.00 0.00

3. EXP 函数

EXP 函数返回指定的 float 表达式的指数值(即常量 e 的 float 表达式次幂)。

①语法：EXP (float_expression)

②返回类型：float。

③说明：

● 常量 e(2.718281…)是自然对数的底数。

● 数字的指数是常量 e 使用该数字进行幂运算。例如，EXP(1.0) = e^1.0 = 2.71828182845905，而 EXP(10) = e^10 = 22026.4657948067。

● 数字的自然对数的指数是数字本身：EXP(LOG(n)) = n；数字的指数的自然对数是数字本身：LOG(EXP(n)) = n。

【例7-21】 使用 EXP 函数计算 e10、10 的自然对数的指数值、10 的指数的自然对数。

SELECT EXP(10), EXP(LOG(10)), LOG(EXP(10))

结果集：

22026.4657948067 10 10

4. FLOOR 函数

FLOOR 函数返回小于或等于所给数字表达式的最大整数。

①语法：FLOOR(numeric_expression)。

②返回类型：与 numeric_expression 相同的类型。

【例7-22】 正数、负数和货币值在 FLOOR 函数中的运用。

SELECT FLOOR(123.45), FLOOR(-123.45), FLOOR($123.45)

结果为与 numeric_expression 数据类型相同的计算值的整数部分：

123 -124 123.0000

5. LOG 函数

LOG 函数返回指定 float 表达式的自然对数。

①语法：LOG(float_expression)

②返回类型：float。

③说明：

● 常量 e(2.71828182845905…)是自然对数的基数。

● 自然对数的基数是常量 e(2.71828182845905…)。LOG(e) = 1.0。

● 某数指数值的自然对数是该数自身：LOG(EXP(n)) = n。且某数指数值的自然对数是该数自身：EXP(LOG(n)) = n。

【例7-23】 计算指定 float 表达式的对数(LOG)。

DECLARE @ var float; SET @ var = 10

PRINT 'The LOG of the variable is : ' + CONVERT(varchar, LOG(@ var))

PRINT LOG(EXP(@ var))

结果集：

The LOG of the variable is : 2.30259

10

6. LOG10 函数

LOG10 函数返回指定 float 表达式的常用对数(即：以 10 为底的对数)。

①语法：LOG10(float_expression)。

②返回类型：float。

③说明：LOG10 和 POWER 函数彼此反向相关。例如，10^LDG10(n) = n。

【例 7 - 24】 计算变量以 10 为底的对数，对以 10 为底的对数执行指定幂计算的结果

DECLARE @ var float；SET @ var = 145.175643

PRINT 'The LOG 10 of the variable is：' + CONVERT(varchar, LOG10(@ var))

PRINT POWER(10, LOG10(5))

结果集：

The LOG 10 of the variable is：2.16189

5

7. POWER 函数

返回指定表达式的指定幂的值。

①语法：POWER(numeric_expression, power_value)

②参数摘要：power_value：对 numeric_expression 进行幂运算的幂值。power_value 可以是精确数值或近似数值数据类别的表达式(bit 数据类型除外)。

③返回类型：与 numeric_expression 相同。

④说明：不恰当的 power_value 可能使 POWER 函数产生溢出。例如，SELECT POWER(2.0, -100.0)的计算结果为 0.0，产生浮点下溢。

【例 7 - 25】 计算 2^3、2^4。

SELECT POWER(2, 3), POWER(2, 4)

结果集：

8 16

8. RAND 函数

RAND 函数返回 0 到 1 之间的随机 float 值。

①语法：RAND ([seed])。

②参数摘要：seed：给出种子值或起始值的整型表达式(tinyint、smallint 或 int)。

③返回类型：float。

④说明：使用相同的 seed 值反复调用 RAND( )将产生相同的值。

【例 7 - 26】 通过 RAND 函数产生 2 个不同的随机值。

DECLARE @ seed smallint SET @ seed = 1

WHILE @ seed < 3

BEGIN

PRINT 'Random_Number_' + STR(@ seed, 1, 1) + ' = ' + STR(RAND(@ seed), 12, 10)

SET @ seed = @ seed + 1

END

结果集：

Random_Number_1 = 0.7135919932

Random_Number_2 = 0.7136106262

9. ROUND 函数

ROUND 函数返回将给出的数值表达式四舍五入为指定的长度或精度的数值。

①语法：ROUND（numeric_expression，length［，function］）。

②参数摘要：

● length：numeric_expression 的舍入精度。length 必须是 tinyint、smallint 或 int 类型。如果 length 为正数，则将 numeric_expression 舍入到 length 指定的小数位数。如果 length 为负数，则将 numeric_expression 小数点左边部分舍入到 length 指定的长度。

● function：要执行的操作的类型。function 必须为 tinyint、smallint 或 int。如果省略 function 或其值为 0（默认值），则舍入 numeric_expression；否则截断 numeric_expression。

③返回类型：返回与 numeric_expression 相同的类型。

④说明：如果 length 为正数，且小于 numeric_expression 小数点后的数字个数，则 ROUND 函数返回值的最后一位数为估计值；如果 length 为负数，且绝对值大于或等于 numeric_expression 小数点前的数字个数，则 ROUND 将产生算术溢出（例如 SELECT ROUND(748.58，-3)）。

【例 7 - 27】 ROUND 函数的使用。

①使用 ROUND 函数。

SELECT ROUND(748.58，3)，ROUND(748.58，2)，ROUND(748.58，1)，
ROUND(748.58，0)，ROUND(748.58，-1)，ROUND(748.58，-2)；

结果集：

748.58 748.58 748.60 749.00 750.00 700.00

②使用 ROUND 截断。下面的 SELECT 语句两次调用 ROUND 函数，用于阐释舍入和截断之间的区别：第一次调用 ROUND 取舍入结果，第二次调用取截断结果。

SELECT ROUND(150.75，0)，ROUND(150.75，0，1)；

结果集：

151.00 150.00

10. SQRT 函数

SQRT 函数返回指定表达式的平方根。

①语法：SQRT（float_expression）

②返回类型：float

【例 7 - 28】 计算 1，2，3，4 的平方根。

DECLARE @ x float；SET @ x = 1

SELECT SQRT(@ x)，SQRT(@ x + 1)，SQRT(@ x + 2)，SQRT(@ x + 3)

结果集：

1 1.4142135623731 1.73205080756888 2

11. SQUARE 函数

返回指定表达式的平方。

①语法：SQUARE（float_expression）

②返回类型：float。

【例 7 - 29】 计算半径为 1 cm、高为 5 cm 的圆柱体的体积。

DECLARE @ h float，@ r float

SET @ h = 5；SET @ r = 1；PRINT PI( ) * SQUARE(@ r) * @ h

结果集：

15.707963267949

7.4.2 聚合函数

聚合函数对一组值执行计算并返回单一的值(各种统计数据)。除 COUNT 函数之外，聚合函数忽略空值。聚合函数经常与 SELECT 语句的 GROUP BY 子句一同使用。所有聚合函数都具有确定性。任何时候用一组给定的输入值调用它们时，都返回相同的值。

仅在下列项中聚合函数允许作为表达式使用：①SELECT 语句的选择列表(子查询或外部查询)；②COMPUTE 或 COMPUTE BY 子句；③HAVING 子句。

表 7 - 19 列举了 T - SQL 编程语言提供的聚合函数。

表 7 - 19　T - SQL 编程语言提供的聚合函数

函　　数	功　　能
AVG	返回组中值的平均值。空值将被忽略
BINARY_CHECKSUM	返回对表中的行或表达式列表计算的二进制校验值。可用于检测表中行的更改
CHECKSUM	返回在表的行上或在表达式列表上计算的校验值。用于生成哈希索引
CHECKSUM_AGG	返回组中值的校验值。空值将被忽略
COUNT	返回组中项目的数量。返回 int 数据类型值
COUNT_BIG	返回组中项目的数量。返回 bigint 数据类型值
GROUPING	产生一个附加的列，当用 CUBE 或 ROLLUP 运算符添加行时，附加列值为 1；当所添加的行不是由 CUBE 或 ROLLUP 产生时，附加列值为 0
MAX	返回表达式的最大值
MIN	返回表达式的最小值
SUM	返回表达式中所有值的和，或只返回 DISTINCT 值。只能用于数字列，忽略空值
STDEV	返回给定表达式中所有值的统计标准偏差
STDEVP	返回给定表达式中所有值的总体统计标准偏差
VAR	返回给定表达式中所有值的统计方差(无偏差方差)
VARP	返回给定表达式中所有值的填充的统计方差(有偏差方差)

1. AVG 函数和 SUM 函数

AVG 函数、SUM 函数分别返回表达式中指定范围内各值的平均值、代数和，忽略空值，只用于数字列。

①语法：AVG（[ALL | DISTINCT] expression ）。

②参数摘要：

- ALL：对所有的值应用此聚合函数。ALL 是默认值。

● DISTINCT：指定聚合函数只在每个值的唯一非空实例上执行，不管该值出现了多少次。

● expression：列名表达式，精确数值或浮点类型(bit 除外)。不得用聚合函数和子查询。

③返回类型：由 expression 的计算结果类型确定(见表 7 - 20)。

表 7 - 20　AVG 函数、SUM 函数的返回类型

表达式结果	AVG 函数返回类型
integer 类别	int
decimal 类别(p,s)	decimal(38,s)
money 和 smallmoney 类别	money
float 和 real 类别	float

④说明：

● 如果 expression 是别名数据类型，则返回类型也具有别名数据类型。但是，如果别名数据类型的基本数据类型得到提升(例如，从 tinyint 提升到 int)，则返回值具有提升的数据类型。

● 使用 CUBE 或 ROLLUP 时，不支持区分聚合，如 AVG(DISTINCT column_name)，COUNT(DISTINCT column_name)，MAX(DISTINCT column_name)，MIN(DISTINCT column_name)和 SUM(DISTINCT column_name)。如果使用这类聚合，则 SQL Server 2005 将返回错误消息并取消查询。

2. COUNT 函数

COUNT 函数返回表达式中指定范围内的行的总数。

①语法：COUNT ({ [[ALL | DISTINCT] expression] | * })。

②参数摘要：

● expression：列名表达式，除 text，image，ntext 外任何类型。不得用聚合函数和子查询。

● *：返回表中所有或满足约束条件(如果有 WHERE 的话)的行的总数(包括 NULL 和重复行)。

③返回类型：int。

④说明：对于大于 $2^{31} - 1$ 的返回值，COUNT 将产生错误，这时应改用 COUNT_BIG；其他参见 AVG 函数的说明。

3. MAX 函数与 MIN 函数

MAX 函数、MIN 函数分别返回表达式中指定范围内的列的最大值、最小值。忽略空值。

①语法：MAX ([ALL | DISTINCT] any_expression)；

MIN ([ALL | DISTINCT] any_expression)。

②返回类型：与 any_expression 相同。

③说明：参见 AVG 函数的说明。

【例 7 - 30】　AVG 函数、COUNT 函数、SUM 函数的使用。

①不带 DISTINCT 使用聚合函数：计算 Adventure Works Cycles 的所有雇员的人数、平均休假小时、总计休假小时、最少休假小时、最多休假小时。

USE AdventureWorks;
SELECT COUNT(title) AS '人数',
AVG(VacationHours * 1.0) AS '平均休假小时',
SUM(VacationHours) AS '总计休假小时',
MIN(VacationHours) AS '最少休假小时',
MAX(VacationHours) AS '最多休假小时'
FROM HumanResources. Employee

结果集：

人数	平均休假小时	总计休假小时	最少休假小时	最多休假小时
290	50.613793	14678	0	99

②带 DISTINCT 使用聚合函数：计算 Adventure Works Cycles 的雇员中休假小时数与别人不同雇员的人数、平均休假小时、总计休假小时、最少休假小时、最多休假小时。

USE AdventureWorks;
SELECT COUNT(DISTINCT title) AS '人数',
AVG(DISTINCT VacationHours * 1.0) AS '平均休假小时',
SUM(DISTINCT VacationHours) AS '总计休假小时',
MIN(DISTINCT VacationHours) AS '最少休假小时',
MAX(DISTINCT VacationHours) AS '最多休假小时'
FROM HumanResources. Employee

结果集：

人数	平均休假小时	总计休假小时	最少休假小时	最多休假小时
67	49.500000	4950	0	99

③计算 Adventure Works Cycles 的销售代表的人数、平均休假小时、总计休假小时、最少休假小时、最多休假小时。

USE AdventureWorks;
SELECT COUNT(*) AS '人数',
AVG(VacationHours * 1.0) AS '平均休假小时',
SUM(VacationHours) AS '总计休假小时',
MIN(VacationHours) AS '最少休假小时',
MAX(VacationHours) AS '最多休假小时'
FROM HumanResources. Employee WHERE Title = 'Sales Representative'

结果集：

人数	平均休假小时	总计休假小时	最少休假小时	最多休假小时
14	31.000000	434	22	39

本例中，对检索到的所有行，每个聚合函数都生成一个单独的汇总值。

④计算 Adventure Works Cycles 的各生产技师职位的人数、平均休假小时、总计休假小时。

USE AdventureWorks；

SELECT title AS '职名'，COUNT(Title)AS'人数'，

AVG(VacationHours＊1.0) AS '平均休假小时'，

SUM(VacationHours) AS '总计休假小时'

FROM HumanResources.Employee WHERE Title LIKE 'Production Technician%'

GROUP BY Title

结果集：

职名		人数	平均休假小时	总计休假小时
Production － WC10	Technician	17	91.000000	1 547
Production － WC20	Technician	22	10.500000	231
Production － WC30	Technician	25	34.000000	850
Production － WC40	Technician	26	59.500000	1 547
Production － WC45	Technician	15	80.000000	1 200
Production － WC50	Technician	26	46.653846	1 213
Production － WC60	Technician	26	26.500000	689

当与 GROUP BY 子句一起使用时，每个聚合函数都针对每一组生成一个值。

4. STDEV 函数、STDEVP 函数、VAR 函数、VARP 函数

STDEV 函数、STDEVP 函数、VAR 函数、VARP 函数分别返回表达式中指定范围内所有值的标准差、总体标准差、方差、总体方差。忽略空值，只用于数字列。

①语法

STDEV ([ALL | DISTINCT] expression)

STDEVP ([ALL | DISTINCT] expression)

VAR ([ALL | DISTINCT] expression)

VARP ([ALL | DISTINCT] expression)

②参数摘要：同 AVG 函数。

③返回类型：float。

④说明：如果在 SELECT 语句中的所有项目上使用该函数，则计算中包括结果集内每个值。

【例 7 － 31】　　STDEV 函数、STDEVP 函数、VAR 函数、VARP 函数的使用。计算 Adventure Works Cycles 的所有雇员的人数及休假小时的均值、标准差、总体标准差、方差、总体方差。

USE AdventureWorks；

SELECT COUNT(＊) AS ′人数′, ′, ′,

AVG(VacationHours ＊ 1.0) AS ′均值′, ′, ′,

STDEV(VacationHours) AS ′标准差′,

STDEVP(VacationHours) AS ′总体标准差′, ′, ′,

VAR(VacationHours) AS ′方差′, ′, ′,

VARP(VacationHours) AS ′总体方差′

FROM HumanResources. Employee

人数	均值	标准差	总体标准差	方差	总体方差
290	50.613793	28.7862150320948	28.7365407672451	828.646175874001	825.788775267539

7.4.3 字符串函数

字符串函数可以对二进制数据、字符串和表达式执行不同的运算，大多数字符串函数只能用于 char 和 varchar 数据类型以及明确转换成 char 和 varchar 的数据类型，少数几个字符串函数也可以用于 binary 和 varbinary 数据类型。

表7 – 21　T – SQL 的字符串函数

函　　数	功　　能
ASCII	返回字符表达式最左端字符的 ASCII 代码值
CHAR	将 int 数据类型的 ASCII 代码转换为字符的字符串函数
CHARINDEX	返回字符串中指定表达式的起始位置
DIFFERENCE	以整数返回两个字符表达式的 SOUNDEX 值之差
LEFT	返回字符串中从左边开始指定个数的字符
LEN	返回给定字符串表达式的字符(而不是字节)个数,其中不包含尾随空格
LOWER	将大写字符数据转换为小写字符数据后返回字符表达式
LTRIM	删除所有前导空格后返回字符表达式
NCHAR	根据 Unicode 标准所进行的定义,用给定整数代码返回 Unicode 字符
PATINDEX	返回指定表达式中某模式第一次出现的起始位置;没有找到该模式,则返回零
REPLACE	用第三个表达式替换第一个字符串表达式中出现的所有第二个给定字符串表达式
QUOTENAME	返回带有分隔符的 Unicode 字符串,使字符串成为有效的 SQL Server 分隔标识符
REPLICATE	以指定的次数重复字符表达式
REVERSE	返回字符表达式的反转
RIGHT	返回字符串中从右边开始指定个数的字符
RTRIM	截断所有尾随空格后返回一个字符串

续表 7 – 21

函　　数	功　　能
SOUNDEX	返回由四个字符组成的代码(SOUNDEX)以评估两个字符串的相似性
SPACE	返回由重复的空格组成的字符串
STR	由数字数据转换来的字符数据
STUFF	删除指定长度的字符并在指定的起始点插入另一组字符
SUBSTRING	返回字符、binary、text 或 image 表达式的一部分
UNICODE	按照 Unicode 标准的定义,返回输入表达式的第一个字符的整数值
UPPER	返回将小写字符数据转换为大写的字符表达式

1. ASCII 函数

ASCII 函数返回字符表达式中最左侧的字符的 ASCII 代码值。

①语法：ASCII (character_expression)

②返回类型：int

【例 7 –32】　打印'SQL'字符串中每个字符的 ASCII 值。

DECLARE @ position int, @ string char(3), @ char1 char(1)

SET @ position = 1; SET @ string = 'SQL'; PRINT N'字符 ASCII 码';

WHILE @ position < = DATALENGTH(@ string)

BEGIN

SELECT @ char1 = SUBSTRING(@ string, @ position, 1), @ position = @ position + 1

SELECT CHAR(ASCII(@ char1)), ASCII(@ char1)

END

结果集：

字符 ASCII 码

S　　　83

Q　　　81

L　　　76

2. CHAR 函数

CHAR 函数将 int 类型的 ASCII 代码转换为字符。

①语法：CHAR (integer_expression)

②参数摘要：integer_expression：0 和 255 之间的整数。若不在此范围内则返回 NULL

③返回类型：char(1)

④说明：利用 CHAR 可将控制字符(例如制表符 char(9),回车符 char(13))插入字符串中

【例 7 –33】　使用 CHAR 插入控制字符。

DECLARE @ string1 char(3), @ string2 char(4)

SET @ string1 = ′New′；SET @ string2 = ′Moon′

PRINT @ string1 + CHAR（32）+ @ string2 + CHAR（13）+ @ string1 + @ string2

结果集：

New Moon

NewMoon

3. CHARINDEX 函数

CHARINDEX 函数返回字符串中指定表达式的开始位置（不能用于 text、ntext、image 类型）。

①语法：CHARINDEX（expression1，expression2［，start_location］）。

②参数摘要：

● expression1：字符串数据类别的表达式，其值是要查找的字符串。

● expression2：字符串数据类别的表达式，通常是一个为指定序列搜索的列。

● start_location：整数表达式。指定从 expression2 的第 start_location 个字符开始搜索 expression1。如果未指定或为负数或为零，则从 expression2 的开头开始搜索。

③返回类型：若 expression2 的数据类型为 varchar（max）、nvarchar（max）或 varbinary（max），则为 bigint，否则为 int。

④说明：

● 如果在 expression2 内找不到 expression1，则 CHARINDEX 返回 0。

● 如果 expression1 或 expression2 是 Unicode 数据类型（nvarchar 或 nchar）而另一个不是，则将另一个转换为 Unicode 数据类型。

● 如果 expression1 或 expression2 为 NULL，且数据库兼容级别为 70 或更高，则返回 NULL。如果数据库兼容级别为 65 或更低，则在 expression1 和 expression2 都为 NULL 时才返回 NULL。

【例 7 - 34】　在字符序列′Moon，New Moon′的第 6 个字符开始查找′Moon′。

PRINT CHARINDEX（′Moon′，′Moon，New Moon′，6）

结果集：

11

4. DIFFERENCE 函数

DIFFERENCE 函数返回一个整数值，指示两个字符表达式的 SOUNDEX 值之间的差异。

①语法：DIFFERENCE（character_expression，character_expression）。

②参数摘要：character_expression：char、varchar 或 text（仅前 8 000 个字节有效）型。

③返回类型：int。

④说明：返回的整数是 SOUNDEX 值中相同字符的个数。返回值从 0 到 4 不等：0 表示两个 character_expression 几乎不同或完全不同，4 表示几乎相同或完全相同。

【例 7 - 35】　字符串′Greene′与′Green′、′Blotchet - Halls′的 SOUNDEX 值比较。

SELECT SOUNDEX（′Green′），SOUNDEX（′Greene′），DIFFERENCE（′Green′，′Greene′）；

SELECT SOUNDEX（′Blotchet - Halls′），SOUNDEX（′Greene′），

DIFFERENCE（′Blotchet - Halls′，′Greene′）；

结果集：

G650　　G650　　4

B432　　G650　　0

5. LEFT 函数和 RIGHT 函数

LEFT 函数返回字符串中从左边开始指定个数的字符。

RIGHT 函数返回字符串中从右边开始指定个数的字符。

①语法：LEFT（character_expression，integer_expression）

RIGHT（character_expression，integer_expression）

②参数摘要：integer_expression：正整数，指定返回的字符数；如为负数则返回错误

③返回类型：varchar 或 nvarchar

【例 7 - 36】　LEFT 函数和 RIGHT 函数的使用。

SELECT LEFT('abcdefg'，3）+ '，' + RIGHT('abcdefg'，2）+ '，'

+ LEFT(N'数据库原理与应用'，2）+ '，' + RIGHT(N'数据库原理与应用'，2)

结果集：

abc，fg，数据，应用

6. LEN 函数

LEN 函数返回指定字符串表达式的字符(而不是字节)数，其中不包含尾随空格。

①语法：LEN（string_expression）

②返回类型：如果 expression 的数据类型为 varchar（max）、nvarchar（max）或 varbinary（max），则为 bigint；否则为 int

【例 7 - 37】　LEN 函数的使用。

SELECT LEN('ABC ')，LEN(' ABC')，LEN(' 数据库原理)，LEN('数据库原理 ')

结果集：

3　　4　　6　　5

7. LOWER 函数和 UPPER 函数

LOWER 函数将大写字符数据转换为小写字符数据后返回字符表达式。

UPPER 函数将小写字符数据转换为大写字符数据后返回字符表达式。

①语法：LOWER（character_expression）

UPPER（character_expression）

②返回类型：varchar 或 nvarchar

【例 7 - 38】　LOWER 函数和 UPPER 函数的使用。

DECLARE @ string char（7）；SET @ string = 'AbcdEfg'

SELECT @ string + CHAR（32）+ LOWER（@ string）+ CHAR（32）+ UPPER（@ string）

结果集：

AbcdEfg abcdefg ABCDEFG

8. LTRIM 函数与 RTRIM 函数

LTRIM 函数返回删除了前导空格之后的字符串。

RTRIM 函数返回截断所有尾随空格后的字符串。

①语法：LTRIM（ character_expression ）

RTRIM（ character_expression ）

②返回类型：varchar 或 nvarchar

【例 7 - 39】 使用 LTRIM、RTRIM 分别删除字符变量中的前导空格、尾随空格。

DECLARE @ string char(14)；SET @ string = SPACE(4) + 'ABCDEF' + SPACE(4)

SELECT '1："' + @ string + '"，2："' + LTRIM(@ string) + '"，3："' + RTRIM(@ string) + '"'

结果集：

1：" ABCDEF "，2："ABCDEF "，3：" ABCDEF"

9. NCHAR 函数

NCHAR 函数根据 Unicode 标准的定义，返回具有指定的整数代码的 Unicode 字符。

①语法：NCHAR（ integer_expression ）

②参数摘要：integer_expression：0 与 65535 之间的正整数，若超出范围则返回 NULL

③返回类型：nchar(1)

【例 7 - 40】 使用 UNICODE 和 NCHAR 函数打印'数据库原理'字符串中第二个字符的
UNICODE 值和 NCHAR(Unicode 字符)，并打印实际的第二个字符。

DECLARE @ nstring nchar(5)；SET @ nstring = N'数据库原理'

SELECT UNICODE(SUBSTRING(@ nstring, 2, 1)),

NCHAR(UNICODE(SUBSTRING(@ nstring, 2, 1)))

结果集：

25 454

10. PATINDEX 函数

PATINDEX 函数返回指定表达式中某模式第一次出现的起始位置；如果在全部有效的文
本和字符数据类型中没有找到该模式，则返回零。

①语法：PATINDEX（ '% pattern% '，character_expression ）。

②参数摘要：pattern：一个文字字符串。可以使用通配符，但 pattern 之前和之后必须
有% 字符(搜索第一个或最后一个字符时除外)。pattern 是字符串数据类型类别的表达式。

③返回类型：如果 expression 的数据类型为 varchar(max)或 nvarchar(max)，则为 bigint，
否则为 int。

④说明：如果 pattern 或 expression 为 NULL，则当数据库兼容级别为 70 时返回 NULL；如
果数据库兼容级别小于或等于 65，则仅当 pattern 和 expression 同时为 NULL 时才返回 NULL。

【例 7 - 41】 使用通配符查找模式 en_ure 在 Document 表中 DocumentSummary 列的某一
特定行中的开始位置，其中下划线为代表任何字符的通配符。

USE AdventureWorks；

SELECT PATINDEX('% en_ure% '，DocumentSummary)

FROM Production. Document WHERE DocumentID = 3；

结果集：

64

如果没有限制要搜索的行，查询将返回表中所有行，对在其中找到该模式的行报告非零值。

11. QUOTENAME 函数

QUOTENAME 函数返回带有分隔符的 Unicode 字符串,分隔符的加入可使输入的字符串成为有效的 Microsoft SQL Server 2005 分隔标识符。

①语法:QUOTENAME (′character_string′ [, ′quote_character′])。

②参数摘要:

- ′character_string′:Unicode 字符数据构成的字符串;是 sysname 值。
- ′quote_character′:用作分隔符的单字符字符串。可以是单引号(′)、左方括号或右方括号([ ])或英文双引号(″)。如果未指定,则使用方括号。

③返回类型:nvarchar(258)。

【例 7 – 42】　接受字符串′abc[ ]def′创建有效的 SQL Server 分隔标识符。

SELECT QUOTENAME(′abc[ ]def′)

结果集:

[abc[ ]]def]

12. REPLACE 函数

REPLACE 函数用第三个表达式替换第一个字符串表达式中所有第二个字符串表达式匹配项。

①语法:REPLACE (′string_expression1′ , ′string_expression2′ , ′string_expression3′)

②参数摘要:

- ′string_expression1′:要搜索的字符串表达式。可以是字符数据或二进制数据。
- ′string_expression2′:被替换掉的字符串表达式。可以是字符数据或二进制数据。
- ′string_expression3′:用于替换的字符串表达式。可以是字符数据或二进制数据。

③返回类型:如果其中有一个输入参数属于 nvarchar 数据类型,则返回 nvarchar;否则返回 varchar;如果任何一个参数为 NULL,则返回 NULL。

【例 7 – 43】　使用 xxx 替换′abcdefghicde′中的字符串 cde。

SELECT REPLACE(′abcdefghicde′, ′cde′, ′xxx′);

结果集:

abxxxfghixxx

13. REPLICATE 函数

REPLICATE 函数以指定的次数重复字符表达式。

①语法:REPLICATE (character_expression , integer_expression)。

②参数摘要:integer_expression:正整数(可以是 bigint 类型)。为负则返回错误。

③返回类型:与 character_expression 相同。

④说明:如果 character_expression 的类型不是 varchar(max)或 nvarchar(max),则截断返回值,截断长度为 8 000 字节。如果返回值大于 8 000 字节,则必须将 character_expression 显式转换为适当的大值数据类型。如果结果值大于返回类型支持的最大大小,则会出现错误。

【例 7 – 44】　REPLICATE 函数的使用。

SELECT REPLICATE (′ABC, ′, 4), REPLICATE (N′数据库, ′, 3)

结果集:

ABC，ABC，ABC，ABC，数据库，数据库，数据库

14. REVERSE 函数

REVERSE 函数返回字符表达式的逆向表达式。

①语法：REVERSE（character_expression）。

②返回类型：varchar 或 nvarchar。

【例 7 - 45】　用 REVERSE 函数反转字符串。

SELECT 'Abcd' + '，' + REVERSE（'Abcd'）+ '，' + N'数据库' + '，' + REVERSE（N'数据库'）

结果集：

Abcd，dcbA，数据库，数据库

15. SOUNDEX 函数

SOUNDEX 函数返回一个由四个字符组成的代码（SOUNDEX），用于评估两个字符串的相似性。

①语法：SOUNDEX（character_expression）。

②参数摘要：character_expression：字符数据的字母数字表达式，可以是常量、变量或列。

③返回类型：varchar。

④说明：SOUNDEX 将字母数字字符串转换成四个字符组成的代码，用于查找发音相似的词或名称。代码的第一个字符是 character_expression 的第一个字符，第二个到第四个字符是数字。除非字符串的第一个字母是元音字母，否则 character_expression 中的元音字母被忽略。可嵌套字符串函数。

【例 7 - 46】　显示 SOUNDEX 函数及相关的 DIFFERENCE 函数：例中返回所有辅音字母的标准 SOUNDEX 值。Smith 和 Smythe 返回的 SOUNDEX 结果相同，因为不包括所有元音字母、字母 y、连写字母和字母 h，DIFFERENCE 函数返回 Smith 和 Smythe 的差异为 4（可能的最小差异）。

SELECT SOUNDEX（'Smith'），SOUNDEX（'Smythe'），DIFFERENCE（'Smith'，'Smythe'）

结果集：

S252 S200 3

16. SPACE 函数

SPACE 函数返回由重复的空格组成的字符串。

①语法：SPACE（integer_expression）。

②参数摘要：integer_expression：指示空格个数的正整数。如果为负，则返回空串。

③返回类型：char。

④说明：若要在 Unicode 数据中包括空格或返回 8 000 个以上空格字符，请使用 REPLI-CATE。

【例 7 - 47】　SPACE 函数的使用。

SELECT 'ABC' + SPACE（3）+ 'DEF'

结果集：

ABC DEF

17. STR 函数

STR 函数返回由数字数据转换来的字符数据。

①语法：STR (float_expression [, length [, decimal]])。

②参数摘要：

- float_expression：带小数点的近似数字(float)数据类型的表达式。
- length：结果总长度(正数，默认 10)。包括小数点、符号、数字及空格。
- decimal：小数点后的位数(正数，默认 0)。必须小于或等于 16，大于则舍入为 16 位小数。

③返回类型：char。

④说明：

- float_expression 的小数位数多于 decimal 时，数字舍入 decimal 位小数。
- length 应大于或等于 float_expression 小数点前面的部分加上数字符号(如果有)的长度，此时结果右对齐(例如，STR(12.23, 7, 2)结果是′ 12.23′)；否则返回为 length 长度的′＊′。
- 即使数字数据嵌套在 STR 内，结果也是指定格式的字符数据。例如，SELECT STR (FLOOR(123.45), 8, 3)将返回′123.000′。
- 若要转换为 Unicode 数据，请在 CONVERT 或 CAST 转换函数内使用 STR。

【例 7 - 48】　STR 函数的使用

PRINT ′_′ + STR(12.345, 6, 2) + ′_′ + STR(12.345, 2, 2) + ′_′ + STR(1234.5, 3, 2) + ′_′

结果集：

_ 12.35_12_＊＊＊_

18. STUFF 函数

STUFF 函数删除指定长度的字符，并在指定的起点处插入另一组字符。

①语法：STUFF (character_expression, start, length, character_expression)。

②参数摘要：

- start：整数(可以是 bigint 类型)，指定删除和插入的开始位置。如果 start 或 length 为负或 start 比第一个 character_expression 长，则返回空字符串。
- length：整数(可以是 bigint 类型)，指定要删除的字符数。如果 length 比第一个 character_expression 长，则最多删除到最后一个 character_expression 中的最后一个字符。

③返回类型：如果 character_expression 是字符数据类型，则返回字符数据，如果是 binary 数据类型，则返回二进制数据。

④说明：如果结果值大于返回类型支持的最大值，则产生错误。

【例 7 - 49】　在第一个字符串′abcdef′中删除从第 2 个位置(字符 b)开始的三个字符，然后在删除的起始位置插入第二个字符串′ijklmn′，从而创建并返回一个字符串。

SELECT STUFF(′abcdef′, 2, 3, ′ijklmn′) + ′_′ + STUFF(N′数据库记录′, 3, 1, N′表′)

结果集：

aijklmnef_数据表记录

19. SUBSTRING 函数

SUBSTRING 函数返回字符表达式、二进制表达式、文本表达式或图像表达式的一部分。

①语法：SUBSTRING（expression，start，length）。

②参数摘要：

- expression：字符串、二进制字符串、文本、图像、列或包含列的表达式。不要使用包含聚合函数的表达式。

- start：指定子字符串开始位置的整数（可以为 bigint 类型）。

- length：一个正整数（可为 bigint），指定返回的字符数或字节数。为负则返回错误。

③返回类型：与 expression 相同，但 expression 为 char、text 类型时返回 varchar 类型；为 nchar、ntext 类型时返回 nvarchar 类型；为 binary、image 类型时返回 varbinary 类型。

④说明：

- 必须以字符数指定使用 ntext、char 或 varchar 数据类型的偏移量（start 和 length）；以字节数指定使用 text、image、binary 或 varbinary 等数据类型的偏移量。

- 因为 start 和 length 指定了字节数，所以对 text 类型使用 SUBSTRING 可能会在结果的开始或结束位置导致字符拆分。建议对 DBCS 字符使用 ntext 或 varchar(max) 类型。

【例 7 – 50】 对字符串使用 SUBSTRING 函数。

PRINT SUBSTRING（'abcdef'，2，3）+ SUBSTRING（N'数据库原理与应用'，4，2）

结果集：

bcd 原理

20. UNICODE 函数

UNICODE 函数按照 Unicode 标准的定义，返回输入表达式的第一个字符的整数值。

①语法：UNICODE（'ncharacter_expression'）。

②参数摘要：'ncharacter_expression'：nchar 或 nvarchar 表达式。

③返回类型：int。

【例 7 – 51】 使用 UNICODE 和 NCHAR 函数输出字符串中第一个字符的 UNICODE 值及第一个字符 。

DECLARE @ nstring1 nchar(3)，@ nstring2 nchar(3)

SET @ nstring1 = N'ABC'；SET @ nstring2 = N'数据库'

SELECT @ nstring1，UNICODE(@ nstring1)，NCHAR(UNICODE(@ nstring1))

SELECT @ nstring2，UNICODE(@ nstring2)，NCHAR(UNICODE(@ nstring2))

结果集：

ABC 65 A

数据库 25968 数

7.4.4 日期时间函数

日期和时间函数用于对日期和时间数据进行各种不同的处理和运算，并返回一个字符串、数字值或日期和时间值。可在 SELECT 语句的 SELECT 和 WHERE 子句以及表达式中使用日期和时间函数。

表 7 – 22　日期和时间函数

函数及语法	功　　能
DATEADD(datepart,number,date)	以 datepart 指定的方式,返回 date 加上 number 之和
DATEDIFF(datepart,date1,date2)	以 datepart 指定的方式,返回 date2 与 date1 之差
DATENAME(datepart,date)	返回日期 date 中 datepart 指定部分所对应的字符串
DATEPART(datepart,date)	返回日期 date 中 datepart 指定部分所对应的整数值
DAY(date)	返回指定日期的天数
GETDATE()	返回当前的日期和时间
MONTH(date)	返回指定日期的月份数
YEAR(date)	返回指定日期的年份数

1. GETDATE 函数

GETDATE 函数按 datetime 值的 MS SQL Server 标准内部格式返回当前系统日期和时间。

①语法:GETDATE( )。

②返回类型:datetime。

③说明:日期函数可用在 SELECT 语句的选择列表或用在查询的 WHERE 子句中。设计报表时,GETDATE 函数可用于在每次生成报表时打印当前日期和时间。GETDATE 对于跟踪活动也很有用,诸如记录事务在某一账户上发生的时间。

【例 7 – 52】　用 GETDATE 函数返回当前日期和时间。

SELECT GETDATE( )

结果集:

2008 – 07 – 21　　16:57:53.843

2. DATEADD 函数

DATEADD 函数在向指定日期加上一段时间的基础上,返回新的 datetime 值。

①语法:DATEADD (datepart , number, date)。

②参数摘要:

● datepart:指定对日期的哪一部分进行计算。表 7 – 23 列出了 Microsoft SQL Server 识别的日期部分和缩写。

表 7 – 23　MS SQL Server 识别的日期部分和缩写

日期部分	缩写	日期部分	缩写	日期部分	缩写	日期部分	缩写
年份	yy、yyyy	每年的某一日	dy、y	工作日	dw	秒	ss、s
季度	qq、q	日期	day、dd、d	小时	hh	毫秒	ms
月份	mm、m	星期	wk、ww	分钟	mi、n		

● number：用来增加 datepart 的值。如果指定一个不是整数的值，则将废弃此值的小数部分。例如，如果为 datepart 指定 day，为 number 指定 1.75，则 date 将增加 1。

● date：返回 datetime 或 smalldatetime 值或日期格式字符串的表达式。

③返回类型：datetime 类型，但如果 date 是 smalldatetime 则返回 smalldatetime 类型。

④说明：如果只指定年份的最后两位数字，则小于或等于"两位数年份截止期"配置选项的值的最后两位数字的数字所在世纪与截止年所在世纪相同。大于该选项的值的最后两位数字的数字所在世纪为截止年所在世纪的前一个世纪。例如，如果 two digit year cutoff 为 2049（默认），则 49 被解释为 2049，50 被解释为 1950。为避免模糊，请使用四位数的年份。

【例 7 - 53】 返回当前日期及加上 21 天、21 周、21 年后的日期。

SELECT N'当前日期：', GETDATE( ) +', ' + N'21 天后：', DATEADD(day, 21, GET-DATE( ))

SELECT N' 21 周后：', DATEADD(wk, 21, GETDATE( )) +', '

 + N'21 年后：', DATEADD(wk, 21, GETDATE( ))

结果集：

当前日期：2008 - 07 - 21 17：14：46.390, 21 天后：2008 - 08 - 11 17：14：46.390

21 周后：2008 - 12 - 15 17：14：46.390, 21 年后：2029 - 07 - 21 17：14：46.390

3. DATEDIFF 函数

DATEDIFF 函数返回跨两个指定日期的日期和时间边界数。

①语法：DATEDIFF (datepart , startdate , enddate)。

②参数摘要：datepart 的含义参见 DATEADD 函数。startdate、enddate 分别是计算的开始日期、终止日期，是返回 datetime 或 smalldatetime 值或日期格式字符串的表达式。

③返回类型：integer。

④说明：计算方法是从 enddate 减去 startdate。如果 startdate 比 enddate 晚则返回负值。结果超出整数值范围时产生错误（对于毫秒，最大数是 24 天 20 小时 31 分钟零 23.647 秒；对于秒，最大数是 68 年）。其他参见 DATEADD 函数的说明。

【例 7 - 54】 返回当前日期与 2007 年 7 月 21 日的相差天数。

SELECT N'当前日期：', GETDATE( ) +', '

 + N'与 2007 年 7 月 21 日的相差天数：', DATEDIFF(d, '2007 - 07 - 21', GETDATE( ))

结果集：

当前日期：2008 - 07 - 21 17：45：41.550, 与 2007 年 7 月 1 日的相差天数：366

4. DATENAME 函数

DATENAME 函数返回代表指定日期的指定日期部分的字符串。

①语法：DATENAME (datepart , date)。

②返回类型：nvarchar。

③说明：SQL Server 自动在字符和 datetime 值间按需要进行转换，例如，当将字符值与 datetime 值进行比较时。

【例 7 - 55】 DATENAME 函数的使用。

PRINT DATENAME(yyyy, GETDATE( )) +' - ' + DATENAME(mm, GETDATE( ))

　+′-′+DATENAME(dd, GETDATE( ))

结果集:

2008 - 07 - 21

5. DATEPART

DATEPART 函数返回表示指定日期的指定日期部分的整数。

①语法: DATEPART (datepart , date)。

②返回值: int。

③说明: 同前述 DATEADD 函数的说明。

6. YEAR 函数、MONTH 函数、DAY 函数

YEAR 函数返回一个表示日期中的"年"部分的整数,等价于 DATEPART(″Year″, date)。

MONTH 函数返回一个表示日期中的"月"部分的整数,等价于 DATEPART(″Month″, date)。

DAY 函数返回一个表示日期的"日"日期部分的整数,等价于 DATEPART(″Day″, date)。

①语法: YEAR(date)

MONTH(date)

DAY(date)

②结果类型: DT_I4

【例 7 - 56】　从指定日期中提取表示"年"、"月"、"日的整数。

SELECT DATEPART(year, ′2008 - 07 - 21′), YEAR(′2008 - 07 - 21′)

SELECT DATEPART(month, ′2008 - 07 - 21′), MONTH(′2008 - 07 - 21′)

SELECT DATEPART(day, ′2008 - 07 - 21′), DAY(′2008 - 07 - 21′)

结果集:

2008　　　2008

7　　　　7

21　　　21

7.4.5　系统函数

系统函数主要执行系统统计或操作,并返回标识系统信息的数值。

表 7 - 24　T - SQL 系统函数的主要语法、功能、返回类型及其确定性属性

函数及语法	功　　能	返回类型	确定性
APP_NAME( )	返回当前会话的应用程序名称(如果应用程序进行了设置)	nvarchar(128)	无
CASE 表达式(参见第 7.3.4 节)	计算条件列表并返回多个可能结果表达式之一	参见第 7.3.4 节	有
CAST 和 CONVERT (语法见后述)	显式转换数据类型		
COALESCE(expression [, ...n])	返回其参数中第一个非空表达式		有

续表 7 – 24

函数及语法	功　能	返回类型	确定性
COLLATIONPROPERTY（collation_name , property）	返回指定排序规则的属性	sql_variant	无
COLUMNS_UPDATED()	返回 varbinary 位模式,它指示表或视图中插入或更新了哪些列	varbinary	无
CURRENT_TIMESTAMP	返回当前日期和时间	datetime	无
CURRENT_USER	返回当前用户名称	sysname	无
DATALENGTH（expression）	返回用于表示任何表达式的字节数	int 或 bigint	有
@@ERROR	返回执行的上一个语句的错误号	integer	无
ERROR_LINE()	返回发生错误的行号,该错误导致运行 TRY...CATCH 构造的 CATCH 块	int	无
ERROR_MESSAGE()	返回导致 TRY...CATCH 构造的 CATCH 块运行的错误的消息文本	nvarchar(4000)	无
ERROR_NUMBER()	返回错误的错误号,该错误会导致运行 TRY...CATCH 结构的 CATCH 块	int	无
ERROR_PROCEDURE()	返回其中出现导致 TRY...CATCH 构造的 CATCH 块运行的错误的存储过程或触发器名称	nvarchar(126)	无
ERROR_SEVERITY()	返回导致 TRY...CATCH 构造的 CATCH 块运行的错误严重级别	int	无
ERROR_STATE()	返回导致 TRY...CATCH 构造的 CATCH 块运行的错误状态号	int	无
fn_helpcollations()	返回 MS SQL Server 2005 支持的所有排序规则的列表	Sysname 或 nvarchar(1000)	有
fn_serversharedrives()	返回群集服务器使用的共享驱动器名	驱动器名或空行集	无
fn_virtualfilestats（｛database_id｜NULL｝,｛file_id｜NULL｝）	返回数据库文件(包括日志文件)的 I/O 统计信息		无
FORMATMESSAGE（msg_number , [param_value [, ... n]]）	根据 sys.messages 中现有的消息构造一条消息	nvarchar	无
GETANSINULL（['database']）	返回此会话的数据库的默认为空性	int	无
HOST_ID()	返回工作站标识号	char(10)	无
HOST_NAME()	返回工作站名	nchar	无
IDENT_CURRENT（'table_name'）	返回为某个会话和作用域中指定的表或视图生成的最新的标识值	sql_variant	无
IDENT_INCR（'table_or_view'）	返回增量值,该值是在带有标识列的表或视图中创建标识列时指定的	numeric	无

续表 7 - 24

函数及语法	功　能	返回类型	确定性
IDENT_SEED('table_or_view')	返回种子值,该值是在带有标识列的表或视图中创建标识列时指定的	numeric	无
@ @ IDENTITY	返回最后插入的标识值的系统函数	numeric	无
IDENTITY(data_type [, seed, increment]) AS column_name	只用于在带有 INTO table 子句的 SELECT 语句中将标识列插入到新表中	同 data_type	无
ISDATE(expression)	确定输入表达式是否为有效日期	int	无
ISNULL (check _ expression, replacement_value)	使用指定的替换值替换 NULL	同 check_ expression	有
ISNUMERIC(expression)	确定表达式是否为有效的数值类型	int	有
NEWID( )	创建 uniqueidentifier 类型的唯一值	uniqueidentifier	无
NULLIF (expression1, expression2)	如果两个指定的表达式等价,则返回空值	同 expression1	有
PARSENAME ('object_name', object_piece)	返回对象名称的指定部分(详见后述)	nchar	有
@ @ ROWCOUNT	返回已执行的上一语句影响的行数	int	无
ROWCOUNT_BIG( )	返回受上一语句影响的行数	bigint	无
SCOPE_IDENTITY( )	返回插入到同一作用域中的标识列内的最后一个标识值	numeric	无
SERVERPROPERTY (propertyname)	返回有关服务器实例的属性信息	sql_variant	无
SESSIONPROPERTY (option)	返回会话的 SET 选项设置	sql_variant	无
SESSION_USER	返回当前数据库中当前上下文用户名	nchar	无
STATS_DATE (table_id, index_id)	返回上次更新指定索引的统计信息的日期	datetime	无
sys. dm_db_index_physical_stats ({ database_id | NULL }, { object_id | NULL }, { index_id | NULL | 0 }, { partition _ number | NULL }, { mode | NULL | DEFAULT })	返回指定表或视图的数据和索引的大小和碎片信息		无
SYSTEM_USER	返回登录名/用户名	nchar	无
@ @ TRANCOUNT	返回当前连接的活动事务数	nteger	无

续表 7 - 24

函数及语法	功　　能	返回类型	确定性
UPDATE（column）	返回一个布尔值,指示是否对表或视图指定列进行了 INSERT 或 UPDATE 尝试	Boolean	无
USER_NAME（［id］）	基于指定的标识号返回数据库用户名	nvarchar（256）	无
XACT_STATE（）	报告会话的事务状态的标量函数,指示会话是否有活动事务及可否提交事务	smallint	无

下面介绍一些常用的系统函数。

1. CASE 表达式

参见第 7.3.4 节"CASE 语句"。

2. CAST 和 CONVERT 函数

CAST 和 CONVERT 函数功能相似,它们将一种数据类型的表达式显式转换为另一种数据类型。

①语法：CAST（expression AS data_type［（length）］）。

CONVERT（data_type［（length）］, expression［, style］）

②参数摘要：

* expression：源表达式,可以为任何有效的表达式。

* data_type：目标数据类型。包括 xml、bigint 和 sql_variant。不能用别名数据类型。

* length：nchar、nvarchar、char、varchar、binary 或 varbinary 数据类型的可选参数。对于 CONVERT, length 默认为 30 个字符。

* style：用于将 datetime 或 smalldatetime 数据转换为字符数据（nchar、nvarchar、char、varchar）的日期格式样式；或用于将 float、real、money 或 smallmoney 数据转换为字符数据（nchar、nvarchar、char、varchar）的字符串格式样式。若 style 为 NULL, 则返回结果为 NULL。

③返回类型：返回与 data_type 相同的值。

④说明：除非与 datetime、smalldatetime 或 sql_variant 一起使用,其他时候都具有确定性。

【例 7 - 57】　使用 CAST 和 CONVERT 函数将字符串数据转换为整型数据。

DECLARE @ ch_var CHAR（10）, @ int_var1 INT, @ int_var2 INT

SET @ ch_var = '1234'

SET @ int_var1 = CAST（@ ch_var AS INT）; SET @ int_var2 = CONVERT（INT, @ ch_var）

SELECT @ int_var1, @ int_var2, @ int_var1 + @ int_var2

结果集：

1234　　1234　　2468

3. ISDATE 函数

ISDATE 函数验证指定的表达式是否为有效日期。

①语法：ISDATE（expression）。

②参数摘要：expression：要验证是否为日期的表达式，是 text、ntext、image 表达式以外的任意表达式，可隐式转换为 nvarchar。如果 expression 是有效日期则返回 1，否则返回 0。

③返回类型：int。

【例 7 - 58】 ISDATE 函数的使用。

SELECT ISDATE('数据库原理')，ISDATE('2008 - 01 - 20')，ISDATE('08/01/20')

结果集：

0 1 1

4. ISNULL 函数

ISNULL 函数验证指定的表达式是否为 NULL，若是则用指定的替换值替换 NULL。

①语法：ISNULL（check_expression，replacement_value）。

②参数摘要：

• check_expression：将被检查是否为 NULL 的表达式。可以为任何类型。

• replacement_value：当 check_expression 为 NULL 时要返回的表达式。replacement_value 必须是可以隐式转换为 check_expresssion 类型的数据类型。

③返回类型：返回与 check_expression 相同的类型。

【例 7 - 59】 ISNULL 函数的使用。

DECLARE @v1 INT，@v2 INT，@v3 CHAR(3)；SELECT @v1 = 123，@v2 = NULL，@v3 = 'ABC'

SELECT ISNULL(@v1，@v3)，ISNULL(@v3，@v3)

结果集：

123   ABC

5. ISNUMERIC 函数

ISNUMERIC 函数验证表达式是否为数字(包括字符形式数字)。是则返回 1，否则返回 0。

①语法：ISNUMERIC（expression）。

②返回类型：int。

【例 7 - 60】 ISNUMERIC 的使用。

SELECT ISNUMERIC(123)，ISNUMERIC(' 123')，ISNUMERIC('123 数据库')

结果集：

1   1   0

6. PARSENAME 函数

PARSENAME 函数返回对象名称的指定部分。可以检索的对象部分有对象名、所有者名称、数据库名称和服务器名称。

①语法：PARSENAME（'object_name'，object_piece）。

②参数摘要：

• 'object_name'：要检索其指定部分的对象的名称。object_name 的数据类型为 sysname。此参数是可选的限定对象名称。如果对象名称的所有部分都是限定的，则此名称可包含四部分：服务器名称、数据库名称、所有者名称以及对象名称。

● object_piece：要返回的对象部分。object_piece 的数据类型为 int 值，可以为下列值。
1 = 对象名称；2 = 架构名称；3 = 数据库名称；4 = 服务器名称

③返回类型：nchar。

【例 7 － 61】　用 PARSENAME 返回有关 AdventureWorks 数据库中 Contact 表的信息。

USE AdventureWorks；

SELECT N'对象名称：', PARSENAME('AdventureWorks. . Contact', 1)，

N'架构名称：', PARSENAME('AdventureWorks. . Contact', 2)

SELECT N'数据库名称：', PARSENAME('AdventureWorks. . Contact', 3)，

N'服务器名称：', PARSENAME('AdventureWorks. . Contact', 4)

结果集：

对象名称：Contact　　　　　　　架构名称：NULL

数据库名称：AdventureWorks　　服务器名称：NULL

7. @@ ROWCOUNT 函数

@@ ROWCOUNT 函数返回受上一语句影响的行数。

①语法：@@ ROWCOUNT

②返回类型：int

【例 7 － 62】　使用 @@ ROWCOUNT 来检测执行 UPDATE 语句更改的行数。

USE AdventureWorks；

UPDATE HumanResources. Employee SET Title = N'Executive'

WHERE NationalIDNumber = 123456789

PRINT STR(@@ ROWCOUNT) + ' rows were updated'；

结果集：

0 rows were updated

7.4.6　游标函数

所有游标函数都是非确定性的。这意味着即便使用相同的一组输入值，也不会在每次调用这些函数时都返回相同的结果。

表 7 － 25　T － SQL 的游标函数

函数及语法	功　　能	返回类型
@@ CURSOR_ROWS	返回连接上打开的上一个游标中的当前限定行的数目	integer
@@ FETCH_STATUS	返回针对连接当前打开的任何游标发出的上一条游标 FETCH 语句的状态	integer
CURSOR _ STATUS ({ ' local','' cursor _ name'} | | { 'global','cursor_name'} | | {'variable','cursor_variable'})	一个标量函数，它允许存储过程的调用方确定该存储过程是否已为给定的参数返回了游标和结果集	

7.4.7 元数据函数

所有元数据函数都具有不确定性。

表 7 - 26 T - SQL 的元数据函数

函 数 及 语 法	功　　　能	返回类型
@ @ PROCID	返回当前模块的对象标识符（ID）	int
COL_LENGTH（'table'，'column'）	返回列的定义长度（以字节为单位）	smallint
COL_NAME（table_id，column_id）	根据指定的表和列标识号返回列名	sysname
COLUMNPROPERTY（id，column，property）	返回有关列或过程参数的信息	int
DATABASEPROPERTY（database，property）	返回数据库和属性的命名数据库属性值	int
DATABASEPROPERTYEX（database，property）	返回数据库指定选项或属性的当前设置	sql_variant
DB_ID（['database_name']）	返回数据库标识（ID）号	int
DB_NAME（[database_id]）	返回数据库名称	nvarchar(128)
FILE_ID（file_name）	返回当前数据库中给定逻辑文件名的文件标识（ID）号	smallint
FILE_IDEX（file_name）	返回当前数据库中数据、日志或全文文件的指定逻辑文件名的文件（ID）号	intNULL on error
FILE_NAME（file_id）	返回给定文件 ID 号的逻辑文件名	nvarchar(128)
FILEGROUP_ID（'filegroup_name'）	返回指定文件组名称的文件组 ID 号	int
FILEGROUP_NAME（filegroup_id）	返回指定文件组 ID 号的文件组名	nvarchar(128)
FILEGROUPPROPERTY（filegroup_name，property）	提供文件组和属性名时，返回指定的文件组属性值	int
FILEPROPERTY（file_name，property）	指定文件名和属性名时，返回指定的文件名属性值	int
fn_listextendedproperty（{default l'property_name' l NULL}，{default l'level0_object_type' l NULL}，{default l'level0_object_name' l NULL}，{default l'level1_object_type' l NULL}，{default l'level1_object_name' l NULL}，{default l'level2_object_type' l NULL}，{default l'level2_object_name' l NULL}）	返回数据库对象的扩展属性值	Sysname（objtype，Objname，name）sql_variant（value）
FULLTEXTCATALOGPROPERTY（'catalog_name'，'property'）	返回有关全文目录属性的信息	int
FULLTEXTSERVICEPROPERTY（'property'）	返回有关全文服务级别属性的信息	int

续表 7 - 26

函 数 及 语 法	功 能	返回类型
INDEX_COL（'［database_name.［schema_name].｜schema_name］table_or_view_name',index_id,key_id）	返回索引列名称（对于 XML 索引,返回 NULL）	nvarchar（128）
INDEXKEY_PROPERTY（object_ID,index_ID,key_ID,property）	返回有关索引键的信息对于 XML 索引,返回 NULL	int
INDEXPROPERTY（object_ID,index_or_statistics_name,property）	根据指定的表标识号、索引或统计信息名及属性名,返回已命名的索引或统计信息属性值。XML 索引返回 NULL	int
OBJECT_ID（'［database_name.［schema_name].｜schema_name.］object_name'［,'object_type'］）	返回架构范围内对象的数据库对象标识号	int
OBJECT_NAME（object_id）	返回架构范围内对象的数据库对象名	sysname
OBJECTPROPERTY（id,property）	返回当前数据库中架构范围内的对象的有关信息	int
OBJECTPROPERTYEX（id,property）	返回当前数据库中架构范围内的对象的有关信息	sql_variant
SQL_VARIANT_PROPERTY（expression,property）	返回有关 sql_variant 值的基本数据类型和其他信息	sql_variant
TYPE_ID（［schema_name］type_name）	返回指定数据类型名称的 ID	int
TYPE_NAME（type_id）	返回指定类型 ID 的未限定的类型名称	sysname
TYPEPROPERTY（type,property）	返回有关数据类型的信息	int

7.5 用户自定义函数

在 SQL Server 中,除系统内置函数外,用户还可自己定义函数,来补充和扩展内置函数。

7.5.1 自定义函数概述

自定义函数是 T - SQL 语句组成的子程序,可用于封装代码以便重复使用。自定义函数的输入参数可以为零个或多个,输入的参数可以是除 timestamp、cursor 和 table 以外的其他变量。

在 SQL Server 中使用用户定义函数有以下优点：

①允许模块化程序设计。只需创建一次函数并将其存储在数据库中,以后便可以在程序中调用任意次。用户定义函数可以独立于程序源代码进行修改。

②执行速度更快。与存储过程相似,T - SQL 用户定义函数通过缓存计划并在重复执行时重用它来降低 T - SQL 代码的编译开销。这意味着每次使用用户定义函数时均无需重新解析和重新优化。

③减少网络流量。基于某种无法用单一标量的表达式表示的复杂约束来过滤数据的操作，可以表示为函数。然后，此函数便可以在 WHERE 子句中调用，以减少发送至客户端的数字或行数。

根据用户定义函数返回值的类型，可以将用户定义函数分为 3 类。

①标量函数：返回值为标量值的函数。标量函数返回在 RETURNS 子句中定义的类型的单个数据值。返回类型可以是除 text、ntext、image、cursor 和 timestamp 外的任何数据类型。

②内联表值函数：返回值为可更新表的函数。内联表值函数返回 table 数据类型，表是单个 SELECT 语句的结果集且可以更新。

③多语句表值函数：返回值为不可更新表的函数。用户定义函数包含多个 SELECT 语句且该函数返回的表不可更新。

本节介绍标量函数。

7.5.2　用户标量函数的创建

在 SQL Server 2005 中创建用户定义函数主要有两种方式：一种方式是通过在查询窗口中执行 T – SQL 语句创建，另一种方式是在 SQL Server Management Studio 中使用向导创建。

1. 用 CREATE FUNCTION 语句创建标量函数

在 SQL Server 2005 中，可以执行 T – SQL 语句创建用户定义函数。T – SQL 提供了用户定义函数创建语句 CREATE FUNCTION。

①语法：

CREATE FUNCTION［schema_name.］function_name	—— 定义函数的所有者与函数名
（［｛@ parameter_name	—— 定义函数的形参名称
［AS］［type_schema_name.］parameter_data_type	—— 定义形参的数据类型
［= default］｝	—— 定义形参的默认值
［，...n］］）	—— 可定义多个形参
RETURNS return_data_type	—— 定义函数返回数据类型
［WITH ＜function_option＞［，...n］］	—— 定义函数选项
［AS］	
BEGIN	
function_body	—— 定义函数主体
RETURN scalar_expression	—— 定义函数返回值
END	

②参数摘要：

● schema_name、function_name：函数的所有者（默认为 dbo）、函数名。须符合标识符规则，对于所有者，函数名在数据库中必须唯一。

● @ parameter_name、parameter_data_type、default：函数的形参名（可定义零或多个形参，形参名必须用@符号开头，是局部于该函数的局部变量）、形参的数据类型、形参的默认值。

● return_data_type：函数返回值的数据类型。

- function_body：函数的主体。
- scalar_expression：函数的返回值。

③说明：用户定义函数属于数据库，只能在该数据库下才能调用该函数。其他数据库不能调用该函数。

【例7-63】 定义一个求立方的用户定义函数。

CREATE FUNCTION Meters(@ x INT)

RETURNS INT

AS

BEGIN

  SET @ x = @ x * @ x * @ x

  RETURN @ x

END

2. 在 SQL ServerManagement Studio 中使用向导创建标量函数

在 SQL Server Management Studio 中，用户可以通过向导，在图形界面环境下创建用户定义函数。创建步骤如下：

- 展开"对象资源管理器"中数据库对象的"可编程性"对象，鼠标右键单击"函数"对象，选择快捷菜单中的"新建"→"标量值函数"选项(图7-4)。

图7-4 利用 SSMS 新建标量值函数

- 系统自动创建一个新的查询窗口，并显示用户定义函数的模板代码(图7-5)。用户可以通过修改用户定义函数的模板里的代码，并运行代码内容，定义一个用户定义标量函数。

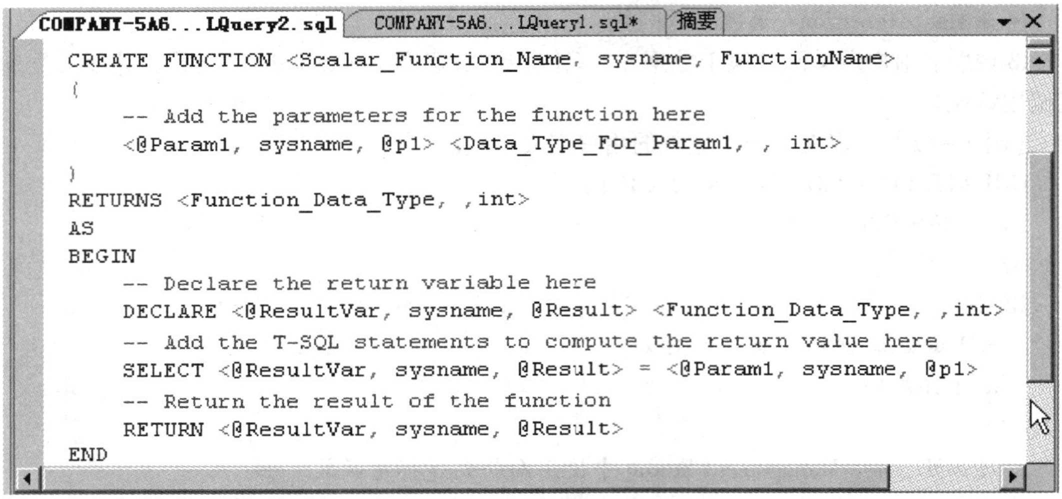

COMPANY-5A6...LQuery2.sql
COMPANY-5A6...LQuery1.sql*
摘要
CREATE FUNCTION <Scalar_Function_Name, sysname, FunctionName>
(
-- Add the parameters for the function here
<@Param1, sysname, @p1> <Data_Type_For_Param1, , int>
)
RETURNS <Function_Data_Type, ,int>
AS
BEGIN
-- Declare the return variable here
DECLARE <@ResultVar, sysname, @Result> <Function_Data_Type, ,int>
-- Add the T-SQL statements to compute the return value here
SELECT <@ResultVar, sysname, @Result> = <@Param1, sysname, @p1>
-- Return the result of the function
RETURN <@ResultVar, sysname, @Result>
END

图 7-5　用户定义函数模板

函数定义成功后，SQL Server Management Studio 的"对象资源管理器"窗口中，出现一个新建的标量值函数(图 7-6)。

对象资源管理器
连接(O)
数据库
系统数据库
数据库快照
AdventureWorks
数据库关系图
表
视图
同义词
可编程性
存储过程
函数
表值函数
标量值函数
dbo.Meters
参数
@x (int, 无默认值)
dbo.ufnGetAccountingEndDate

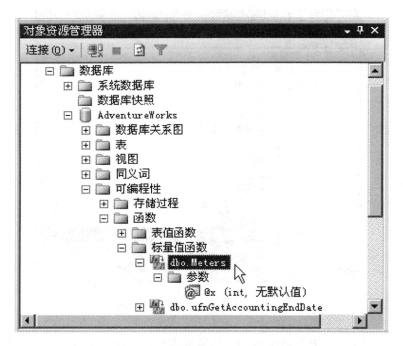

图 7-6　对象资源管理器中显示的用户标量函数

7.5.3 用户标量函数的调用

①语法：SELECT schema_name. function_name(@ parameter_name[,...n])
或 EXECUTE|EXEC [schema_name.]function_name @ parameter_name[,...n]
②参数摘要

• schema_name. function_name：函数的所有者，函数名。SELECT 方式调用用户标量函数时，必须包括函数的所有者名和函数名；EXEC 方式调用时，所有者可以省略。

• @ parameter_name[,...n]：实参序列。应遵循函数调用的一般规则。

【例7-64】 调用用户定义的立方函数。

SELECT dbo. Meters(5), dbo. Meters(10)

结果集：

125   1000

7.5.4 用户标量函数的删除

1.利用对象资源管理器删除用户标量函数

• 在 SSMS 中，展开"对象资源管理器"中的数据库对象的"可编程性"对象，用鼠标右键单击"函数"对象中的拟删除的用户标量函数图标，在快捷菜单选项中选择"删除"选项(图7-7)。

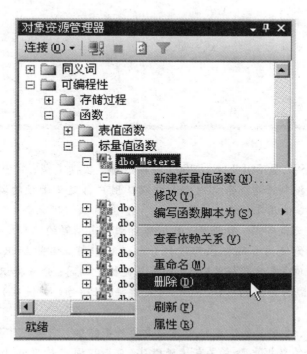

图7-7 利用对象资源管理器删除用户标量函数

• 然后在系统弹出的删除确认窗口中单击"确定"按钮，即可删除函数。

2. 在查询窗口中执行 DROP FUNCTION 语句

①语法：DROP FUNCTION｛[schema_name.]funtion_name）[,...n]

②说明：删除用户标量函数时，函数的所有者名可以省略

【例 7 - 65】 删除用户定义的立方函数。

DROP FUNCTION Meters

7.5.5 用户标量函数的查看与修改

1. 利用对象资源管理器查看与修改

在 SQL Server Management Studio 中利用对象资源管理器可以很方便地查看和修改用户标量函数，只要在图 7 - 7 所示的右键快捷菜单选项中分别按需要选择"属性"、"查看依赖关系"、"修改"等选项即可。

2. 使用 ALTER FUNCTION 语句修改

用 T - SQL 的 ALTER FUNCTION 语句修改自定义函数的语法格式类同 CREATE FUNC-TION，只要将语句中的"CREATE"关键字换成"ALTER"即可。

【例 7 - 66】 修改用户定义函数 Meters。

ALTER FUNCTION Meters（@ x INT）

RETURNS INT

AS

BEGIN

SET @ x = @ x * @ x * @ x * @ x

RETURN @ x

END

本章小结

本章介绍了 T - SQL 暨 SQL Server 2005 的标识符、数据类型、常量与变量、运算符与表达式、批处理与流程控制语句、系统内置函数以及用户自定义函数的创建、修改、引用与删除。这些内容是学习、使用 T - SQL 的基础。

标识符是用来定义服务器、数据库、数据库对象和变量等的名称。

常规标识符是不需使用分隔标识符进行分隔的标识符。常规标识符的首字符必须是字母、下划线、at 符号(@)或数字符号(#)，不能与关键字相同；分隔标识符是不符合常规标识符规则、必须使用分隔符分隔的标识符；保留关键字(保留字、关键字)是具有特定含义的标识符。

数据类型是指列、参数、表达式和局部变量的数据特征，它决定了数据的存储格式。

SQL Server 2005 的数据类型主要有精确数字(整数、固定精度和小数位数的小数、货币类)、近似数字(浮点数)、日期/时间类和字符串类(非 Unicode 字符串、Unicode 字符串、二进制字符串)。

整数包括 bigint，integer，smallint，tinyint，bit；固定精度和小数位数的数值数据类包括

decimal 和 numeric；货币数据类包括 Money 和 Smallmoney；浮点数包括 float 和 real；日期/时间数据类包括 Datetime 和 Smalldatetime；非 Unicode 字符数据包括 char、varchar 和 text；Unicode 字符数据（双字节数据）包括 nchar，nvarchar 和 ntext；二进制数据用十六进制数形式表示；大型的图像、文本数据可使用 text，ntext 和 image 数据类型。

常量包括整型常量、实型常量、字符串常量、双字节字符串（Unicode 字符串）常量、日期型常量、货币型常量、货币型常量、二进制常量等。

T－SQL 中有两种形式的变量：用户定义的局部变量；系统提供的全局变量。

局部变量可由用户定义，作用域从声明变量处开始到声明变量的批处理或存储过程的结尾。局部变量以标志"@"开始，必须先用 DECLARE 定义后才可使用，只能用 SELECT 或 SET 语句赋值。

全局变量在 SQL Server 系统内部定义、可被系统和所有用户程序调用，引用时以"@@"开头。

SQL Server 2005 的运算有算术运算符（ +、－、＊、／、% ）、字符串连接运算（ + ）、比较运算（ >、> =、=、< >、<、< =、! =、! <、! > ）、逻辑运算符（AND、OR、NOT、IN、LIKE、BETWEEN、EXISTS、ALL、ANY、SOME）、赋值运算符（ = ）、位运算符（&、|、^）和一元运算符（ +、－、~ ）。运算符有优先级。

表达式是标识符、值和运算符的组合，可以是常量、变量、列名、函数、子查询、CASE、NULLIF 或 COALESCE。简单表达式由单个常量、变量、列或标量函数构成；复杂表达式由运算符将两个或多个简单表达式联接而成。

批处理是包含若干 T－SQL 语句的组，SQL Server 将批处理的语句编译为一个可执行单元。

T－SQL 语句使用的流程控制语句与常见的程序设计语言类似，主要有以下几种：BEGIN...END 语句、IF...ELSE 语句、CASE 语句、GOTO 语句、WHILE 语句、RETURN 语句

T－SQL 中的函数可分为系统定义函数（系统内置函数）和用户定义函数。其中系统定义函数包括数学函数，聚合函数，字符串函数，日期时间函数，系统函数，游标函数，元数据函数。

SQL Server 2005 有 23 个数学函数，常用的有：求随机数函数 RAND，求绝对值函数 ABS，舍入函数 ROUND，取整函数 CEILING 和 FLOOR，求对数函数 LOG 和 LOG10，求平方根函数 SQRT，幂运算函数 SQUARE，EXP 和 POWER，三角函数类函数 SIN，COS，TAN，COT，ASIN，ACOS，ATAN 和 ATN2。

聚合函数返回统计数据，常用的有：求和函数 SUM，求均值函数 AVG，求最大值、最小值函数 MAX，MIN，行计数函数 COUNT，求标准差函数 STDEV 和 STDEVP，求方差函数 VAR 和 VARP。

SQL Server 2005 有 23 个字符串函数，常用的有：数字与字符转换函数 STR，ASCII，CHAR，NCHAR，UNICODE，字符串搜索函数 CHARINDEX 和 PATINDEX，求字符串长度函数 LEN，截取字符串部分字符函数 LEFT 和 RIGHT 及 SUBSTRING，字符大小写转换函数 LOWER 和 UPPER。删除字符串前导或尾随空格函数 LTRIM 和 RTRIM，替换字符串函数 REPLACE，重复字符函数 SPACE 和 REPLICATE。

SQL Server 2005 有 8 个日期/时间函数，其中常用的有：求指定日期的和、差函数 DATEADD 和 DATEDIFF，求日期中 datepart 部分对应的字符串或整数函数 DATENAME 和 DATEPART，求当前日期和时间函数 GETDATE。（其中 datepart 可为年份，季度，月份，星期，日，小时，分钟，秒，毫秒数）

常用的系统函数有：返回程序名函数 APP_NAME，数据类型转换函数 CAST 和 CONVERT，用于错误陷阱的函数@@ERROR，ERROR_LINE、ERROR_MESSAGE、ERROR_NUMBER，ERROR_PROCEDURE，ERROR_SEVERITY 和 ERROR_STATE，消息构造函数 FORMATMESSAGE，返回工作站标识的函数 HOST_ID 和 HOST_NAME，确定表达式性质的 ISDATE，ISNULL 和 ISNUMERIC，返回对象名的指定部分函数 PARSENAME，返回已执行的上一语句影响的行数函数@@ROWCOUNT 等。

自定义函数是由一个或多个 T－SQL 语句组成的子程序。

用户自定义函数的创建、修改、删除主要有两种方式：①使用 T－SQL 语句：在查询窗口用 CREATE FUNCTION 语句创建、ALTER FUNCTION 语句修改、DROP FUNCTION 语句删除用户定义函数；②在 SQL Server Management Studio 中使用向导创建、查看、修改、删除用户定义函数。

习 题

1. 名词解释

标识符　常规标识符　分隔标识符　关键字　精确数字数据类型　货币数据类型　二进制数据类型　双字节字符串　局部变量　全局变量　批处理　自定义函数标量函数

2. 简答题

（1）简述常规标识符的定义规则。

（2）数据库对象名的全称由哪些部分组成？

（3）常用的整数数据类型、货币数据类型、日期/时间数据类型、字符数据类型分别有哪些？

（4）如何定义和使用二进制数据类型？

（5）如何定义和使用局部变量？如何使用全局变量？

（6）BREAK 和 CONTINUE 在循环内部控制 WHILE 循环中语句的执行有何异同？

（7）简单 CASE 函数和 CASE 搜索函数有何异同？

（8）常用的数学函数、聚合函数、字符串函数、日期时间函数使用分别有哪些？

（9）什么是自定义函数？自定义标量函数和内联表值函数的区别是什么？

（10）如何调用自定义函数？

3. 应用题

（1）分别使用 T－SQL 语句和 SQL Server Management Studio 向导创建、修改、删除一个求阶乘的用户定义标量函数。

（2）调用上题创建的求阶乘函数计算 1～10 的阶乘。

第 *8* 章　数据库和表

本章学习的重点内容有：SQL Server 2005 数据库与表的基本概念，使用 SSMS 图形方式和 T - SQL 语句创建、修改、删除数据库和表的方法，以及实现数据完整性的方法。本章的难点内容是 ALTER DATABASE、CREATE TABLE、ALTER TABLE 等语句的语法。

通过本章学习，应达到下述目标：

- 理解物理数据库、逻辑数据库、主文件、辅文件、日志文件、文件组、数据页的概念。
- 掌握使用 SSMS 图形方式和 T - SQL 语句创建、修改、删除数据库和表的方法。
- 掌握使用 SSMS 图形方式和 T - SQL 语句实现主键约束、外键约束、唯一性约束、CHECK 约束、非空约束及 DEFAULT 定义的方法。
- 掌握使用 SSMS 图形方式和 T - SQL 语句添加记录、修改数据和删除记录的方法。
- 理解 CREATE DATABAS 语句、ALTER DATABASE 语句、CREATE TABLE 语句、AL-TER TABLE 语句、INSERT 语句、UPDATE 语句、DELETE 语句的主要语法。

本章及以后各章所述的数据库、表等概念，均是指 SQL Server 2005 数据库而言。

8.1　数据库的基本概念

SQL Server 2005 数据库的概念可以从不同的角度描述。从模式层次角度看，可以分别描述为物理数据库和逻辑数据库；从创建对象角度看，可以分为系统数据库和用户数据库（实际上，系统数据库和用户数据库都是基于逻辑数据库的概念）。

8.1.1　物理数据库与文件

物理数据库从数据库的物理结构角度描述数据库，它将数据库映射到一组操作系统文件上，即物理数据库是构成数据库的物理文件（操作系统文件）的集合。

1. 数据库文件

SQL Server 2005 数据库有 3 种类型的物理文件：主数据文件、辅助数据文件和事务日志文件。它们是 SQL Server 2005 数据库系统的真实存在的物理文件基础，而逻辑数据库是建立在该基础之上的关于数据库的逻辑结构的抽象。

①主数据文件(Primary):简称为主文件,又称为基本数据文件,是数据库的关键文件,包含了数据库的启动信息,并指向数据库中的其他文件,其中还存储数据库的部分或全部数据。每个数据库必有且只有1个主文件。主文件的默认文件扩展名是. mdf。

②辅助数据文件(Secondary):简称为辅文件,又称为次要数据文件,由用户定义并存储未包含在主文件内的其他数据。辅助数据文件是可选的,一个数据库可有一个或多个辅文件,也可没有辅文件。通过将文件放在不同的磁盘驱动器上,辅文件可将数据分散到多个磁盘上。另外,如果数据库超过了单个 Windows 文件的最大容量,可使用辅文件以使数据库能继续增长。辅文件的默认文件扩展名是. ndf。

③事务日志文件(Transaction Log):简称日志文件,是用于存储事务日志信息(数据库更新情况)以备恢复数据库所需的文件,它包含一系列记录(这些记录的存储不以页为单位)。日志文件是必选的,一个数据库可以有一个或多个事务日志文件。日志文件的默认文件扩展名是. ldf。

上述文件的名字是操作系统文件名,不由用户直接使用,而是由系统使用。虽然 SQL Server 2005 不强制使用. mdf、. ndf 和. ldf 文件扩展名,仍建议在创建数据库时使用这些默认扩展名,以便标识文件用途。

在默认情况下,数据和事务日志被放在同一驱动器上的同一路径下,这是为处理单磁盘系统而采用的方法。但在生产环境中,这可能不是最佳方法。建议将数据和日志文件放在不同的磁盘上。

2. 文件组

为了便于管理和分配数据,可以将多个数据文件集合起来形成一个文件组(FileGroup)。通过文件组,可以将特定的数据库对象与该文件组相关联,对数据库对象的操作都将在该文件组中完成,可以提高数据的查询性能。例如,可以分别在3个磁盘驱动器上创建3个文件 Data1. ndf、Data2. ndf 和 Data3. ndf,然后将它们分配给文件组 fgroup1,并可以明确地在文件组 fgroup1 上创建一个表,对表中数据的查询将分散到3个磁盘上,从而提高系统的性能。

①主文件组(Primary Filegroup):创建数据库时,系统自动创建主文件组,并将主文件及系统表的所有页都分配到主文件组中。此文件组也还包含未放入其他文件组的辅文件。每个数据库有且只有一个主文件组。

②次要文件组(Secondary FileGroup):由用户创建的文件组,该组中包含逻辑上一体的数据文件和相关信息。大多数数据库只需要一个文件组和一个日志文件就可很好地运行,但如果库中的文件很多,就要创建用户定义文件组,以便管理。使用时,可以通过 SSMS 中的对象资源管理器或 T－SQL 语句中的 FILEGROUP 子句指定需要的次要文件组。

③默认文件组(Default Filegroup):在每个数据库中,同一时间只能有一个文件组是默认文件组。在创建数据库对象时如果没有指定将其放在哪一个文件组中,就会将它放在默认文件组中。使用 T－SQL 的 ALTER DATABASE 语句可以指定、更改默认文件组(但系统对象和表仍然分配给主文件组)。如果没有指定默认文件组,则主文件组为默认文件组。

一个文件只能存在于一个文件组中,一个文件组只能被一个数据库使用。事务日志文件不属于任何文件组。

3. 页和区

在理解 SQL Server 2005 数据库物理结构时，需要注意两个概念：页和区。

（1）页（Page）：SQL Server 中数据存储的基本单位，是 SQL Server 使用的最小数据单元。在 SQL Server 2005 中，为数据库中的数据文件（. mdf 或. ndf）分配的磁盘空间可从逻辑上划分成页（从 0 到 n 连续编号），每页大小是 8kB。SQL Server 的数据记录全部以页为单位存储（日志文件例外）。

每个页只能存储一种数据库对象的数据，允许一个数据库对象占多个页。页中前 96 个字符称页首，用于存储页的类型、可用空间及 ID 等系统信息。一个页可存放多条记录，但一条记录不能跨页存放，即 SQL Server 2005 中一条记录不能超过 8060B（text、ntext、image 类型数据除外）。

SQL Server 数据库中每 MB 有 128 页，磁盘 I/O 操作在页级执行。

SQL Server 2005 中有 8 种页：

① 数据页（Data）：存储除 text、ntext、image、nvarchar（max）、varchar（max）、varbinary（max）和 xml 数据之外的所有数据的数据行（text in row 设置为 on 时）。

② 索引页（Index）：存储索引条目。

③ 文本/图像页（Text/Image）：存储大型对象数据类型［text、ntext、image、nvarchar（max）、varchar（max）、varbinary（max）和 xml 类型数据］和数据行超过 8kB 时为可变长度数据类型列（varchar、nvarchar、varbinary 和 sql_variant）。

④ 全局分配映射表页（Global Allocation Map、Shared Global Allocation Map）：存储有关区是否分配的信息。

⑤ 页空闲空间（Page Free Space）：存储有关页分配和页的可用空间的信息。

⑥ 索引分配映射表页（Index Allocation Map）：存储有关每个分配单元中表或索引所使用的区的信息。

⑦ 大容量更改映射表页（Bulk Changed Map）：存储有关每个分配单元中自最后一条 BACKUP LOG 语句之后的大容量操作所修改的区的信息。

⑧ 差异更改映射表页（Differential Changed Map）：存储有关每个分配单元中自最后一条 BACKUP DATABASE 语句之后更改的区的信息。

注意：日志文件中不包含页，仅含有一系列的日志记录。

（2）区（Extent），它又称为扩展盘区、盘区，是管理空间的基本单位。一个区是 8 个物理上连续的页（即 64kB）的集合（这意味着 SQL Server 数据库中每 MB 有 16 个区）。所有页都存储在区中。

SQL Server 有两类区：

● 统一区：它由单个对象所有。区中的所有 8 页只能由所属对象使用。

● 混合区：最多可由 8 个对象共享。区中 8 页中的每页可由不同的对象所有。

通常从混合区向新表或索引分配页。当表或索引增长到 8 页时，将变成使用统一区进行后续分配。如果对现有表创建索引，并且该表包含的行足以在索引中生成 8 页，则对该索引的所有分配都使用统一区进行。

8.1.2　逻辑数据库与数据库对象

逻辑数据库从数据库的逻辑结构角度描述数据库,是关于数据库的逻辑结构的抽象。逻辑数据库将数据库视为数据库对象的集合,即存放数据的表和支持这些数据的存储、检索、安全性和完整性的逻辑成分所组成的集合。组成数据库的这些逻辑数成分称为数据库对象,用户连接到数据库后所看到的是这些逻辑对象,而不是物理的数据库文件。

SQL Server 2005 的数据库对象包括表、视图、存储过程、触发器、索引、约束、规则、角色、用户定义数据类型(User-defined data types)、用户定义函数(User-defined functions)等。数据库中所有对象的数量总和不能超过 2 147 483 647。

下面介绍几个重要的数据库对象。

1. 表(table)

表是 SQL Server 中最重要的数据库对象,是由行(记录、元组)和列(字段、属性)构成的实际关系,用于存放数据库中的所有数据。

(1)基本表:简称表,是用户定义的、存放用户数据的实际关系。一个数据库中的表可多达20亿个,每个表中可以有1 024列和若干行(取决于存储空间),每行最多可存储8 092B数据。

(2)特殊表:在基本表之外,SQL Server 2005 还提供下列在数据库中起特殊作用的表:

● 已分区表:是将数据水平划分为多个单元的表,这些单元可分布到数据库的多个文件组中。维护整个集合的完整性时,使用分区可快速而有效地访问或管理数据子集,从而使大型表或索引更易于管理。已分区表支持所有与设计和查询标准表关联的属性和功能。

● 临时表:临时表有两种类型:本地表和全局表。本地临时表只对于创建者可见,且在用户与 SQL Server 实例断开连接后删除。全局临时表在创建后对任何用户和任何连接都可见,在引用该表的所有用户都与 SQL Server 实例断开连接后删除。

● 系统表:SQL Server 将定义服务器配置及其所有表的数据存储在系统表中。除通过专用的管理员连接(DAC,只能在 Microsoft 客户服务的指导下使用)外,用户无法直接查询或更新系统表。可以通过目录视图查看系统表中的信息。

2. 视图(view)

视图是为了用户查询方便或数据安全需要而建立的虚拟表,其内容由查询定义。除索引视图外,视图数据不作为非重复对象存储在数据库中,数据库中存储的是生成视图数据的SELECT 语句,视图的行和列数据来自由定义视图的查询所引用的表(可以是当前或其他数据库的一个或多个表)或者其他视图,并且在引用视图时动态生成。分布式查询也可用于定义使用多个异类源数据的视图。用户可采用引用表时所使用的方法,在 T – SQL 语句中引用视图名称来使用此虚拟表。

通过视图进行查询没有任何限制,通过它们进行数据修改时的限制也很少。

3. 存储过程(stored procedures)

存储过程是用 T – SQL 编写的程序,包括系统存储过程和用户存储过程。系统存储过程由 SQL Server 提供,其过程名均以 SP_开头;用户存储过程由用户编写,可自动执行过程中的任务。

存储过程可接受输入参数并以输出参数格式向调用过程或批处理返回多个值，可包含用于在数据库中执行操作(包括调用其他过程)的编程语句，可向调用过程或批处理返回状态值，以指明成功或失败(以及失败的原因)。

可以使用 T–SQL EXECUTE 语句来运行存储过程。存储过程与函数不同，因为存储过程不返回取代其名称的值，也不能直接在表达式中使用。

4. 触发器(triggers)

触发器是一种特殊的存储过程，在发生特殊事件时执行。例如，可为表的插入、更新或删除操作设计触发器，执行这些操作时，相应的触发器自动启动。触发器主要用于保证数据的完整性。

SQL Server 2005 包括两大类触发器：DML 触发器和 DDL 触发器。DDL 触发器是 SQL Server 2005 的新增功能，当服务器或数据库中发生数据定义语言(DDL)事件时将调用这些触发器。当数据库中发生数据操作语言(DML)事件时将调用 DML 触发器。

5. 索引(indexes)

索引是用来加速数据访问和保证表的实体完整性的数据库对象。索引包含从表或视图中一个或多个列生成的键(这些键存储在 B 树结构中，使 SQL Server 可快速有效地查找与键值关联的行)，以及映射到指定数据的存储位置的指针。良好的索引可显著提高数据库查询和应用程序的性能。

SQL Server 2005 中有聚集和非聚集两种索引。聚集索引使表的物理顺序与索引顺序一致，一个表只能有一个聚集索引；非聚集索引与表的物理顺序无关，一个表可建立多个非聚集索引。

每当修改了表数据后，SQL Server 都会自动维护表或视图的索引。

6. 约束

约束是用于强制实现数据完整性的机制。SQL Server 2005 的基本表可定义 6 类约束：

(1)PRIMARY KEY(主键约束)：创建表的主键(PK)以强制实现表的实体完整性。一个表只能有一个 PRIMARY KEY。

(2)FOREIGN KEY(外键约束)：创建表的外键(FK)以强制实现表的引用完整性(参照完整性)。

(3)UNIQUE(唯一性约束)：确保在非主键的列或列组合中不输入重复值。一个表可定义多个 UNIQUE，UNIQUE 允许 NULL 值但每列只能有一个，UNIQUE 可被 FOREIGN KEY 引用。

(4)CHECK(条件约束)：限制列的值的范围以强制实现域完整性。可将多个 CHECK 应用于单个列。也可通过表级 CHECK 将一个 CHECK 用于多个列。可通过任何逻辑表达式创建 CHECK，它使得指定列不接受表达式计算结果为 FALSE 的值。注意：执行 DELETE 语句时不验证 CHECK 约束。

(5)NOT NULL(非空值约束)：指定某一列不允许有空值。如果不允许空值，向表中输入数据时必须在列中输入一个值，否则数据库将不接收该表行。

(6)DEFAULT(默认值定义)：用于对未给出输入数据的列赋予确定的默认值，以避免列出现空值。每一列都可包含一个 DEFAULT 定义。

7. 规则(Constraints)

规则是一个向后兼容的功能，用于执行一些与 CHECK 约束相同的功能。一个列只能应用一个规则。规则是作为单独的对象创建，然后绑定到列上。注意：后续版本的 Microsoft SQL Server 将删除该功能，应在已经或准备使用该功能的应用程序中改用 CHECK 约束。

8. 角色

角色又称为职能组，是由一个或多个用户组成的单元。角色是针对数据库的，一个数据库可定义多个角色，并对各角色定义不同权限。当角色获得某种数据库操作权时，角色中的每个用户都具有这种数据操作权。一个用户可成为多个角色中的成员。

用户在引用对象时，需给出对象的名字。可给出两种对象名，即完全限定对象名和部分限定对象名。完全限定对象名由 4 个标识符组成，即服务器名称、数据库名称、所有者名称和对象名称。其语法格式为：

[[[Server.][database.].][schema_name].]object_name

8.1.3　系统数据库与用户数据库

1. 系统数据库

系统数据库是由系统创建和维护的数据库。系统数据库中记录着 SQL Server 2005 的配置情况、任务情况和用户数据库的情况等系统管理信息，实际上就是数据字典。

(1) master 数据库：记录 SQL Server 的所有系统级信息，包括：实例范围的元数据(例如登录账户)、端点、链接服务器和系统配置设置，所有其他数据库是否存在以及这些数据库文件的位置，系统初始化信息(如果 master 不可用则 SQL Server 无法启动)等，是 SQL Server 系统最重要的数据库。SQL Server 2005 中，系统对象不再存储在 master 中，而是存储在 Resource 数据库中。

(2) model 数据库：它是 SQL Server 所有数据库的模板，所有在 SQL Server 中创建的新数据库的内容，在刚创建时都和 model 数据库完全一样。如果 SQL Server 专门用作一类应用，而这类应用都需要某个表，甚至在这个表中都包括同样的数据，则可在 model 数据库中创建这样的表并向表中添加公共数据，以后每一个新创建的数据库中都会自动包含这个表和这些数据。也可向 model 数据库中增加其他数据库对象，这些对象都能被以后创建的数据库继承。

(3) msdb 数据库：SQL Server Agent(代理)用来安排报警、作业、记录操作员的操作。

(4) tempdb 数据库：用于为临时表、临时存储过程和其他临时操作提供存储空间，存放所有连接到系统的用户临时表和临时存储过程以及 SQL Server 产生的其他临时性的对象。

tempdb 是 SQL Server 中负担最重的数据库(几乎所有查询都可能要使用它)，它的容量大小将直接影响系统性能(特别是采用行版本控制事务隔离时)。tempdb 不能备份或还原。每次启动 SQL Server 时都重新创建 tempdb。断开联接时会自动删除临时表和存储过程，并且在系统关闭后没有活动连接。因此 tempdb 中不会有内容从一个 SQL Server 会话保存到另一个会话。

(5) Resource 数据库：它是只读数据库，包含 SQL Server 2005 中的所有系统对象(但不包含用户数据或用户元数据)。虽然 SQL Server 系统对象在逻辑上出现在每个数据库的 sys

架构中，物理上却存在于 Resource 数据库中。Resource 数据库的物理文件名为 Mssqlsystemre-source.mdf。每个 SQL Server 实例都有且只有一个关联的 Mssqlsystemresource.mdf 文件，且实例间不共享此文件。此文件默认位于 Program Files\Microsoft SQL Server\MSSQL.1\MSSQL\Data\。

重要说明：①勿移动或重命名 Resource 数据库文件。②勿将 Resource 数据库放在压缩或加密的 NTFS 文件夹中。③Resource 数据库应与 SQL Server 的其他可执行文件有相似的备份和还原计划，但勿将 Mssqlsystemresource.mdf 文件包括在常规的数据库备份和还原过程中（此文件只含代码，不含数据或元数据）。默认情况下，SQL Server 备份组件和还原组件将忽略 Resource 数据库。④Resource 数据库可快捷地升级到新的 SQL Server 版本。Resource 数据库文件包含所有系统对象，升级可通过将单个 Resource 数据库文件复制到本地服务器上完成。这意味着回滚 Service Pack 所需的只是将当前版本的 Resource 数据库用标识为旧版本的该数据库覆盖即可。

2. 系统数据库的物理文件

安装 SQL Server 2005 时，安装程序自动创建系统数据库的数据文件和事务日志文件。数据文件和日志文件的默认位置为 Program Files\Microsoft SQL Server\Mssql.n\data，其中 n 是 SQL Server 实例的序号。常用的系统数据库文件如表 8-1 所示。

表 8-1　SQL Server 2005 系统数据库文件

系统数据库名	主文件名	日志文件名
Master	Master.mdf	Mastlog.ldf
Model	Model.mdf	Modellog.ldf
Msdb	MSDBData.mdf	MSDBLog.ldf
Tempdb	Tempdb.mdf	Templog.ldf

SQL Server 不支持用户直接更新系统对象（如系统表、系统存储过程和目录视图）中的信息，但提供了一套工具（如 SSMS）使用户可充分管理系统和数据库中的所有用户和对象。SQL Server 不支持对系统表定义触发器（可能更改系统的操作），也不要用 T-SQL 语句直接查询系统表。

3. 示例数据库

如果安装时选择了安装 Reporting Services 组件，SQL Server 2005 安装程序还将安装名为 ReportServer 和 ReportServerTempDB 的两个数据库，可供用户使用。

SQL Server 2005 还可以安装两个示例数据库：AdventureWorks 和 ReportServer。用户可以通过分析、操作这两个示例数据库来学习 SQL Server 2005 的数据库设计和操作。

4. 用户数据库

用户数据库是用户根据应用要求创建的数据库，其中保存着用户直接需要的各种信息。

SQL Server 2005 允许用户通过使用 SSMS 图形界面（在 SSMS 中使用向导）或执行 T-SQL 语句两种方式进行关于用户数据库的操作。

8.1.4　其他重要相关概念

(1)实例(instance)：SQL Server 的实例本质上就是 SQL Server 数据库引擎组件。SQL Server 2005 支持在同一台计算机上同时运行多个 SQL Server 实例且互不相干(每个实例各有一套不为其他实例共享的系统及用户数据库)，这意味着在同一台计算机上可安装多个不同版本的 SQL Server 系统，或将 SQL Server 2005 多次安装，其前提是安装时使用不同的实例名。

有两类 SQL Server 实例：

● 默认实例：仅由运行该实例的计算机名唯一标识的实例，它没有单独的实例名。如果应用程序在请求连接 SQL Server 时只指定计算机名或 IP 地址，则 SQL Server 客户端组件将尝试连接指定计算机上的默认实例。一台计算机上只能有一个默认实例(可为 SQL Server 的任何版本)，也可以没有默认实例。

● 命名实例：除默认实例外，所有数据库引擎实例都由安装该实例的过程中指定的实例名标识。连接命名实例时，在 Windows 域里可用"计算机名\实例名"的形式表示命名实例，使用 TCP/IP 协议连接 SQL Server 实例时，可以用"IP 地址\实例名"表示命名实例。

(2)会话(session)：是用户与数据库系统进行交互的活跃进程，从用户连接到数据库开始，到断开联接结束。一个用户可同时打开多个会话。

(3)元数据(metadata)：是关于数据的信息，日常生活中的名片、图书馆目录卡等可以看作元数据。在 DBMS 中，元数据描述数据的结构和意义，例如数据库中表的个数及名称，表中列的个数及列的名称、数据类型，表上定义的约束、索引及主键、外键等信息。

8.2　数据库的创建

下面以创建"_教学库"为例，说明在创建数据库的过程。(若无特别说明，本书后续各章节的操作示例均以该"_教学库"为例进行)

8.2.1　使用 SSMS 图形界面创建数据库

在 SQL Server Management Studio 中使用向导创建数据库是一种最快捷的方式。用户可以通过向导，在图形界面环境下创建数据库。创建步骤如下：

(1)启动并连接数据库服务器(参见本书第 6 章 6.3.1 节)，进入 SSMS 主界面(参见图 6-22)。

(2)鼠标右键单击对象资源管理器中"数据库"对象，选择快捷菜单"新建数据库"选项(图 8-1)。

(3)打开"新建数据库"对话框，默认进入"常规"页设置窗口，如图 8-2 所示。用户可以在"常规"页窗口上部的"数据库名称"输入框、"所有者"输入框内分别定义新建数据库的逻辑名称、所有者，以及是否使用全文索引。

在"常规"页窗口的中部显示了系统按默认值自动定义的新建数据库主文件和日志文件的文件类型、文件组、初始大小、增长方式和文件存放路径，并且随着用户在"数据库名称"

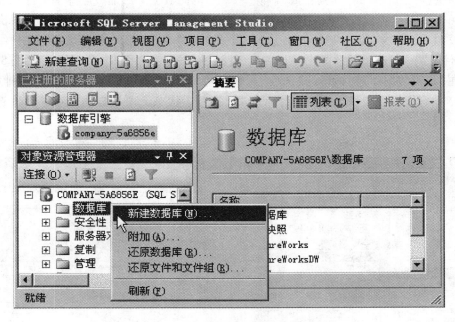

图 8-1 在 SSMS 中 选择新建数据库选项

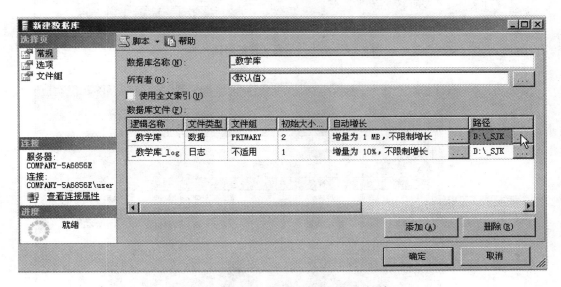

图 8-2 "新建数据库"的"常规"页对话框

输入框中输入数据库名(例如"_教学库"),系统同时自动命名主文件和日志文件的逻辑名。用户可以修改主文件和日志文件的逻辑名、初始大小、增长方式和存放路径进行。例如,用鼠标选中"路径"栏可分别修改主文件和日志文件的存放路径(如"D:\SJK")。

在"常规"页窗口下部有"添加"或"删除"按钮，可向数据库添加或删除辅文件和事务日志文件，并可在"常规"页窗口中部用鼠标选中添加的数据库文件的相应栏以设置添加的文件的逻辑名称、文件类型、文件组、初始大小、增长方式和文件存放路径，并可设置新文件组的名称（如"次文件组"）、更改增长设置。（图8-3、图8-4、图8-5、图8-6、图8-7、图8-8）。

（4）在"新建数据库"对话框的"选项"页窗口可定义数据库的一些选项，包括排序规则、恢复模式、兼容级别以及恢复选项、游标选项、杂项、状态选项和自动选项等其他选项，如图8-9所示。

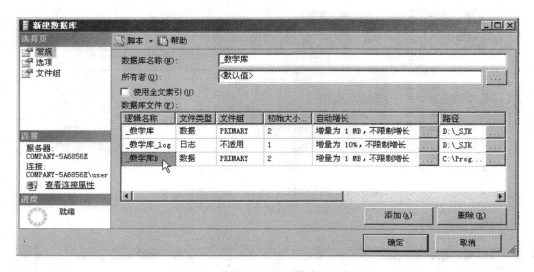

图8-3　指定数据库文件的逻辑名称

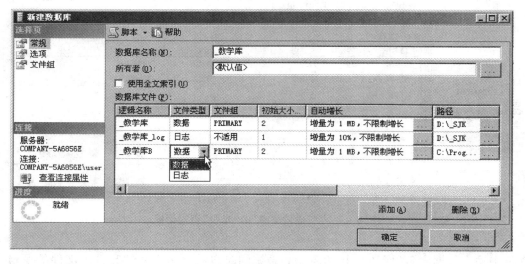

图8-4　指定数据库文件的文件类型

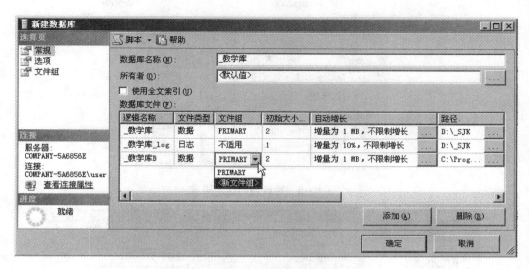

图 8-5 指定数据库文件的文件组

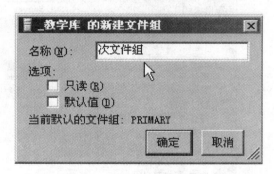

图 8-6 指定新建文件组的名称

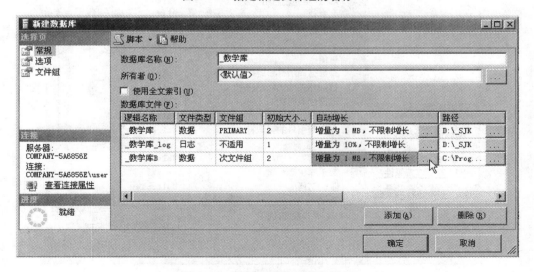

图 8-7 选择更改自动增长设置

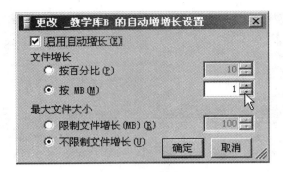

图 8-8　更改自动增长设置

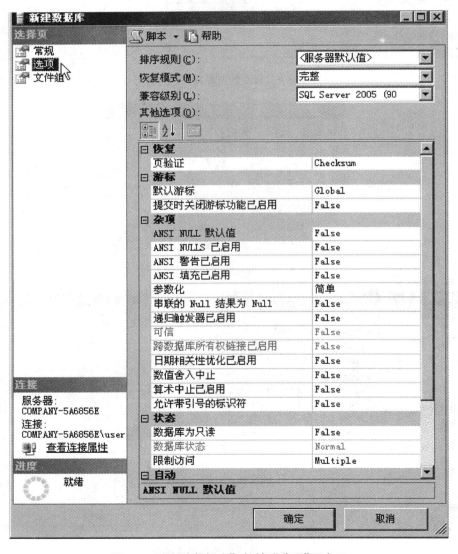

图 8-9　"新建数据库"对话框"选项"页窗口

（5）在"新建数据库"对话框的"文件组"页窗口中，显示文件组和文件的统计信息，还可设置默认文件组。如图 8 - 10 所示。

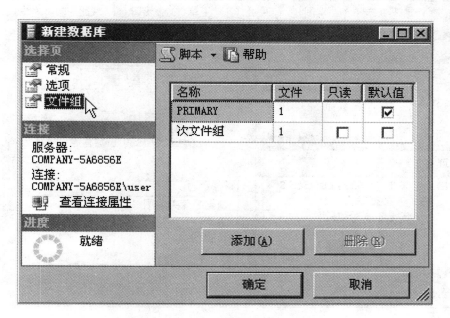

图 8 - 10　"新建数据库"对话框的"文件组"页窗口

（6）"新建数据库"对话框各页设置完毕后，单击"确定"按钮，SQL Server 数据库引擎会创建所定义的数据库。在"对象资源管理器"窗口中出现新建的"_教学库"库图标（图 8 - 11）。

生成的物理数据库位于"新建数据库"窗口指定的位置。例如，"_教学库"的主文件"_教学库. mdf"和日志文件"_教学库_log. ldf"位于"D：_SJK\"目录下（图 8 - 12），辅文件"_教学库 B. ndf"存放在"C：\Program Files\Microsoft SQL Server\MSSQL. 1\MSSQL\Data\"目录下。

8.2.2　使用 T - SQL 语句创建数据库

在 SQL Server 2005 中，可用 CREATE DATABAS 语句创建数据库。

1. 语法摘要

CREATE DATABASE database_name

　［ ON ［ PRIMARY ］ ＜ filespec ＞ ［, . . . n］

　　［, FILEGROUP filegroup_name ［DEFAULT］ ｛ ＜ filespec ＞［, . . . n］ ｝ ［, . . . n］ ］

　［ LOG ON ＜ filespec ＞ ［, . . . n］ ］

］［ ; ］

其中：

● ＜ filespec ＞ : : =

（ NAME = logical_file_name , FILENAME = ′os_file_name′

　［ , SIZE = size ［ KB｜MB｜GB｜TB ］ ］

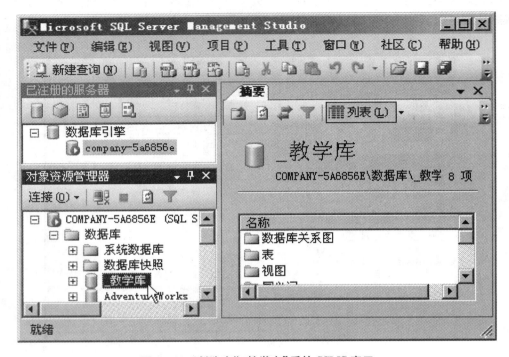

图 8-11　创建库"_教学库"后的 SSMS 窗口

图 8-12　数据库文件及路径

$$[\ , MAXSIZE \ = \ \{ \ max\_size \ [\ KB|MB|GB|TB \ ] \ | \ UNLIMITED \ \} \ ]$$
$$[\ , FILEGROWTH \ = \ growth\_increment \ [\ KB|MB|GB|TB| \ \% \ ] \ ]$$
$$) \ [\ , \ldots n]$$

2. 参数摘要与说明

下列参数中的所有 name 均必须符合标识符规则。

(1) database_name：新数据库名称，必须在 SQL Server 的实例中唯一。

(2) ON：ON 子句指定主文件、辅文件和文件组属性，定义存储数据库数据部分的操作系统文件；若未指定则系统自动创建主文件并使用系统生成的名称，大小为 3MB。

(3) PRIMARY：指定关联的 <filespec> 置于主文件组。在主文件组的 <filespec> 项中指定的第一个文件将成为主文件。默认值是 CREATE DATABASE 语句中列出的第一个文件。

（4）< filespec >：用以定义主文件组的文件属性。其中：

①NAME = logical_file_name：指定文件的逻辑名称。logical_file_name 必须在数据库中唯一，可以是字符、Unicode 常量、常规标识符、分隔标识符。默认值是 database_name。

②FILENAME = ′os_file_name′：指定操作系统（物理）文件名称。′os_file_name′是创建文件时由操作系统使用的路径和文件名。路径可以是已经存在的本地服务器上的路径或 UNC 路径；如果指定为 UNC 路径，则不能设置 SIZE、MAXSIZE 和 FILEGROWTH 参数；不要将文件放在压缩文件系统中（只读的辅助文件除外）；文件名的默认值是 database_name。

③SIZE = size：指定文件的初始大小。size 是整数，其默认单位为 MB。默认大小 1MB。

④MAXSIZE = ｛max_size｜UNLIMITED｝：指定文件可增大到的最大大小。max_size 是整数，其默认单位为 MB。如果未指定或指定为 UNLIMITED，则日志文件最大为 2TB，数据文件最大为 16TB。

⑤FILEGROWTH = growth_increment：指定文件的自动增量。growth_increment 是每次为文件添加的空间量，默认自动增长且值是 1MB（数据文件）或 10%（日志文件）；指定的大小将舍入为最接近的 64 kB 的倍数；不能超过 MAXSIZE 设置；值为 0 表明关闭自动增长。

（5）FILEGROUP filegroup_name ［DEFAULT］：指定文件组的逻辑名称。filegroup_name 必须在数据库中唯一，可以是字符、Unicode 常量、常规标识符或分隔标识符，但不能是 PRIMARY 和 PRIMARY_LOG。DEFAULT 指定 filegroup_name 文件组为数据库的默认文件组，只能指定 1 个。

（6）LOG ON：指定事务日志文件属性，其后是用以定义日志文件的 < filespec > 列表；若未指定，则系统自动创建一个大小为该数据库数据文件大小总和的 25% 或 512 kB（取较大者）的日志文件。

使用 SSMS 向导创建数据库后，可以查看创建数据库使用的 T – SQL 语句：鼠标右键单击"对象资源管理器"窗口中"数据库"项下的"_教学库"，选择快捷菜单的"编写数据库脚本为"→"CREATE 到"→"新查询编辑器窗口"，可进入查询编辑器窗口（图 8 – 13）。

在查询编辑器窗口中显示了与刚才使用 SSMS 向导创建数据库等价的 T – SQL 语句。

用户也可直接在 SSMS 的查询编辑器窗口通过编写、运行 T – SQL 代码创建数据库，如例 8 – 1。

【例 8 – 1】　通过 T – SQL 代码创建一个名为"课程库"的数据库，各属性均采用系统默认值；创建一个名为"教师库"的数据库，要求它有 3 个数据文件，其中主文件初始大小为 2MB，最大大小为 50MB，自动增量为 1MB；辅文件初始大小 2MB，属于"次文件组"，最大大小不限，自动增量为 10%；事务日志文件大小为 1MB，最大大小为 100MB，自动增量为 2MB。

创建步骤：

● 启动查询编辑器（可在 SSMS 窗口中鼠标左键单击标准工具栏上的"新建查询"按钮或按 Alt + N 键或选择系统菜单"文件"→"新建"→"使用当前连接查询"选项实现）。

● 在查询编辑器窗口编写下列 T – SQL 语句。

CREATE DATABASE 课程库　　——新建"课程库"，各属性均采用系统默认值

CREATE DATABASE 教师库　　——新建的"教师库"数据库名

　　ON（ NAME = N′教师库_主文件′, FILENAME = ′D：_SJK\教师库. mdf′,

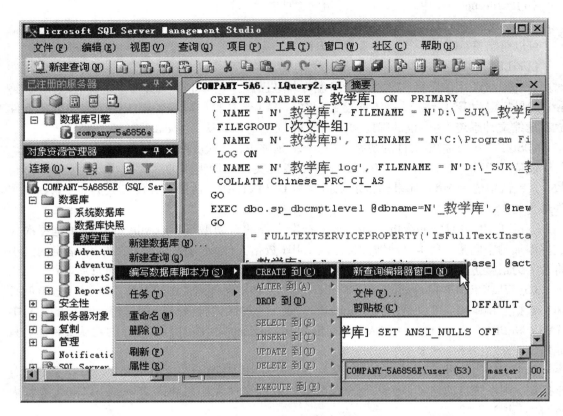

图 8-13 在查询编辑器窗口查看创建数据库使用的 T-SQL 语句

    SIZE = 2MB，MAXSIZE = 50MB，FILEGROWTH = 1MB）， ——初始大小，最大大小，增量

  FILEGROUP 次文件组 ——文件组

  （ NAME = N′教师库_辅文件′，FILENAME = ′D：_SJK\教师库.ndf′，

   SIZE = 2，MAXSIZE = UNLIMITED，FILEGROWTH = 10% ） ——初始大小，不限增长，增量

  LOG ON（ NAME = ′教师库_log1′，FILENAME = ′D：_SJK\教师库_log.ldf′，

   SIZE = 1MB，MAXSIZE = 100MB，FILEGROWTH = 2MB） ——初始大小，最大大小，增量

 ● 单击工具栏中的"执行"按钮或按 F5 键，执行查询，创建数据库。

  结果：执行查询后，选择"对象资源管理器"窗口中"数据库"项的右键快捷菜单"刷新"选项，即可看到"课程库"、"教师库"数据库均已创建成功，如图 8-14 所示。

3. 备注

  CREATE DATABASE 语句还可通过结合使用 ON 子句和 FOR ATTACH 或 ON 子句和 FOR ATTACH_REBUILD_LOG 子句，附加一组现有操作系统文件来创建数据库；也可通过结合使

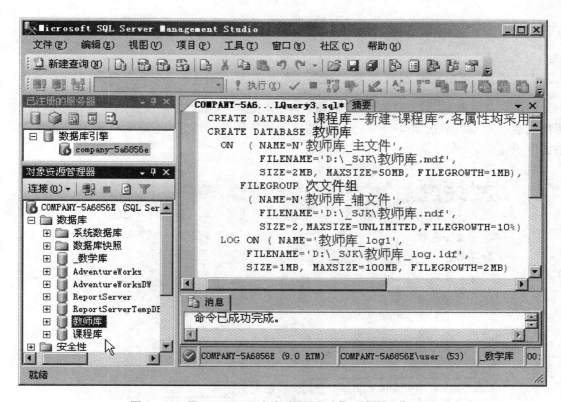

图 8 – 14　用 T – SQL 语句创建"课程库"、"教师库". bmp

用 ON 子句和 AS SNAPSHOT OF 子句创建数据库快照。限于篇幅,本书仅列其基本语法如下,不作详细介绍。

- To attach a database 　　——附加一组现有的操作系统文件来创建数据库
  CREATE DATABASE database_name ON ＜ filespec ＞［, ... n］
  FOR ｛ ATTACH ［ WITH ＜ service_broker_option ＞］｜ATTACH_REBUILD_LOG ｝［; ］
- Create a database snapshot 　　—— 建立数据库快照
  CREATE DATABASE database_snapshot_name
  　ON（ NAME ＝ logical_file_name, FILENAME ＝ ′os_file_name′ ）［, ... n］
  　AS SNAPSHOT OF source_database_name［; ］

【例 8 – 2】　利用一组现有的操作系统文件 D: _SJK_教学库. MDF、和 D: _SJK_教学库_log. ldf 创建"SS 数据库"。

CREATE DATABASE SS 教学库 ON（ FILENAME ＝ ′D: _SJK_教学库. mdf′ ）

LOG ON（ FILENAME ＝ ′D: _SJK_教学库_log. 类 ldf′ ）FOR ATTACH

8.3 数据库的修改

8.3.1 使用 SSMS 图形界面修改数据库

用鼠标右键单击"对象资源管理器"窗口中"数据库"项下的拟修改数据库"_教学库",选择快捷菜单的"属性"选项(图 8 - 15),可进入数据库属性对话窗口(图 8 - 16),快捷地修改数据库。

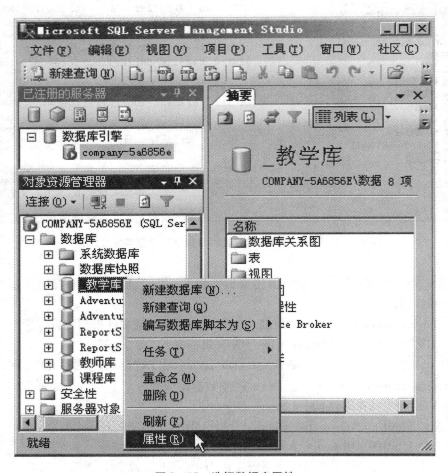

图 8 - 15 选择数据库属性

通过选择不同的选项页,可以修改数据库的各种属性和设置。

①"常规"页:显示当前数据库的基本情况,如数据库名称、状态、所有者、创建日期、大小、可用空间、排序规则等信息,但不能修改。

②"文件"页:显示当前数据库文件信息;也可以在此窗口修改数据库的所有者、数据库

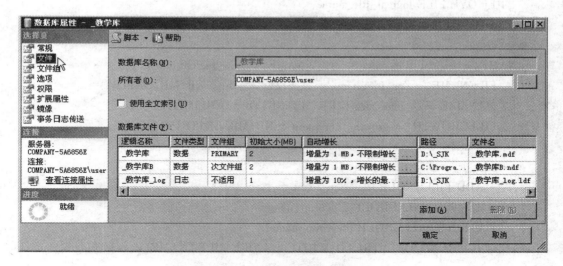

图 8－16　数据库属性对话窗口

文件的逻辑名、大小、文件组、增长方式等属性，以及设置或取消使用全文索引。

③"文件组"页：显示当前数据库文件组信息。可以修改数据库的默认文件组。

④"选项"页：显示当前数据库的排序规则、恢复模式、恢复选项、游标选项组、杂项组、状态选项组和自动选项组等信息。可以修改当前数据库的这些属性。

⑤"权限"页：显示当前数据库的用户或角色以及他们相应的权限信息。可以为当前数据库添加、删除用户或角色，以及修改他们相应的权限。

⑥"扩展属性"页：可以在此窗口为当前数据库建立、添加、删除扩展属性。

⑦"镜像"页：显示当前数据库的镜像设置属性。可以配置镜像当前数据库过程中涉及的所有服务器实例的安全性，以及服务器网络地址、运行模式等。

⑧"事务日志传送"页：显示当前数据库的日志传送配置信息。可以为当前数据库设置事务日志备份计划、辅助数据库实例以及监视服务器实例。

8.3.2　使用 T－SQL 语句修改数据库

在 SQL Server 2005 中，可用 ALTER DATABASE 语句修改数据库。

1. 语法摘要

ALTER DATABASE database_name

　< add_or_modify_files > | < add_or_modify_filegroups > | MODIFY NAME = new_database_name

　[;]

其中：

● < add_or_modify_files > : : =

{ { ADD FILE < filespec >[, . . . n] [TO FILEGROUP {filegroup_name|DEFAULT}] }

　| ADD LOG FILE < filespec >[, . . . n]

　　　| REMOVE FILE logical_file_name

　　　| MODIFY FILE ＜filespec＞ }

◆ ＜filespec＞∷=

(NAME = logical_file_name [, NEWNAME = new_logical_name]

　　[, FILENAME = ′os_file_name′] [, SIZE = size [KB|MB|GB|TB]]

　　[, MAXSIZE = { max_size [KB|MB|GB|TB] |UNLIMITED }]

　　[, FILEGROWTH = growth_increment [KB|MB|GB|TB|%]]

　　[, OFFLINE])

● ＜add_or_modify_filegroups＞∷=

　　{　ADD FILEGROUP filegroup_name

　　　| REMOVE FILEGROUP filegroup_name

　　　| MODIFY FILEGROUP filegroup_name

　　　　{ { READ_ONLY|READ_WRITE } | DEFAULT| NAME = new_filegroup_name }

}

2. 参数摘要与说明

● database_name：要修改的数据库的名称。

● MODIFY NAME = new_database_name：用指定的 new_database_name 重命名数据库。

● ＜add_or_modify_files＞：对数据库进行添加、删除或修改文件的操作。其中：

◆ ADD FILE ＜filespec＞[, ... n]：该子句将要添加的数据文件添加到数据库。

◆ TO FILEGROUP { filegroup_name | DEFAULT }：将要添加数据文件添加到指定的文件组。DEFAULT 表示将文件添加到当前默认文件组中。

◆ ADD LOG FILE ＜filespec＞[, ... n]：该子句将要添加的日志文件添加到数据库。

◆ REMOVE FILE logical_file_name：从数据库中删除逻辑文件说明并删除物理文件（若文件非空则无法删除）。logical_file_name 是在 SQL Server 中引用文件时所用的逻辑名称。

◆ MODIFY FILE ＜filespec＞：该子句用于修改文件。一次只能更改一个＜filespec＞。须在＜filespec＞中指定 NAME 以标识拟修改文件。如果指定 SIZE，则新大小须大于文件的当前大小。

◆ ＜filespec＞：用以定义添加、修改或删除的文件的属性。其中：

◇ NEWNAME = new_logical_file_name：指定文件的新逻辑名称。new_logical_file_name 在数据库中必须唯一并符合标识符规则。

◇ OFFLINE：将文件设置为脱机并使文件组中所有对象都不可访问。仅当文件已损坏但可还原时才使用该选项。设置为 OFFLINE 的文件，只有通过从备份中还原该文件，才能设置为联机。

◇ ＜filespec＞中其他参数请参考第 8.2.2 节的＜filespec＞部分。

● ＜add_or_modify_filegroups＞：在数据库中添加、删除文件组或修改文件组属性，其中：

◆ ADD FILEGROUP filegroup_name：将文件组添加到数据库。

◆ REMOVE FILEGROUP filegroup_name：从数据库中删除文件组。若文件组非空则无法删除，因此应先将所有文件移至另一个文件组，然后再删除文件组。

◆ MODIFY FILEGROUP filegroup_name：修改 filegroup_name 文件组的属性，包括：

◇ DEFAULT：将数据库的默认文件组更改为 filegroup_name 文件组。

◇ NAME = new_filegroup_name：将文件组名称更改为 new_filegroup_name。

◇ READ_ONLY：设置文件组为只读（不允许更新其中的对象）。主文件组不能设置为只读。对于只读数据库，系统启动时将跳过自动恢复、不能收缩、不锁定（这可以加快查询速度）。

◇ READ_WRITE：设置文件组为读/写（允许更新其中的对象）。

◆ MODIFY NAME = new_database_name：将数据库更名为 new_database_name。

说明：SQL Server 2005 的联机丛书描述可以在 FILENAME 子句中指定新路径和操作系统文件名称（MODIFY FILE (NAME = logical_file_name, FILENAME = 'new_path/os_file_name')）来将数据文件或日志文件移至新位置，且其执行后在数据库属性中也显示文件已移到指定的新路径，但笔者验证的结果表明物理文件的位置并未改变。

【例 8 – 3】　向例 8 – 1 所建"教师库"中增加一个辅文件，逻辑名"教师档案"，置于次文件组，物理名"教师档案. ldf"（存放在 D：_SJK \），大小 3MB，增长不受限制，每次增加 10%。

```
ALTER DATABASE 教师库
    ADD FILE ( NAME = N'教师档案', FILENAME = 'D：\_SJK\教师档案. ldf',
              SIZE = 3MB, MAXSIZE = UNLIMITED, FILEGROWTH = 10% )
        TO FILEGROUP 次文件组
```

【例 8 – 4】　将例 8 – 1 所建"课程库"的主文件大小改为 3MB，增长受限，最大 50MB，每次增长 2MB；修改日志文件的大小为 2MB，增长不限，每次增长 10%。

```
ALTER DATABASE 课程库
    MODIFY FIlE ( NAME = '课程库', SIZE = 3, MAXSIZE = 50, FILEGROWTH = 2 );
ALTER DATABASE 课程库
    MODIFY FILE ( NAME = '课程库_log', SIZE = 2, MAXSIZE = UNLIMITED, FILE-
GROWTH = 10% );
```

【例 8 – 5】　删除例 8 – 3 所添加的辅文件。

```
ALTER DATABASE 教师库 REMOVE FILE 教师档案
```

8.4　数据库的删除

用户可以根据自己的权限删除用户数据库，但不能删除当前正在使用（正打开供用户读写）的数据库，也不能删除系统数据库（msdb、model、master、tempdb）。

8.4.1　使用 SSMS 图形界面删除数据库

在 SSMS 中可以快捷地删除数据库，其步骤为：

①在 SSMS 中，用鼠标右键单击"对象资源管理器"窗口中"数据库"项下的拟删除的数据

库,选择快捷菜单的"删除"选项(图8-17),进入"删除对象"对话窗口。

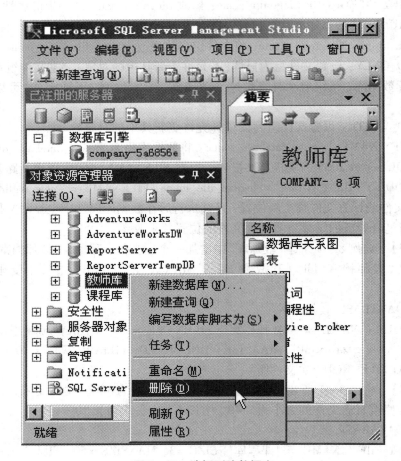

图8-17 选择删除数据库

②在"删除对象"对话窗口中单击"确定"按钮(图8-18),即可删除数据库。

8.4.2 使用 T-SQL 语句删除数据库

T-SQL 提供了数据库删除语句 DROP DATABASE。其语法格式为:

DROP DATABASE | database_name | database_snapshot_name | [, ... n] [;]

【例8-6】 删除例8-1中创建的"课程库"数据库。

DROP DATABASE 课程库

使用 SSMS 图形界面删除数据库和利用 DROP DATABASE 语句删除数据库都删除该数据库中包含的所有对象及该数据库的所有物理文件,且不能恢复。

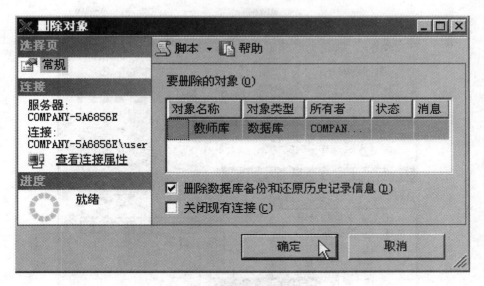

图 8 – 18　删除数据库

8.5　表的创建

数据库中包含许多对象,其中最重要的就是表。表是数据库存放数据的对象,表中数据的组织形式为行、列的组合。每行表示一条记录,每列表示一个属性。在 SQL Server 2005 中,一个数据库中可创建多达 20 亿个表,每个表最多可达 1024 列,每行最多存储 8092B 数据。

创建表的实质就是定义表的结构以及约束等属性。创建表时需使用不同的数据库对象,包括数据类型、约束、默认值、触发器和索引等;而且表必须建在某一数据库中,不能单独存在,也不能以操作系统文件形式存在。

从本节开始,以本章第 8.2.1 节创建的"_教学库"为例介绍表的各种操作。

8.5.1　使用 SSMS 图形界面创建表

使用 SSMS 图形界面创建表的步骤如下:

(1)打开表设计器对话框窗口:在 SSMS 中用鼠标右键单击"对象资源管理器"窗口中"数据库"→"_教学库"→"表"项,选择快捷菜单的"新建表"选项(图 8 – 19),打开表设计器对话窗口。

(2)创建表的列架构:在表设计器对话框窗口的"列名"下输入学生表的所有列名;在"数据类型"列下选择每列的数据类型;在"允许空"列下设置每列可否为空(打"√"表示该列允许空值;没有打"√"表示不允许为空值,即设置为非空约束)。如图 8 – 20 所示。

(3)设置列属性:数据库中数据的完整性非常重要。通过对列属性的设置,可在某些方面保证数据的完整性。列属性设置也称为列约束,通常包括以下几种:

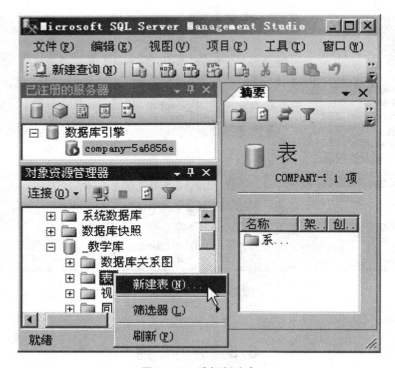

图 8 – 19　选择新建表

- PREVlARY KEY：主键约束。设置为主键的列不能有空值或重复值。
- UNIQUE：唯一性约束。设置了唯一性约束的列不能有重复值，可以但最多有一个数据为空。
- CHECK：检查约束。设置了检查约束的列的值必须符合检查约束所设置的条件。
- DEFAULT：默认值约束。设置了默认值约束的列的值可输入，也可不输入，但取值为默认值。
- NOT NULL：非空约束。设置了非空约束的列的取值不能为空(NULL)。
- IDENTITY：标识规范(指系统按照给定的种子自动生成唯一的序号值，只适用于 decimal、int、numeric、smallint、bigint、tinyint 数据类型)。设置了标识规范的列的值由系统自动生成(从标识种子(表中第一行的值)开始每次加 1 个标识增量)。

在表设计器及其下部的列属性页(图 8 – 20)，可以设置各列的上述列属性。例如：

- 设置主键和标识规范。S_NO(学号)是 int 型数据，不允许相同且是连续的，可对该列设置主键和标识规范：鼠标右键单击表设计器"列名"栏 S_NO 行→选择快捷菜单中的"设置主键"(图 8 – 21)，则 S_NO 列就被设置为主键(S_NO 列名的左边出现主键图标(金钥匙))，同时允许空值标记"√"号被去掉→在列属性页设置 S_NO 列的属性→选择"说明"行，单击说明输入按按钮→在弹出的文本输入框中输入"S_NO 是学号"并单击"确认"→展开"标识规范"选项→将"(是标识)"设为"是"→在"标识增量"文本框输入数字 1→在"标识种子"文本框输入数字 60001(图 8 – 20)。此后 S_NO 列不能输入数据，其值由系统从标识种子值开始

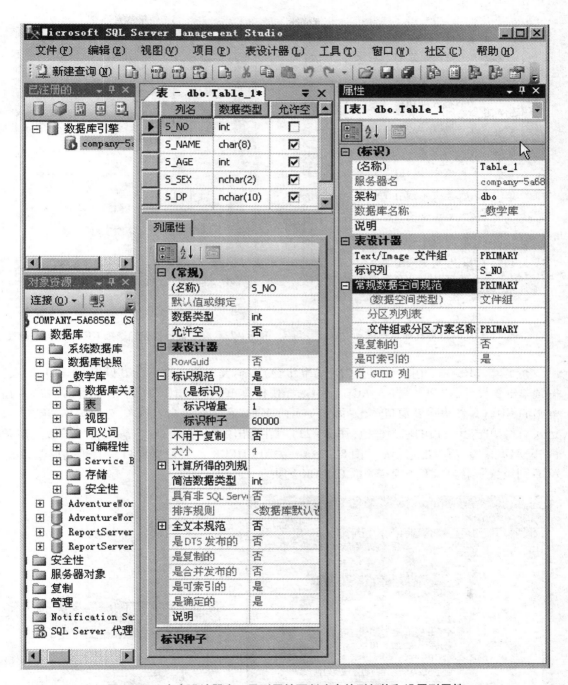

图 8-20 在表设计器窗口及列属性页创建表的列架构和设置列属性

每次加 1(即标识增量)。

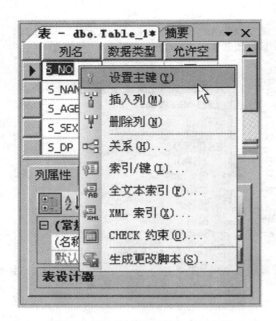

图 8-21　在表设计器窗口设置主键

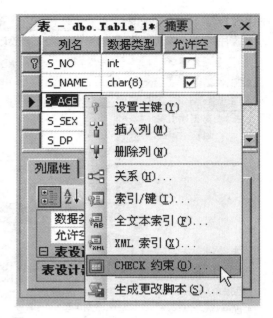

图 8-22　在表设计器窗口选择 CHECK 约束设置

● 设置 CHECK 约束：设 S_AGE(学生年龄)必须大于 10，则可为其设置 CHECK 约束：右键单击表设计器"列名"栏 S_AGE 行→选择快捷菜单中的"CHECK 约束"(图 8-22)→在弹出的 CHECK 约束设置窗口单击"添加"→在"名称"行为约束命名(CK_S_AGE)→选择"表达式"行，单击其右边的输入按钮(图 8-23)→在弹出的"约束表达式"输入框中输入约束条件"S_AGE>10"后单击"确认"(图 8-24)→关闭 CHECK 约束设置窗口。上述过程即为 S_AGE 列设置了名为"CK_S_AGE"的 CHECK 约束。

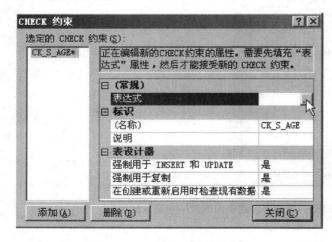

图 8-23　设置 CHECK 约束

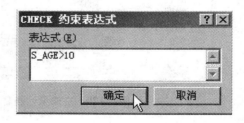

图 8-24　输入 CHECK 约束表达式

● 设置默认值：设 S_DP（学生所在系）最多见的值是"计算机系"，则可以为 S_DP 列设置默认值"计算机系"：选中 S_DP 列→在属性页的"默认值或绑定"行文本框中输入"计算机系"即可（图 8 – 25）。当 S_DP 列不输入数据时，系统自动添加字符串"计算机系"。

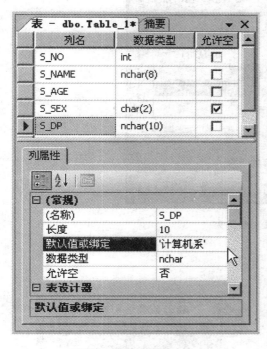

图 8 – 25　设置默认值

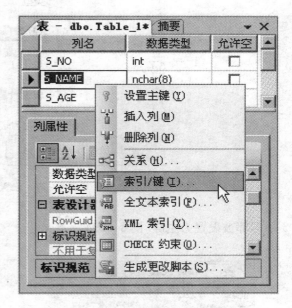

图 8 – 26　在表设计器窗口选择"索引/键"

● 设置非空约束：S_NAME（姓名）列不允许为空，应为其设置非空约束：单击表设计器"允许空"栏 S_NAME 行，去掉允许空标记"√"号即可。此后 S_NAME 列没有数据输入时，系统将提示不允许为空。

● 设置唯一性约束：假设要为 S_NAME 设置唯一性约束，则可进行如下操作：右键单击表设计器"列名"栏 S_NAME 行→选择快捷菜单中的"索引/键"（图 8 – 26）→在弹出的"索引/键"设置窗口的"名称"行为约束命名（IX_S_NAME）→选择"是唯一的"行，单击其右边的组合框下拉按钮→将组合框内的值设置为"是"（图 8 – 27）→关闭"索引/键"设置窗口，完成唯一性约束设置。

● 设置组合主键：有的表的主键由多个列组成。例如，创建一个成绩表，有 S_NO（学号）、T_NO（教师编号）、C_NO（课程号）和 SC_G（成绩）列。在该表中，任何一个单独的列都不能作为主键，因为一个学生可能选修多门课程，一门课程可能被多个学生选修，一个教师也可能讲授多门课程。只能将 S_NO、T_NO 和 C_NO 3 个列组合在一起才能组成主键。其设置操作为：选中这 3 列（按住 Shift 键，用鼠标左键分别单击这 3 列左边的列标志块，使列所在行呈灰色）→右键单击灰色区域→选择快捷菜单中的"设置主键"（图 8 – 28），则 S_NO 列就被设置为主键（3 列名的左边均出现主键图标），同时允许空值标记"√"号均被去掉，此时

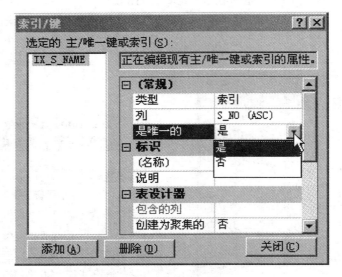

图 8 – 27　设置唯一性约束

3 个列都被设置为主键(图 8 – 29)。

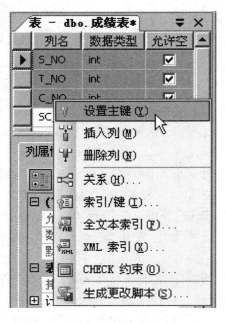

图 8 – 28　在表设计器窗口选择多个列

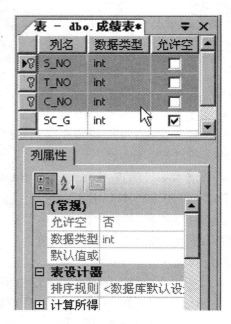

图 8 – 29　设置组合主键

在列属性页中还可以对列设置计算所得的列规则、排序规则、全文本规范等属性。

(4)保存表。表设计完后,选择工具栏中的"保存"按钮或系统菜单的"文件"→"保存"

选项。系统随即弹出"选择名称"对话框，输入表名"学生表"，然后单击"确定"按钮（图8－30），即可将表结构设计结果存盘。

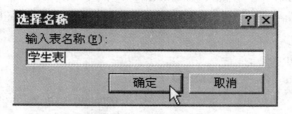

图 8－30　表结构存盘

表存盘后，在 SSMS 对象资源管理器中展开"数据库"→"_教学库"的表选项，可以看到新建的"学生表"以及该表的列设计梗概（图 8－31）。

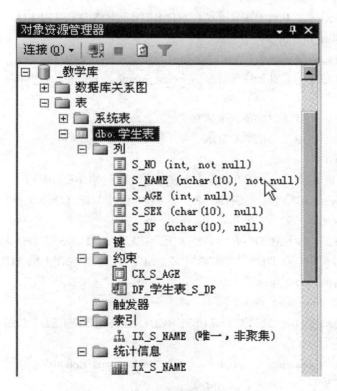

图 8－31　对象资源管理器中的表结构

8.5.2　使用 T－SQL 语句创建表

在 SQL Server 2005 中，可用 CREATE TABLE 语句创建表。

1. 语法摘要

CREATE TABLE [database_name. [schema_name]. | schema_name.] table_name

(<column_definition > [<table_constraint >] [, ... n])

[ON { filegroup|"default" }] [TEXTIMAGE_ON { filegroup|"default" }] [;]

其中:

- <column_definition > ::=

column_name < data_type > [NULL|NOT NULL]

[[CONSTRAINT constraint_name] DEFAULT constant_expression

| [IDENTITY [(seed, increment)] [NOT FOR REPLICATION]]

[<column_constraint > [... n]]

◆ < data_type > ::= [type_schema_name.] type_name [(precision[, scale] | max)]

◆ < column_constraint > ::=

[CONSTRAINT constraint_name]

{ { PRIMARY KEY | UNIQUE } [CLUSTERED | NONCLUSTERED]

[WITH (<index_option >[, ... n])

] [ON { filegroup|"default" }]

| [FOREIGN KEY] REFERENCES [schema_name.] referenced_table_name [(ref_column)]

[<strategy >] [NOT FOR REPLICATION]

| CHECK [NOT FOR REPLICATION] (logical_expression) }

◇ < index_option > ::=

{ IGNORE_DUP_KEY = { ON|OFF } | STATISTICS_NORECOMPUTE = { ON|OFF }

| ALLOW_ROW_LOCKS = { ON|OFF } | ALLOW_PAGE_LOCKS = { ON|OFF } }

◇ < strategy > ::=

{ [ON DELETE { NO ACTION | CASCADE | SET NULL | SET DEFAULT }]

[ON UPDATE { NO ACTION | CASCADE | SET NULL | SET DEFAULT }] }

- <table_constraint > ::=

[CONSTRAINT constraint_name]

{ { PRIMARY KEY|UNIQUE } [CLUSTERED|NONCLUSTERED] (column [ASC|DESC] [, ... n])

[WITH (<index_option >[, ... n]) [ON { filegroup|"default" }]

| FOREIGN KEY (column [, ... n])

REFERENCES referenced_table_name [(ref_column[, ... n])] [<strategy >]

[NOT FOR REPLICATION]

| CHECK [NOT FOR REPLICATION] (logical_expression) }

2. 参数摘要与说明:

- database_name、schema_name:新表所属的数据库名称、架构名称。

- table_name:新表的名称,须遵循标识符规则(本地临时表名以单个数字符号(#)开头)。

● ＜column_definition＞：关于列的定义。其中：

◆ column_name：列名。必须遵循标识符规则并在表中唯一。

◆ ＜data_type＞：指定列的数据类型。其中：

◇ ［type_schema_name. ］type_name：指定列的数据类型及该列所属架构。

◇（precision［，scale］|max）：precision 指定数据精度。scale 指定数据的小数位数。max 只适用于 varchar、nvarchar 和 varbinary 数据类型。

◆ NULL|NOT NULL：指定列中是否允许空值。

◆ CONSTRAINT constraint_name：指定列的约束的名称。

◆ DEFAULT constant_expression：定义列的默认值。constant_expression 可以是常量、NULL 或标量函数。该项定义不能用于 timestamp 列或 IDENTITY 列。

◆ IDENTITY［（seed，increment）］：IDENTITY 表示新列是标识列，seed 是种子值，increment 是增量值。可用于 tinyint、smallint、int、bigint、decimal（p，0）或 numeric（p，0）列。每个表只能有一个标识列，且不能对标识列使用绑定默认值和 DEFAULT 约束。必须同时指定种子和增量或两者都不指定。如果二者都未指定，则取默认值（1，1）。

◆ NOT FOR REPLICATION：若为 IDENTITY 列指定该属性，则复制代理执行插入时，标识列的值将不增加；若为 FOREIGN KEY 和 CHECK 约束指定此属性，则复制代理执行插入、更新或删除时，不强制执行约束。

◆ ＜column_constraint＞：设置关于列的约束。包括：

◇ CONSTRAINT constraint_name：表示 PRIMARY KEY、NOT NULL、UNIQUE、FOREIGN KEY 或 CHECK 约束定义开始。constraint_name 是约束名称（用户定义），须在表所属架构中唯一。

◇ PRIMARY KEY | UNIQUE：为列设置主键约束 | 唯一性约束。

◇ CLUSTERED | NONCLUSTERED：指示为 PRIMARY KEY 或 UNIQUE 约束创建聚集索引（CLUSTERED）或非聚集索引。PRIMARY KEY 约束默认为 CLUSTERED，UNIQUE 约束默认为 NONCLUSTERED。

◇ FOREIGN KEY REFERENCES：为列设置参照完整性约束。FOREIGN KEY 约束只能引用在所引用表中是 PRIMARY KEY 或 UNIQUE 约束的列，或所引用表中在 UNIQUE INDEX 内的被引用列。

◇ WITH（＜index_option＞［，…n］）：指定一个或多个索引选项。其中：

△ IGNORE_DUP_KEY = { ON|OFF }：指定对唯一聚集索引或唯一非聚集索引的多行 INSERT 事务中重复键值的错误响应。如果设置为 ON 且其中一行违反唯一索引，则发出警告消息，且只有违反了 UNIQUE 索引的行失败。如果设置为 OFF（默认）且某行违反唯一索引，则发出错误信息，并回滚整个 INSERT 事务。IGNORE_DUP_KEY 对 UPDATE 语句无效。

△ STATISTICS_NORECOMPUTE = { ON|OFF }：为 ON 则过期的索引统计信息不自动重新计算。为 OFF（默认）则启用自动统计信息更新。

△ ALLOW_ROW_LOCKS = {ON|OFF}：ON（默认）则访问索引时允许使用行锁，OFF 则不使用。

△ ALLOW_PAGE_LOCKS = {ON|OFF}：ON（默认）则访问索引时允许使用页锁，OFF 则

不使用。

◇ [schema_name.] referenced_table_name (ref_column [, ... n]):指定是 FOREIGN KEY 约束引用的表所属架构的名称、表的名称,以及 FOREIGN KEY 约束引用的表中的一列或多列。

◇ < strategy >:定义 FOREIGN KEY 约束的策略。其中:

ON DELETE {NO ACTION | CASCADE | SET NULL | SET DEFAULT}、ON UPDATE {NO ACTION | CASCADE | SET NULL | SET DEFAULT}指定如果创建表(子表)中的行具有引用关系,且父表中的被引用行被删除(DELETE)或更新(UPDATE)时,对子表这些行采取的操作。默认为 NO ACTION。其中:

△ NO ACTION:限制策略。数据库引擎引发错误,并回滚对父表中相应行的删除或更新操作。

△ CASCADE:级联策略。删除或更新子表中的相应行。

△ SET NULL:置空策略。子表中相应行外键值都置 NULL。执行此约束要求外键列可为空。

△ SET DEFAULT:子表中相应行的外键值都置为默认值。执行此约束要求所有外键列都有默认定义。如果某个列可为空值且未设置默认值,则使用 NULL 作为该列的隐式默认值。

如果子表中已存在 ON DELETE 的 INSTEAD OF 触发器,则不能定义 ON DELETE 的 CASCADE 操作;如果子表中已存在 INSTEAD OF 触发器 ON UPDATE,则不能定义 ON UP-DATE CASCADE。

◇ CHECK (logical_expression):CHECK 约束通过限制可输入到一列或多列中的值来强制域完整性。logical_expression 是供 CHECK 约束使用的逻辑表达式(不能含别名数据类型)。

● < table_constraint >:关于表的约束的定义。其中:

◆ (column [ASC | DESC][, ... n]):column 是用括号括起来的一列或多列,在表约束中表示这些列用在约束定义中。[ASC | DESC]指定加入到表约束中的列的排序顺序,默认为 ASC。

● ON { filegroup | "default" }:指定存储表、索引的文件组。filegroup 使其存储在命名的文件组中;未指定 ON 或指定"default"则存储在默认文件组中。

在此上下文中,"default"不是关键字,而是默认文件组的标识符,必须对其进行分隔。

● TEXTIMAGE_ON { filegroup | "default" }:指示大型对象(LOB)数据类型的列存储在指定文件组。如果表中没有这些 LOB 列则不能指定 TEXTIMAGE_ON。

不能将大型对象(LOB)数据类型 ntext、text、varchar(max)、nvarchar(max)、varbinary(max)、xml 或 image 的列指定为索引的键列。

【例 8 - 7】 用 CREATE TABLE 语句在第 8.2.1 节创建的"_教学库"内创建:

① 一个"系部表"。其字段:系部名 D_DP(char(10),主键)、系主任 D_HED(char(8),非空)。

CREATE TABLE _教学库... 系部表(D_DP char(10) PRIMARY KEY, D_HEAD char(8) NOT NULL)

②一个"课程表"。包括下列字段：课程号 C_NO（int 型，标识种子 0，标识增量 1，主键（约束名称"主键 C_NO"））、课程名 C_NAME（char(12)，非空）、学时 C_PE（int，不小于 16，不大于 256，默认值 64（约束名称"默认值 C_PE"），非空）、开课系部 C_DP（char(10)，系部表（D_DP）的外键（约束名称"外键 C_DP"，限制删除、级联修改））。

CREATE TABLE _教学库..课程表

（ C_NO INT IDENTITY(0，1) CONSTRAINT 主键 C_NO PRIMARY KEY,

  C_NAME CHAR(12) NOT NULL,

  C_PE INT NOT NULL CONSTRAINT 默认值 C_PE DEFAULT 64

    CONSTRAINT CHK 约束 C_PE CHECK(C_PE > = 16 AND C_PE < = 256),

  C_DP CHAR(10) CONSTRAINT 外键 C_DP REFERENCES 系部表(D_DP)

    ON DELETE NO ACTION ON UPDATE CASCADE)

8.6 表的修改

8.6.1 使用 SSMS 图形界面修改表

在 SSMS 中可以快捷地修改表，其步骤为：

①在 SSMS 中，展开"对象资源管理器"窗口中"数据库"项下的拟修改的表所在数据库的"表"项，鼠标右键单击拟修改的表，选择快捷菜单"修改"选项（图 8 – 32），进入表设计器窗口。

②在表设计器窗口可以直接修改列的名称和各项属性（参见第 8.5.1 节）。

③鼠标右键单击列，通过选择快捷菜单选项，可进行列的插入、删除、CHECK 约束设置等修改。

④鼠标左键单击列左边的标志块，使列所在行呈灰色，然后左键按住灰色或列左边的标志块拖动列，可改变列的顺序（图 8 – 33 所示为将学生表的第 5 列 S_DP 拖动到 S_NAME 列之下，成为第 3 列的瞬间）。

8.6.2 使用 T – SQL 语句修改表

在 SQL Server2005 中，可用 ALTER TABLE 语句修改表。

1.语法摘要

ALTER TABLE［database_name.［schema_name］.│schema_name.］table_name

  ｜ALTER COLUMN column_name ＜data_type＞［NULL│NOT NULL］

  ｜［WITH｛CHECK│NOCHECK｝］ADD｛＜column_definition＞│＜table_constraint＞｝［,…n］

  ｜DROP｛［CONSTRAINT］constraint_name│COLUMN column_name｝［,…n］

  ｜［WITH｛CHECK│NOCHECK｝］｛CHECK│NOCHECK｝CONSTRAINT｛ALL│constraint_name［,…n］｝

  ｜｛ENABLE│DISABLE｝TRIGGER｛ALL│trigger_name［,…n］｝

  ｝［;］

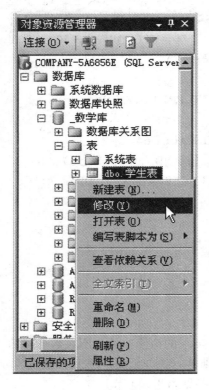

图 8−32 选择修改表

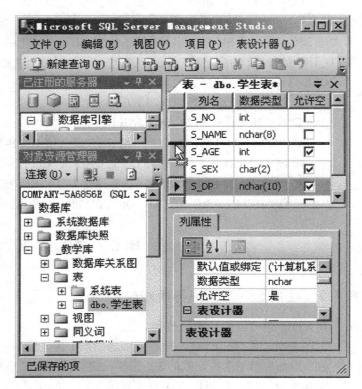

图 8−33 拖动列、改变列顺序

其中：

- <data_type> ∷= [type_schema_name.]type_name [(precision[, scale] | max)]

- <column_definition> ∷=

column_name <data_type> [NULL|NOT NULL]

[[CONSTRAINT constraint_name] DEFAULT constant_expression [WITH VALUES]

| IDENTITY [(seed, increment)] [NOT FOR REPLICATION]]

[<column_constraint>[...n]]

◆ <column_constraint> ∷=

[CONSTRAINT constraint_name]

{{PRIMARY KEY|UNIQUE} [CLUSTERED|NONCLUSTERED]

[WITH (<index_option> [,...n])] [ON {filegroup|″default″}]

|[FOREIGN KEY] REFERENCES [schema_name.]referenced_table_name [(ref_column)]

[<strategy>] [NOT FOR REPLICATION]

|CHECK [NOT FOR REPLICATION] (logical_expression)}

◇ <index_option> ∷=

{IGNORE_DUP_KEY = {ON|OFF} | STATISTICS_NORECOMPUTE = {ON|OFF}

｜ ALLOW_ROW_LOCKS ＝ ｛ ON｜OFF ｝｜ ALLOW_PAGE_LOCKS ＝ ｛ ON｜OFF ｝

｜ SORT_IN_TEMPDB ＝ ｛ ON｜OFF ｝｜ ONLINE ＝ ｛ ON｜OFF ｝ ｝

◇ ＜ strategy ＞∷＝

｛ ［ ON DELETE ｛ NO ACTION ｜ CASCADE ｜ SET NULL ｜ SET DEFAULT ｝ ］

［ ON UPDATE ｛ NO ACTION ｜ CASCADE ｜ SET NULL ｜ SET DEFAULT ｝ ］ ｝

● ＜ table_constraint ＞∷＝

［ CONSTRAINT constraint_name ］

｛ ｛ PRIMARY KEY｜UNIQUE ｝ ［CLUSTERED｜NONCLUSTERED］ (column ［ ASC｜DESC ］

［ , . . . n ］）

［ WITH (＜index_option＞ ［ , . . . n ］) ］ ［ ON ｛ filegroup｜″default″ ｝ ］

｜FOREIGN KEY (column ［ , . . . n ］）

REFERENCES referenced_table_name ［（ ref_column ［ , . . . n ］）］ ［ ＜strategy＞ ］

［ NOT FOR REPLICATION ］

｜ DEFAULT constant_expression FOR column ［ WITH VALUES ］

｜ CHECK ［ NOT FOR REPLICATION ］ (logical_expression)

｝

2. 参数摘要与说明

● database_name. schema_name. table_name：表所属的数据库名称. 架构名称. 表名称。

● ALTER COLUMN：该子句用于更改表中现有的 column_name 列的属性。

更改后的列不能为以下任意一种情况：用在索引中的列（除非该列数据类型为 varchar、nvarchar 或 varbinary，数据类型没有更改，且新列大小等于或大于旧列大小）；用于由 CREATE STATISTICS 语句生成的统计信息中的列；用于 PRIMARY KEY 或 FOREIGN KEY 约束中的列；用于 CHECK 或 UNIQUE 约束中的列（但允许更改用于 CHECK 或 UNIQUE 约束中的长度可变的列的长度）；与默认定义关联的列（但如果不更改数据类型，则可更改列的长度、精度或小数位数）。

仅能通过下列方式更改 text、ntext 和 image 列的数据类型：text 或 ntext 改为 varchar（max）、nvarchar（max）或 xml；image 改为 varbinary（max）。

● ADD ＜ column_definition ＞｜ ＜ table_constraint ＞：该子句向表中添加列或表约束。

● DROP ｛［CONSTRAINT］ constraint_name｜COLUMN column_name｝：该子句从表中删除指定的 column_name 列或 constraint_name 约束。可删除多个列或约束。

不能删除以下列：用于索引的列；用于 CHECK、FOREIGN KEY、UNIQUE 或 PRIMARY KEY 约束的列；与默认值（由 DEFAULT 关键字定义）相关联的列；绑定到默认对象的列；绑定到规则的列。

● ｛ CHECK｜NOCHECK ｝ CONSTRAINT ｛ ALL｜constraint_name［ , . . . n ］ ｝：该子句指定启用（CHECK）或禁用（NO CHECK）全部或指定的 constraint_name 约束。仅适用于 FOREIGN KEY 和 CHECK 约束，不能禁用 DEFAULT、PRIMARY KEY 和 UNIQUE 约束。

● ｛ ENABLE｜DISABLE ｝ TRIGGER ｛ ALL｜trigger_name ｝：该子句指定启用或禁用全部或 trigger_name 触发器。禁用触发器时，仍会为表定义该触发器，但对表执行 INSERT、UP-

DATE 或 DELETE 语句时,除非重新启用触发器,否则不执行触发器中的操作。

◆ <data_type>:指定要更改列或添加的列的数据类型(其参数说明参见第 8.5.2 节)。

◆ NULL|NOT NULL:指定要更改或添加的列可否为空值。如果列不允许空值,则仅在指定了默认值或表为空时,才能用 ALTER TABLE 语句添加该列。如果新列不允许空值且表不为空,则 DEFAULT 定义必须与新列一起添加,且加载新列时,每个现有行的新列中将自动包含默认值。只有列中不包含空值时,才可在 ALTER COLUMN 中指定 NOT NULL。

◆ WITH CHECK | WITH NOCHECK:指定表中的数据是否用新添加的或重新启用的 FOREIGN KEY 或 CHECK 约束进行验证。新约束默认为 WITH CHECK;重新启用的约束默认为 WITH NOCHECK。

◆ <column_definition>:关于列的定义。其中:

◇ WITH VALUES:指定在现有行的新增列中存储 DEFAULT constant_expression 中给定的默认值。仅当在 ADD 列子句中指定了 DEFAULT 时,才能使用 WITH VALUES。如果没有为允许空值的新增列指定 WITH VALUES,则现有行的新增列中存储 NULL 值;如果新增列不允许空值,则不论是否指定 WITH VALUES,都将在现有行的新增列中存储默认值。

◇ IDENTITY [(seed, increment)]:指定新增列为标识列(参见第 8.5.2 节),但不能向已发布的表添加标识列。

◇ <column_definition>中其他参数的说明参见第 8.5.2 节。

◆ <column_constraint>:定义列的约束。其中各参数的说明参见第 8.5.2 节。

◆ WITH (<index_option>[,...n]):指定一个或多个索引选项。其中:

◇ SORT_IN_TEMPDB = {ON|OFF}:指定是否将用于生成索引的中间排序结果存储在 tempdb 中。ON 为是,OFF(默认)则将中间排序结果与索引存储在同一数据库中。(tempdb 与用户数据库不在同一组磁盘上可缩短创建索引所需时间,但会增加索引生成期间所使用的磁盘空间量)

◇ ONLINE = {ON|OFF}:指定在索引操作期间基础表和关联的索引可否查询和更新。ON 在索引操作期间不持有长期表锁(S 锁);OFF(默认)在索引操作期间应用表锁。

◇ <index_option>中其他参数的说明参见第 8.5.2 节中的对应项说明。

◆ <table_constraint>:关于表的约束的定义。其中:

◇ CLUSTERED | NONCLUSTERED:意义同第 8.5.2 节对应项,但如果表中已存在聚集约束或聚集索引,则不能指定 CLUSTERED,且 PRIMARY KEY 约束默认为 NONCLUSTERED。

◇ DEFAULT constant_expression FOR column:指定表级默认值及其相关联的列。

◇ <table_constraint>中其他参数的说明参见第 8.5.2 节中的对应项说明。

【例 8-8】 用 ALTER TABLE 语句修改第 8.5.2 节例 8-7 创建的"课程表":

①解除 C_NO 的主键约束;

ALTER TABLE _教学库...课程表 DROP CONSTRAINT 主键 C_NO ——注意引用的约束名

②增加两个列:C_NOS(int 型,允许空值)、C_DPS(char(10),系部表(D_DP)的外键(约束名称"外键 C_DPS",限制删除和修改));

ALTER TABLE _教学库...课程表

ADD C_NOS INT NULL,

　　C_DPS CHAR(10) CONSTRAINT 外键 C_DPS REFERENCES 系部表(D_DP)
　　　ON DELETE NO ACTION ON UPDATE NO ACTION

③删除刚才增加的 C_DPS 列；(注意：删除某列前要先解除与该列关联的约束等关系)

ALTER TABLE _教学库...课程表 DROP CONSTRAINT 外键 C_DPS, COLUMN C_DPS

④将刚才增加的 C_NOS 的数据类型改为 CHAR(10)；(要先解除与该列关联的约束，并注意非空表中该列已有的数据应能隐式转换为新的数据类型)

ALTER TABLE _教学库...课程表 ALTER COLUMN C_NOS CHAR(10)

⑤删除刚才增加的 C_NOS 列，并将 C_PE 的默认值改为 72；

ALTER TABLE _教学库...课程表 DROP COLUMN C_NOS, CONSTRAINT 默认值 C_PE；

ALTER TABLE _教学库...课程表

　　ADD CONSTRAINT 默认值 C_PE DEFAULT 72 FOR C_PE WITH VALUES

⑥重新将 C_NO 设置为主键约束名称"主键 C_NO"。

ALTER TABLE _教学库...课程表 ADD CONSTRAINT 主键 C_NO PRIMARY KEY (C_NO)

8.7　数据完整性的实现

数据完整性是指数据的正确性和相容性。正确性是指数据必须合法、有效，必须属于其定义域的范围；相容性是指表示同一事实的两个数据应当一致。数据完整性关系到数据库系统能否真实地反映现实世界，非常重要。

8.7.1　数据完整性的种类及其 T–SQL 语句实现

与大多数主流 DBMS 一样，SQL Server 支持下列完整性并有一套实现方法。

1. 域完整性及其 T–SQL 语句实现

域完整性又称为列完整性，是指通过限制输入列中的内容以保证列数据的有效性。

T–SQL 可通过限制列的类型(使用数据类型)、格式(使用 CHECK 约束和规则)或取值范围(使用 FOREIGN KEY 约束、CHECK 约束、DEFAULT 定义、NOT NULL 定义和规则)三种方法来实现域完整性，详见本章第 8.5.2 节 CREATE TABLE 语句及第 8.6.2 节 ALTER TABLE 语句的相关子句的描述及例 8–7、例 8–8 的 T–SQL 程序。

规则用于执行一些与 CHECK 约束相同的功能。一个列只能应用一个规则，但可应用多个 CHECK 约束。CHECK 约束被指定为 CREATE TABLE 语句的一部分，与表存储在一起，删除表时，约束也将同时被删除；规则是作为单独的对象创建，然后绑定到列上，它独立于表，可被多个表操作引用，删除数据库时，规则才被删除。鉴于后续版本的 Microsoft SQL Server 将删除规则，应用系统应使用 CHECK 约束取代规则，因此本书不介绍规则的使用。

例如，在第 8.5.2 节例 8–7 创建的"课程表"中，通过将 C_PE 列(学分)设置为 INT 数据类型、NOT NULL(非空)、DEFAULT 64(默认值)、CHK 约束(C_PE >= 16 AND C_PE <= 256)，从而使得除 16 到 256 的数字值外的任何其他数据(包括其他数据类型或数据值)都不能输入 C_PE 列，实现了 C_PE 列的域完整性。

2. 实体完整性及其 T–SQL 语句实现

实体完整性又称为行完整性，是指表的每一行都必须能唯一标识、不存在重复的数据行。

T–SQL 可通过索引、UNIQUE 约束、PRIMARY KEY 约束或 IDENTITY 属性来强制表的实体完整性，详见本章第 8.5.2 节 CREATE TABLE 语句及第 8.6.2 节 ALTER TABLE 语句的相关子句的描述。

例如，在第 8.5.2 节例 8–7 创建的"课程表"中，通过将 C_NO 列（课程号）设置 IDENTITY 属性和 PRIMARY KEY 约束，从而使得 C_NO 列能够唯一标识该表的每一行、保证不存在重复的数据行，实现了实体完整性。

3. 参照完整性及其 T–SQL 语句实现

参照完整性又称为引用完整性，是指当一个表（子表）的某列（外键）引用了另一个表（父表）中某候选键列（主键或唯一键）的数据时，要防止非法的数据更改（插入、修改或删除），以保持表之间已定义的关系。设置参照完整性可确保键值在所有的关联表中都一致，这种一致性不允许引用父表中不存在的值，如果候选键的值更改了，整个数据库中对该键值的引用也要进行一致的更改。

T–SQL 可以通过 FOREIGN KEY 和 CHECK 约束来实现参照完整性，详见本章第 8.5.2 节 CREATE TABLE 语句及第 8.6.2 节 ALTER TABLE 语句的相关子句的描述及例 8–7、例 8–8 的 T–SQL 程序。

例如，在第 8.5.2 节例 8–7 创建的"课程表"中，通过将 C_DP 列设置为"系部表"D_DP 列的外键，使得 C_DP 列中不会出现"系部表"D_DP 列中不存在的非空值，实现了 C_DP 列的参照完整性。

4. 用户定义的完整性及其 T–SQL 语句实现

用户定义的完整性即用户针对某一具体关系数据库的约束条件，反映某一具体应用所涉及的数据必须满足的语义要求。

T–SQL 可以在表的创建或修改时，在 CREATE TABLE 语句或 ALTER TABLE 语句中附加相关的属性或约束设置子句或关键字以实现上述各类数据完整性。相关内容请参见第 8.5.2 节 CREATE TABLE 语句、第 8.6.2 节 ALTER TABLE 语句的相关子句的描述及例 8–7、例 8–8 的 T–SQL 程序。

除了使用 T–SQL 语句来实现数据完整性外，也可使用 SSMS 图形界面实现数据完整性。

8.7.2　使用 SSMS 图形界面实现数据完整性

1. 使用表设计器实现

可通过新建表（见第 8.5.1 节）或修改表（见第 8.6.1 节）启动表设计器，在表设计器及列属性页界面（见图 8–20～图 8–27）设置列的数据类型、DEFAULT 属性、NOT NULL 属性、CHECK 约束来实现域完整性，设置列的 IDENTITY 属性、PREVIARY KEY 约束或 UNIQUE 约束来实现实体完整性。

通过表设计器还可设置或删除 FOREIGN KEY 约束，以实现参照完整性。其步骤如下：（以将"_教学库"中"学生表"的 S_DP 列（所在系）设置为"系部表"的 D_DP 列（系部名）的外

键为例)

①在 SSMS 中,展开"对象资源管理器"→"数据库"→"_教学库"→"表"→"学生表"项,鼠标右键单击"学生表"下的"键"项,选择快捷菜单"新建外键"选项(图 8 - 34);或在"学生表"的表设计器中,右键单击列名栏下的 S_DP(或其他)列名,选择快捷菜单"关系"选项(图 8 - 35);

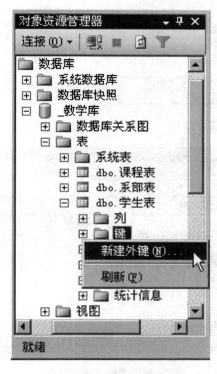

图 8 - 34 选择新建外键

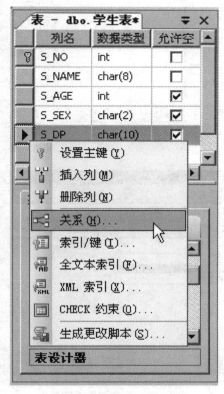

图 8 - 35 选择编辑关系

②进入"外键关系"编辑窗口(图 8 - 36,在该窗口可编辑、删除或新建外键关系),单击"添加"按钮添加一个新关系或选择一个要编辑的关系;

③展开"常规"下的"表和列规范"项,单击该项右边的激活按钮(表 8 - 36);

④进入"表和列"编辑窗口,单击左边主键表组合框,在下拉选项中选择"系部表"作为主键表(图 8 - 37);然后在下面的表格中分别单击对应的主键表、外键表列,在下拉选项中选择对应的主键列"D_DP"与外键列"S_DP"(图 8 - 38、图 8 - 39);全部选定之后单击"确定"按钮;

⑤如果主键与外键匹配不成功,则 SSMS 会弹出一个信息窗口,告知不匹配的内容(图 8 - 40),继而返回"表和列"编辑窗口;否则返回外键关系编辑窗口。

⑥在外键关系编辑窗口(图 8 - 41),展开"INSERT 和 UPDATE 规范"项,分别设置更新规则、删除规则等为需要的约束策略(例如层叠(即级联)策略)。

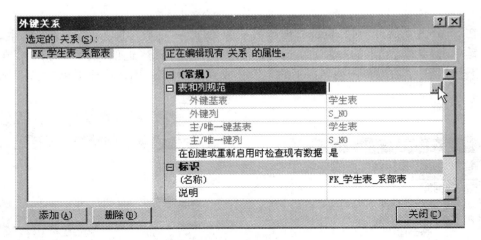

图 8 - 36　外键关系编辑窗口 1

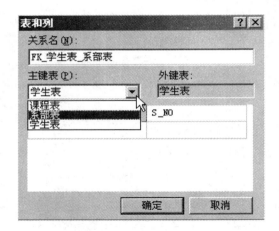

图 8 - 37　表和列编辑窗口 1

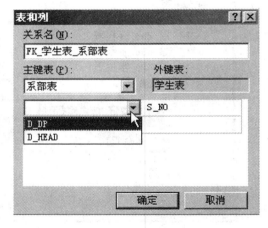

图 8 - 38　表和列编辑窗口 2

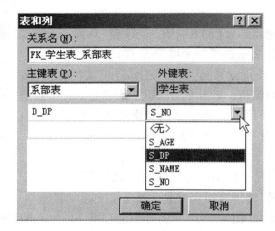

图 8 - 39　表和列编辑窗口 3

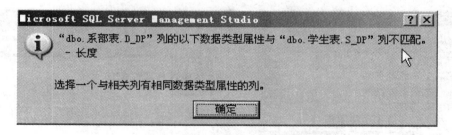

图 8 − 40　主键与外键不匹配信息

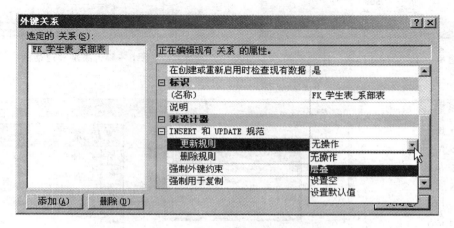

图 8 − 41　外键关系编辑窗口 2

⑦所有内容设置完毕后，关闭外键关系编辑窗口，返回表设计器，存盘即可。

2. 使用数据库关系图实现参照完整性

SQL Server 2005 还提供了数据库关系图设计器，可用以快捷定义数据完整性。

①在 SSMS 中，鼠标右键单击"对象资源管理器"→"数据库"→"_教学库"→"数据库关系图"项，选择快捷菜单"新建新建数据库关系图"选项（图 8 − 42），进入"添加数据库"对话框（图 8 − 43），选择要编辑外键关系的数据库并单击"添加"按钮，将表添加到数据库关系图中；

②在关系图窗口，鼠标左键按住父表主键列不放，并拖动鼠标指向子表的外键列（图 8 − 44）；

③松开鼠标左键，即自动进入如图 8 − 38 所示的表和列编辑窗口，但其中的主键表、主键列和外键列均已自动设置好，单击"确定"即可自动进入如图 8 − 41 所示的外键关系编辑窗口；

④在外键关系编辑窗口展开"INSERT 和 UPDATE 规范"项，分别设置更新规则、删除规则等为需要的约束策略；相关内容设置完毕后单击"关闭"按钮，即返回关系图窗口，可以看到对应的主键表和外键表之间通过连线相连，连线的主键标志（钥匙）指向主键表（图 8 − 45）；

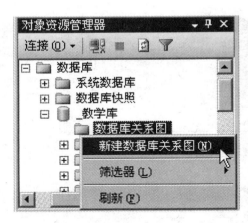

图 8-42　选择新建数据库关系图

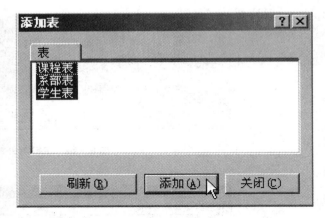

图 8-43　添加表对话框

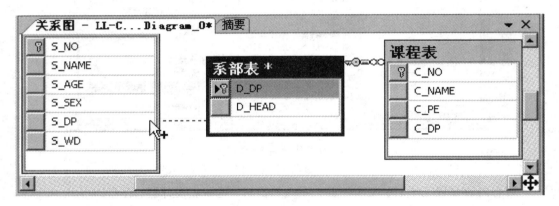

图 8-44　关系图窗口 1

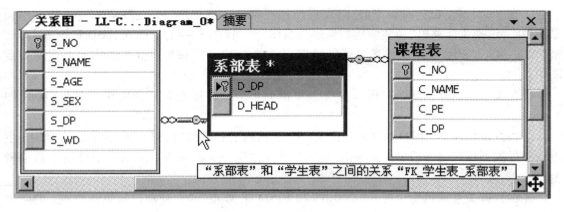

图 8-45　关系图窗口 2

⑤所有内容设置完毕后，单击工具栏中的存盘按钮，在弹出的"选择名称"对话框中输入关系图名称（图8－46），再单击存盘即可。

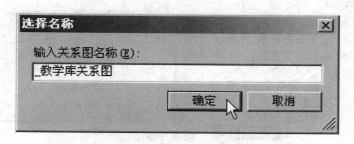

图8－46　关系图存盘

8.8　表的删除

删除表的操作将删除关于该表的所有定义（包括表的结构、索引、触发器、约束等）和数据。

删除表前，必须先删除所有引用该表的视图或存储过程；必须先删除通过 FOREIGN KEY 引用该表（父表）的引用表（子表），或先在子表中删除对应的 FOREIGN KEY 约束。

8.8.1　使用 SSMS 图形界面删除表

在 SSMS 中可以快捷地删除表，其步骤为：（以删除例8－7创建的"课程表"为例）

①在 SSMS 中，展开"对象资源管理器"窗口中"数据库"项下的拟删除表所在数据库的"表"项，鼠标右键单击拟删除表，选择快捷菜单"删除"选项（图8－47），进入"删除对象"窗口。

②在"删除对象"对话窗口中单击"确定"按钮（图8－48），即可删除表。

8.8.2　使用 T－SQL 语句删除表

①语法：DROP TABLE［database_name.［schema_name］.｜schema_name.］table_name［，...n］［；］

②说明：如果在同一个 DROP TABLE 语句中删除子表和父表，必须先列出子表。

图 8 - 47　选择删除表

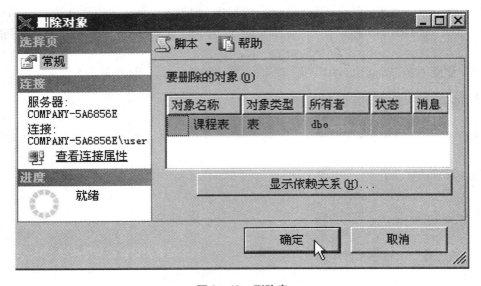

图 8 - 48　删除表

8.9　表的数据操作

表的数据操作包括添加记录、修改数据和删除记录。

在对表中的数据进行操作时,对于设置为 IDENTITY 的列,不能输入、修改和删除数据;对于设置为 NOT NULL 但未设置 DEFAULT 值的列,必须赋值;对于 PREVIARY KEY 约束或 UNIQUE 约束的列,不能赋空值或重复值(UNIQUE 列可赋一个空值);对于设置了 CHECK 约束的列,所赋的值必须能使 CHECK 约束的条件表达式为真;对通过 FOREIGN KEY 约束引用父表的子表赋值时,外键列的值必须已存在于父表的对应主键列中,或先向父表插入相应数据后再向子表插入数据;删除父表记录或修改父表主键列的值时,要考虑对各子表数据的影响。

8.9.1　使用 SSMS 图形界面添加、修改、删除表的数据

使用 SSMS 图形界面可以便捷地添加、修改、删除表的数据。其步骤大致如下。

①在 SSMS 中,展开"对象资源管理器"窗口中"数据库"项下的拟操作的表所在数据库的"表"项,鼠标右键单击拟修改的表,选择快捷菜单"打开表"选项(图 8 – 49),进入表操作窗口。

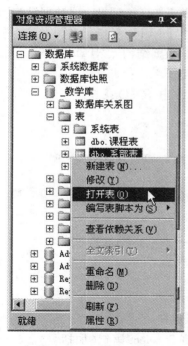

图 8 – 49　选择打开表

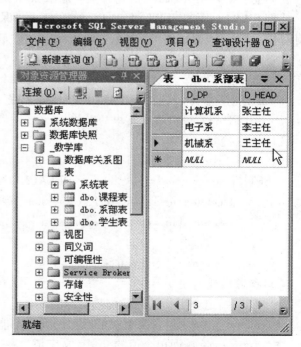

图 8 – 50　表数据操作窗口

②在表数据操作窗口(图 8 – 50)中,可以添加、修改数据,结合鼠标右键快捷菜单,还可以进行剪切、复制、粘贴数据和删除记录等操作。

8.9.2   使用 T–SQL 语句添加、修改、删除表的数据

1. 用 INSERT 语句向表中添加记录

(1)语法摘要：

INSERT [database_name. [schema_name]. |schema_name.]table_or_view_name
[(column_list] { VALUES({DEFAULT|NULL|expression}[,…n]) } [;]

(2)参数摘要与说明：

- table_or_view_name：目标表(要在其中插入数据的表或视图)的名称。

- (column_list)：要在其中插入数据的列的列表(用逗号分隔)。

- VALUES：引入要插入的数据值的列表。其后的数据值的列表必须与 column_list(如果已指定)或 table_or_view_name 中的列数量相同、数据类型匹配；如果 VALUES 列表中的各值与表中各列的顺序不相同，或未包含表中各列的值，则须使用 column_list 指定存储每个输入值的列。

- DEFAULT：强制数据库引擎加载为列定义的默认值。如果某列不存在默认值且该列允许空值，则插入 NULL。DEFAULT 对标识列无效。

- expression：一个常量、变量或表达式。不能包含 SELECT 或 EXECUTE 语句。

(3)备注：一条 INSERT 语句一次只能添加一条记录。

【例 8–9】   用 INSERT 语句向"_教学库"的"课程表"中添加三条记录：{"数据结构",,"计算机系"}、{"数字逻辑",64,"电子系"}、{"软件工程",NULL,"电子系"}

INSERT _教学库.. 课程表(C_NAME, C_DP) VALUES('数据结构','计算机系');

INSERT _教学库.. 课程表 VALUES('数字逻辑', 64, '电子系');

INSERT _教学库.. 课程表 VALUES('软件工程', NULL, '电子系');

2. 用 UPDATE 语句修改表中的数据

(1)语法摘要：

UPDATE [database_name. [schema_name]. |schema_name.]table_or_view_name
  SET {column_name = { expression|DEFAULT|NULL}
       | column_name{ . WRITE(expression, @ Offset, @ Length)}
       | @ variable = column = expression [,…n]
    } [,…n]
[WHERE < search_condition >] [;]

(2)参数摘要与说明：

- SET：指定要更新的列或变量名称的列表。

- column_name：包含要更改的数据的列。不能更新标识列。

- expression：返回单个值的变量、文字值、表达式或嵌套 select 语句(加括号)。expression 返回的值替换 column_name 或@ variable 中的现有值。

- DEFAULT：指定用为列定义的默认值替换列中的现有值。

- . WRITE(expression, @ Offset, @ Length)：修改 column_name 值的一部分。从 column_name 的@ Offset(从 0 开始计算)处开始，用 expression 替换@ Length 个单位。仅用于 varchar （max）、nvarchar（max）、varbinary（max）列。column_name 不能为 NULL，也不能由表名或表别名限定。

- @ variable：已声明的变量，该变量将设置为 expression 所返回的值。
- SET @ variable = column = expression：将变量设置为与列相同的值。
- WHERE < search_condition >：指定只更新满足 < search_condition > 条件的行。

（3）备注：如果省略 WHERE 子句，则修改表中所有行的指定列。

【例 8 - 10】 使用 UPDATE 语句修改"_教学库"：将"课程表"中所有由计算机系开设的课程的学时数改为 72；将"系部表"中的"电子系"改为"电气系"。

UPDATE _教学库.. 课程表 SET C_PE = 72 WHERE C_DP = '计算机系'；

UPDATE _教学库.. 系部表 SET D_DP = '电子系' WHERE D_DP = '电子系'；

注：本例对系部表主键列 D_DP 的修改将级联到课程表的 C_DP 和学生表的 S_DP 列。

3. 用 DELETE 语句删除表中的记录

（1）语法摘要：

DELETE [database_name. [schema_name]. | schema_name.] table_or_view_name
　　 [WHERE < search_condition >] [;]

（2）参数摘要与说明：

- WHERE < search_condition >：指定只删除满足 < search_condition > 条件的行。

（3）备注：如果省略 WHERE 子句，则删除表中所有行。

本章小结

SQL Server 2005 的数据库可以分别描述为物理数据库和逻辑数据库。物理数据库将数据库看成一组操作系统文件的集合；逻辑数据库将数据库视为数据库对象的集合。

SQL Server 2005 数据库有 3 种物理文件：主文件（. mdf 文件）、辅文件（. ndf 文件）和日志文件（. ldf 文件）。一个数据库有且只有一个主文件，有一个或多个日志文件，可有多个辅文件。

文件组是多个数据文件的集合。每个数据库有且只有一个主文件组（由系统自动创建，其中含主数据文件、系统表及未放入其他文件组的辅文件），可有多个次要文件组（由用户创建），有且只有一个默认文件组（默认是主文件组，也可是用户指定的次要文件组）。

页是 SQL Server 中数据存储的基本单位，每页大小 8kB。每个页只能存储一种数据库对象的数据。SQL Server 的数据全部以页为单位存储（日志文件例外）。区是 SQL Server 管理空间的基本单位，是 8 个物理上连续的页（即 64kB）的集合。

数据库对象是组成数据库的逻辑数成分的集合，包括表、视图、存储过程、触发器、索引、约束、规则、角色、用户定义数据类型、用户定义函数等。

表是最重要的数据库对象，由行（记录）和列（字段）构成，用于存放数据。主要包括基本表（由用户定义）和系统表。视图是为了用户查询方便或数据安全需要而建立的虚拟表。存储过程是用 T - SQL 编写的程序。触发器是在发生特殊事件时执行的一种特殊存储过程。索引是用来加速数据访问和保证表的实体完整性的数据库对象。约束是用于强制实现数据完整性的机制,主要有 PRIMARY KEY(主键约束)、FOREIGN KEY(外键约束)、UNIQUE(唯一性约束)、CHECK(条件约束)、NOT NULL(非空值约束)及 DEFAULT(默认值定义)6 种。规则用于执行一些与 CHECK 约束相同的功能,但它独立于表。角色是由一个或多个用户组成的单元,不同的角色可有不同的权限。

系统数据库是由系统创建和维护的数据库,用以记录系统管理信息。用户数据库是用户根据应用要求创建的数据库,其中保存着用户直接需要的各种信息。

实例本质上是 SQL Server 数据库引擎组件。包括默认实例和命名实例。会话是用户与数据库系统进行交互的活跃进程。元数据是关于数据的结构和意义的信息。

数据库、表的操作(创建、修改、删除、完整性定义等)及数据的操作(添加、修改、删除)均可使用 SQL Server Management Studio(SSMS)对象资源管理器等图形界面或 T – SQL 语句实现。

● 可以分别用 CREATE DATABAS 语句、ALTER DATABASE 语句、DROP DATABASE 语句创建、修改、删除数据库;分别用 CREATE TABLE 语句、ALTER TABLE、DROP TABLE 创建、修改、删除表;用 INSERT 语句向表中添加记录,用 UPDATE 语句修改表中的数据,用 DELETE 语句删除表中的记录。

● 可以在表的创建或修改时,在 CREATE TABLE 语句或 ALTER TABLE 语句中附加相关的属性或约束设置子句或关键字以实现数据完整性:通过限制列的类型(使用数据类型)、格式(使用 CHECK 约束和规则)或取值范围(使用 FOREIGN KEY 约束、CHECK 约束、DEFAULT 定义、NOT NULL 定义和规则)实现域完整性;通过索引、UNIQUE 约束、PRIMARY KEY 约束或 IDENTITY 属性来强制表的实体完整性;通过 FOREIGN KEY 和 CHECK 约束来实现参照完整性。

删除表前,必须先删除所有引用该表的视图或存储过程;必须先删除通过 FOREIGN KEY 引用该表(父表)的引用表(子表),或先在子表中删除对应的 FOREIGN KEY 约束。

在对表中的数据进行操作时,对于设置为 IDENTITY 的列,不能输入、修改和删除数据;对于设置为 NOT NULL 但未设置 DEFAULT 值的列,必须赋值;对于 PREVIARY KEY 约束或 UNIQUE 约束的列,不能赋空值或重复值(UNIQUE 列可赋一个空值);对于设置了 CHECK 约束的列,所赋的值必须能使 CHECK 约束的条件表达式为真;对通过 FOREIGN KEY 约束引用父表的子表赋值时,外键列的值必须已存在于父表的对应主键列中,或先向父表插入相应数据后再向子表插入数据;删除父表记录或修改父表主键列的值时,要考虑对各子表数据的影响。

习　题

1. 名词解释

物理数据库　逻辑数据库　数据库对象　主文件　辅文件　日志文件　文件组　数据页
基本表　系统表

2. 简答题

(1) 简述组成 SQL Server 2005 数据库的 3 种类型的文件及其默认扩展名。

（2）数据库和表有什么不同？

（3）日志文件、文件组各有何作用？

（4）主键约束、唯一性约束有何异同？

（5）如何实现域完整性、行完整性？

（6）SQL Server 2005 的参照完整性的实现策略有哪 4 种？

3. 应用题

（1）分别使用 SSMS 图形方式和 T – SQL 语句创建"学生库"，要求它有 3 个数据文件，其中主数据文件为 3MB，最大大小为 100MB，每次增长 2MB；辅数据文件为 2MB，最大大小不受限制，每次增长 5%；日志文件为 1MB，最大大小为 100MB，每次增长 10MB。

（2）分别使用 SSMS 图形方式和 T – SQL 语句在"学生库"中创建"班级表"、"学生表"，表的结构自拟，要求适当使用数据类型、PRIMARY KEY 约束、FOREIGN KEY 约束、CHECK 约束、DEFAULT 定义、NOT NULL 定义。

第 9 章　查询、视图、索引与游标

本章介绍 SQL Server 2005 数据库的数据查询、视图、索引及游标的基本概念及其创建、使用、删除等内容。本章的重点内容有：SELECT 语句的基本结构与主要子句，常用的查询方法（简单查询、连接查询、子查询、统计查询），查询结果整理（合并、删除、分组、排序）与存储（存储到新表、文件），搜索条件中的模式匹配；视图、索引、游标的概念、用途、创建、使用、删除；视图的更新。本章的难点内容有 SELECT 语句的灵活运用；相关子查询；索引的设计；游标的类型与使用。

通过本章学习，应达到下述目标：

- 掌握 SELECT 语句的基本结构与主要子句的简单应用；
- 掌握简单查询，连接查询，无关子查询，统计查询，搜索条件中的模式匹配，查询结果整理（合并、删除、分组、排序）与存储（存储到新表、文件）；理解相关子查询，函数查询；
- 掌握视图的概念、用途、创建、更新、使用、删除；
- 掌握索引的概念、用途、类型、创建、修改、删除；
- 理解游标的概念、用途、类型、声明、打开、读取、关闭、删除。

查询是用户使用数据库（DB）的基本手段；视图、索引和游标是帮助用户迅速、准确、安全地从庞大的数据库（DB）中提取、处理所需数据的重要手段。

9.1　数据查询

数据查询是用户按照需要从数据库（DB）中提取并适当组织输出相关数据的过程，是数据库系统（DBS）应用中最基本、最重要的核心操作。

SQL Server 2005 的数据查询使用 T－SQL 语言，其基本的查询语句是 SELECT 语句。

9.1.1　SELECT 的基本结构与语法

SELECT 语句是 SQL 中地位最重要、功能最丰富、使用最频繁、用法最灵活的语句。

1. 语法摘要

SELECT［ALL｜DISTINCT］［TOP expression［PERCENT］］＜select_list＞
［INTO new_table］

〔FROM ｛＜table_source＞｝〔，...n〕〕

〔WHERE　＜select_condition＞〕

〔GROUP BY group_by_expression〔，...n〕

〔HAVING　＜search_condition＞〕

〔ORDER BY｛order_by_expression〔ASC｜DESC〕｝〔，...n〕〕

〔＜compute＞〕

其中：

- ＜select_list＞：：＝｛〔｛table_name｜view_name｜table_alias｝.〕

　　　　　　　　* ｜ column_name〔AS column_alias〕｝〔，...n〕

- ＜table_source＞：：＝｛table_or_view_name〔〔AS〕table_alias〕｜＜join_table＞｝

　　＜join_table＞：：＝｛＜table_source＞　＜join_type＞　＜table_source＞ ON ＜join_condi-tion＞｝

　　＜join_type＞：：＝〔｛INNER｜｛LEFT｜RIGHT｜FULL｝〔OUTER〕｝｝｜CROSS〕JOIN

- ＜compute＞：：＝〔COMPUTE ｛｛AVG｜COUNT｜MAX｜MIN｜STDEV｜STDEVP｜VAR｜VARP｜SUM｝

　　　　　　　　　　　　　（expression）｝〔，...n〕〔BY expression〔，...n〕〕〕

2. 参数摘要与说明

- 〔ALL｜DISTINCT〕：ALL 指定在结果集中可包含重复行（默认设置）；DISTINCT 指定在结果集中只包含唯一行（对于 DISTINCT，NULL 值是相等的）。

TOP expression〔PERCENT〕：指示只从查询结果集返回 expression（数值表达式）指定的数目或百分比数目的行。PERCENT 指示查询只返回结果集中前 expression % 的行。

- select_list：选择列表。是逗号分隔的表达式列表，描述结果集的列。每个表达式同时定义结果集列的数据类型、大小和数据来源。可以是对源表列或其他表达式（如常量或函数）的引用。表达式的最大数目是 4 096。

table_name｜view_name｜table_alias：将其后的 * ｜column_name 的作用域（源表）限制为指定的表或视图。缺省则表示 * ｜column_name 的源表是 FROM 子句中指定的 table_source。

* 指定返回源表的所有列，其顺序对应于源表中的顺序；column_name 指定要返回的源表中的列名。源表为 2 个及以上表且有同名列时，应指定 column_name 的源表名，以免引用不明确。

AS column_alias 指定将结果集中的列名由其前面的 column_name 改为 column_alias。

- INTO new_table_name：该子句指定使用结果集来创建新表。详见第 9.1.7 节。

- FROM ＜table_source＞：该子句指定 select_list 的数据来源（源表）。源表可以是基本表、视图、连接表。除 select_list 中仅包含常量、变量和算术表达式外，FROM 子句是必需的。

table_or_view_name：表名或视图名。可以指定所在的数据库名（〔database_name.〕）。

〔AS〕table_alias：为源表指定别名（仅供本次查询使用），有利于简化书写和自连接。

joined_table：表示源表是连接表（由两个或更多表的积构成的结果集）。

join_type：指定连接操作的类型：INNER 为内连接（默认设置），FULL 为全连接，LEFT 为左连接，RIGHT 为右连接；OUTER 强调注明是外连接；CROSS 为交叉连接。详见第 9.1.3 节。

ON <join_condition>：指定连接条件(连接列)。可使用列运算符、比较运算符和其他任何谓词；连接列的数据类型必须相同或兼容，否则在必须用 CONVERT 函数转换数据类型。

- WHERE select_conditions：定义要返回的行应满足的条件(其中谓词数量无限制)。
- GROUP BY 子句根据 group_by_expression 描述将结果集分组输出；HAVING 子句用于分组结果集的附加筛选，其 search_condition 指定组的搜索条件。详见第 9.1.7 节。
- ORDER BY {order_by_expression [ASC|DESC]}：该子句定义结果集中行的排序依据及方式；ASC 为升序排序，DESC 为降序排序。详见第 9.1.7 节。
- <compute>：该子句用于配合聚合函数对查询结果进行汇总统计，详见第 9.1.5 节。

3. 备注

- SELECT 语句中的子句必须按规定的顺序书写。
- 对数据库对象的每个引用都不得引起歧义，必要时在被引用对象名称前标示其对象。
- SELECT 语句的执行过程：①根据 WHERE 子句条件，从 FROM 子句指定的源表中选择满足条件的行，再按 SELECT 子句指定的列及其顺序投影；②若有 GROUP 子句，则将查询结果按 group_column 相同的值分组；③若 GROUP 子句后有 HAVING 短语，则只保留满足 HAVING 条件的行；④若选择列表含聚合函数则计算各组汇总值；⑤若有 ORDER 子句，则将查询结果按 order_column 值排序。

SELECT 语句的使用非常灵活，用它可以构造出各种各样的查询，可以实现关系模型的选择、投影、连接 3 种基本关系运算。下面通过实例，介绍利用 SELECT 语句进行各种查询的操作。

9.1.2 简单查询

【例9-1】 进入查询编辑器窗口。执行 SELECT 语句前，先要进入查询编辑器窗口，方法是：

①启动 SSMS(SQL Server Management Studio)，选择要查询的数据库。

②鼠标右键单击 SSMS 标准工具栏中的"新建查询(N)"按钮(图 9-1a)；或右键单击要查询的数据库，在快捷菜单中选择"新建查询(Q)"选项(图 9-1b)；或选择系统菜单"文件"→"新建"→"使用当前连接查询"；均可新建一个查询编辑器窗口，随后可在其中编写 SQL语句(图 9-2)。

【例9-2】 简单查询：查询学生表全体学生的全部信息。(图 9-2)

在查询编辑器窗口输入下列语句，然后单击 SSMS 主窗口上方的 SQL 编辑器工具栏中的"执行"按钮即可。

SELECT * FROM 学生表

【例9-3】 简单条件查询：查询电子系全体学生的系部、姓名和年龄。图 9-3 为本例执行结果。

SELECT S_DP, S_NAME, S_AGE
　　FROM 学生表
　　WHERE S_DP = '电子系'
　　　　AND S_AGE >18

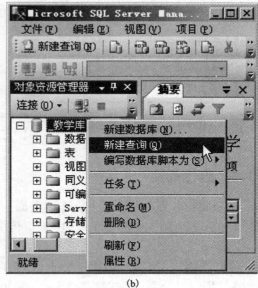

图 9 – 1

（a）　新建查询编辑器窗口方法 1；（b）新建查询编辑器窗口方法 2

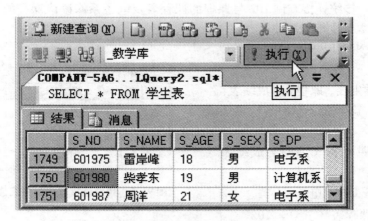

图 9 – 2　简单查询

　　本例分别通过 select_list"S_NO, S_NAME, S_DP"对学生表作投影操作（筛选列）并改变结果集中列的顺序、通过子句"WHERE S_DP = '计算机系'"对学生表作选择操作（筛选行）。

　　【例 9 – 4】　利用 NULL 值查询：查询没有先修课的课程号、课程名。图 9 – 4 为本例执行结果。

　　SELECT C_NO AS '课程号', C_NAME AS '课程名', C_PR AS '先修课'

　　FROM 课程表 WHERE C_PR IS NULL

	S_DP	S_NAME	S_AGE
575	电子系	李超	19
576	电子系	朱小亮	20
577	电子系	袁彪	19

图 9-3　简单条件查询结果

	课程号	课程名	先修课
1	103	大学物理	NULL
2	104	程序设计	NULL
3	108	大学英语	NULL

图 9-4　利用 NULL 值的条件查询结果

9.1.3　连接查询

连接是基本关系运算之一。连接查询一般是基于多个表的查询,但也可以是单表查询(实际上是进行表内连接)。T-SQL 提供传统连接和 SQL 连接两种连接方式。

1. 传统连接方式

传统连接方式不使用 JOIN...ON 关键字,而是将所有参与连接的表或视图名放在 FROM 子句中,用逗号分隔;将连接条件 join_condition 和选择条件 select_conditions 放在 WHERE 子句中,用逻辑运算符串接。其语法格式如下:

SELECT column_name [, ... n] FROM table_or_view_name [, ... n]
　　WHERE join_condition [AND select_conditions]

【例 9-5】　传统连接查询 102 号课程的课程名及电子系修读该课程的学生的姓名及成绩。图 9-5 为本例执行结果。

SELECT C_NAME, S_NAME, SC_G, S_DP

　　FROM 学生表, 课程表, 成绩表

　　WHERE 学生表. S_NO = 成绩表. S_NO

　　　　AND 课程表. C_NO = 成绩表. C_NO

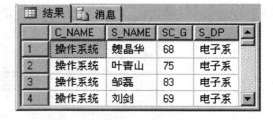

	C_NAME	S_NAME	SC_G	S_DP
1	操作系统	魏晶华	68	电子系
2	操作系统	叶青山	75	电子系
3	操作系统	邹磊	83	电子系
4	操作系统	刘剑	69	电子系

图 9-5　传统连接方式的多表连接查询结果

　　　　AND S_DP = '电子系'

　　　　AND 课程表. C_NO = '102'

本例采用传统的连接方式,在 FROM 子句中罗列参与连接的所有表,WHERE 子句列出连接条件和选择条件,进行 3 个表的连接及其结果集的投影、选择操作。

2. SQL 连接方式

SQL 连接方式使用 FROM...JOIN...ON 关键字描述源表(放在 FROM 关键字后、用 JOIN...ON 关键字串接)和连接条件(放在 ON 关键字后);选择条件则放在 WHERE 子句中,其语法格式请参见本章第 9.1.1 节相关内容。

应当指出的是,JOIN 连接和 ON 条件是有顺序的,要特别注意在含有两个及以上的 ON 关键字的 SELECT 语句中,JOIN 与其对应的 ON 的顺序正好相反,例如:

SELECT T_NAME，C_NAME，S_NAME，SC_G FROM 教师表 JOIN 学生表 JOIN 课程表 JOIN 成绩表

ON 课程表. C_NO = 成绩表. C_NO ON 学生表. S_DP = 课程表. C_DP ON 教师表. T_DP = 学生表. S_DP

改变表的 JOIN 连接顺序或 ON 子句顺序后，查询结果可能改变甚至出错。

SQL 连接分为 INNER、LEFT、RIGHT、FULL、CROSS 几种，分别择要举例介绍如下。

【例9-6】　INNER（默认设置）：内连接，指定返回所有匹配的行对，放弃两个表中不匹配的行。例如，查询102号课程的课程名及电子系修读了该课程的学生的姓名及其成绩（图9-6）。

SELECT C_NAME，S_NAME，SC_G，S_DP FROM 学生表 A JOIN 课程表 B JOIN 成绩表 C

　　ON B. C_NO = C. C_NO ON A. S_NO = C. S_NO WHERE S_DP = '电子系' AND B. C_NO = '102'

【例9-7】　LEFT［OUTER］：左连接，指定在结果集中包括左表中所有行，对于各行来自右表的列的值，如果在右表中有匹配行则返回右表中的值，否则设为 NULL。例如，查询课程被修读情况，列出课程名、开课系部、修读该课程的学生学号（如果该课程未曾被修读，则学号值置 NULL）（图9-7）。

SELECT C_NAME，C_DP，S_NO FROM 课程表 LEFT JOIN 成绩表 ON 课程表. C_NO = 成绩表. C_NO

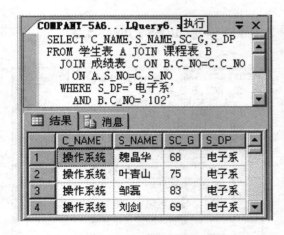

图9-6　内连接方式的多表连接查询

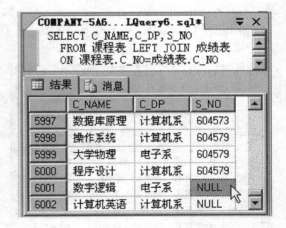

图9-7　左连接方式的多表连接查询

【例9-8】　RIGHT［OUTER］：右连接，指定在结果集中包括右表中所有行，对于各行来自左表的列的值，如果在左表中有匹配行则返回左表中的值，否则设为 NULL。例如 ，列出课程名、开课系部、修读该课程的学生学号（如果该课程未曾被修读，则学号值置 NULL）。图9-8为本例执行结果。

SELECT C_NAME，C_DP，S_NO FROM 成绩表 RIGHT JOIN 课程表 ON 成绩表. C_NO =

课程表. C_NO

【例9－9】 FULL［OUTER］：全连接，指定在结果集中包括左右两表中的所有行，对于各行来自另一个表的列的值，如果在另一个表中有匹配行则返回其值，否则设为 NULL。例如，将学生表和课程表按系部全连接，列出课程名、开课系部和学生姓名、所属系部。图9－9 为本例执行结果。

SELECT C_NAME, C_DP, S_NAME, S_DP FROM 课程表 A FULL JOIN 学生表 B ON A. C_DP = B. S_DP

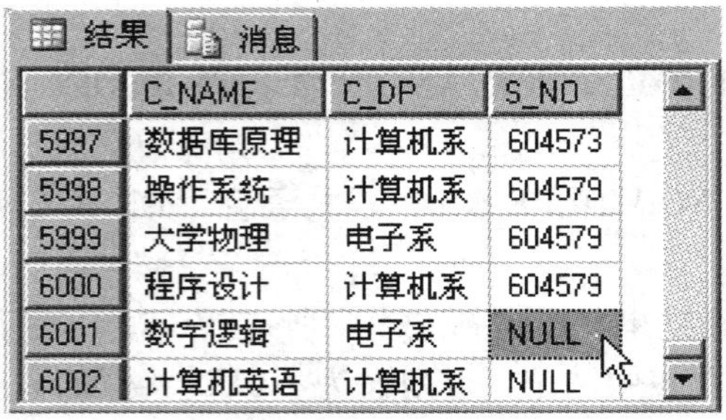

图9－8　右连接方式的多表连接查询结果 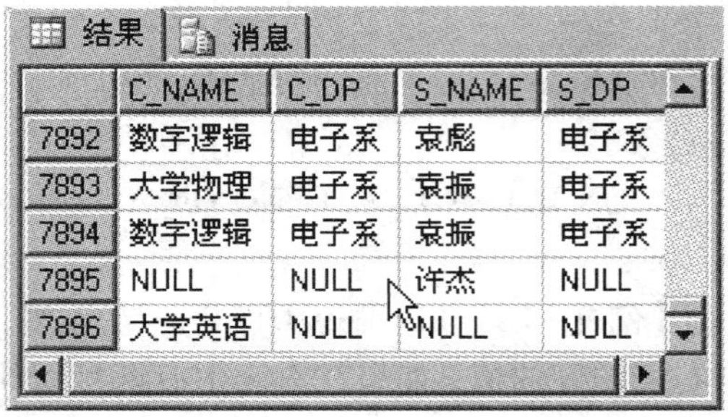　　　　图9－9　全连接方式的多表连接查询结果

【例9－10】 CROSS：交叉连接，指定结果集是参与连接的两个表的笛卡尔积。例如，查询所有学生修读课程和所有课程被修读的情况，列出课程名、开课系部和学生姓名、所属系部(图9－10)。

SELECT C_NAME, C_DP, S_NAME, S_DP FROM 课程表 CROSS JOIN 学生表

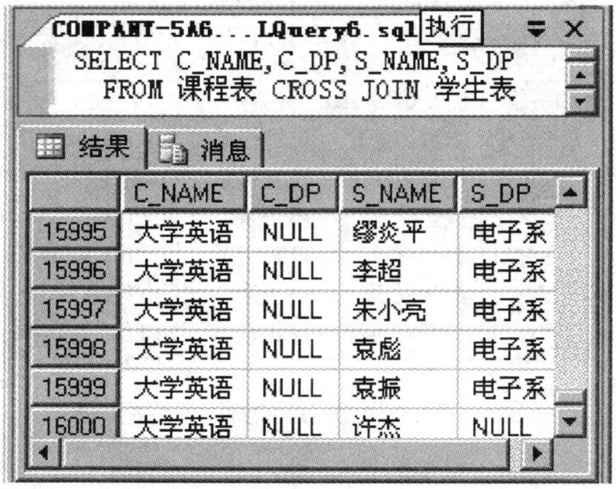

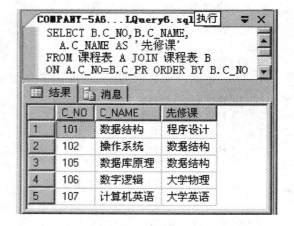

图9－10　交叉连接方式的多表连接查询　　　　图9－11　自连接查询

【例9－11】 自连接：表内连接。查询有先修课的课程号、课程名及其先修课(图9－11)。
SELECT B. C_NO, B. C_NAME, A. C_NAME AS ′先修课′ FROM 课程表 A JOIN 课程表 B
　ON A. C_NO = B. C_PR ORDER BY B. C_NO

9.1.4 子查询

在实际应用中，经常有一些 SELECT 语句需要使用其他 SELECT 语句的查询结果，例如，查询所要求的结果来自一个关系，但相关的条件却涉及多个关系。此时需要子查询。

1. 子查询的概念与类型

子查询是嵌套在另一个 SELECT 语句中的查询（实际上，子查询可以嵌套在 SELECT、IN-SERT、UPDATE、DELETE 语句的 WHERE 子句和 HAVING 子句中或其他子查询中，任何允许使用表达式的地方都可以使用子查询），也称为嵌套查询。外部的 SELECT 语句称为外围查询，内部的 SELECT 语句称为子查询。子查询的结果将作为外围查询的参数，就好像是函数调用嵌套，将嵌套函数的返回值作为调用函数的参数。

虽然子查询和连接可能都要查询多个表，但子查询和连接不一样。子查询是一个更复杂的查询，因为子查询的外围查询可以是多种 SQL 语句，而且实现子查询有多种途径。

使用子查询获得的结果时常可以通过使用多个 SQL 语句分开执行而获得。可将多个简单的查询语句连接在一起，构成一个复杂的查询。虽然多数情况下子查询和连接等价，但子查询有一个显著的优点：子查询可以计算一个变化的聚集函数值，并返回到外围查询进行比较。

根据内外层查询是否互相关联，子查询分为内外层不互相关联的子查询（简称为无关子查询）和内外层互相关联的子查询（简称为相关子查询）。

根据子查询所处的位置或用法，子查询可以分为使用别名的子查询，使用 IN 或 NOTIN 的子查询，UPDATE、DELETE 和 INSERT 语句中的子查询，使用比较运算符的子查询，使用 ANY、SOME 或 ALL 修改的比较运算符的子查询，使用 EXISTS 或 NOT EXISTS 的子查询，使用 NOT EXISTS 的子查询，用于替代表达式的子查询。

使用时，子查询要用括号"()"括起来，且其结果必须与外围查询 WHERE 语句的数据类型匹配。

2. 内外层不互相关联的子查询

这种子查询的操作不使用外围查询的数据（子查询操作与外围查询无关，又称无关子查询）。

无关子查询的子查询操作在外围查询之前执行，然后返回数据供外围查询使用。最常用的查询方式是使用 IN（或 NOT IN）运算符。其语法格式如下：

SELECT select_list1 FROM table_name1 WHERE condition1［NOT］IN

　　（SELECT select_list2 FROM table_name2 WHERE condition2）

由关键字 IN（表示匹配）或 NOT IN 引入的子查询的 SELECT 的 select_list 中只能有一项内容（一个列名或表达式）。如果是 IN，条件满足则返回结果，否则不返回结果；如果是 NOT IN，条件不满足则返回结果，否则不返回结果。

内外层不互相关联的子查询还经常使用关系运算符与逻辑运算符。其中逻辑运算符 SOME（只要满足比较对象中的任何一个，就返回真值）、ANY（与 SOME 相似）、ALL（必须满足全体比较对象，才返回真值）引导的子查询的结果可以是一个值或一个集合，其他关系运算符引导的子查询的结果只能是一个值。

【例 9 – 12】　查询年龄最小的学生的学号和姓名：先用子查询求出学生年龄中的最小值，返回结果供外围查询使用，查出年龄为该最小值的学生的学号和姓名。图 9 – 12 为本例执行结果。

SELECT S_NO，S_NAME，S_AGE FROM 学生表 WHERE S_AGE IN（SELECT MIN（S_AGE）FROM 学生表）

【例 9 – 13】　查询比所有女生年龄都大的男生的学号、姓名、年龄。图 9 – 13 为本例执行结果。

SELECT S_NO，S_NAME，S_SEX，S_AGE FROM 学生表 WHERE S_SEX = '男' AND S_AGE > ALL

（SELECT S_AGE FROM 学生表 WHERE S_SEX = '女'）

	S_NO	S_NAME	S_AGE
1	218206	黄德林	17
2	218326	吴平阳	17

图 9 – 12　使用 IN 的无关子查询结果

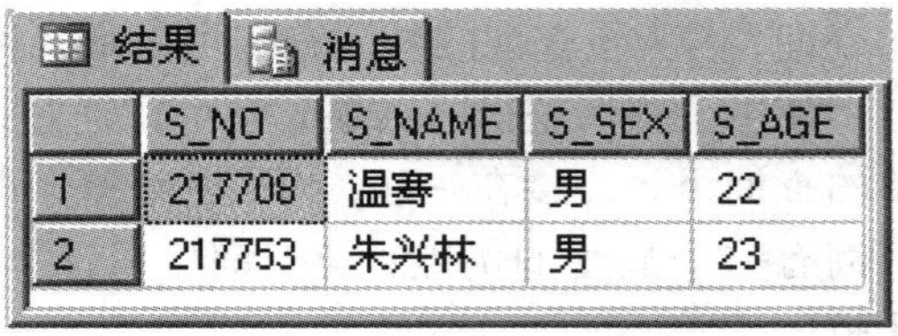

	S_NO	S_NAME	S_SEX	S_AGE
1	217708	温寿	男	22
2	217753	朱兴林	男	23

图 9 – 13　使用 ALL 的无关子查询结果

【例 9 – 14】　查询比某一个女生年龄大的男生的学号、姓名、年龄。（图 9 – 15）

SELECT S_NO，S_NAME，S_SEX，S_AGE FROM 学生表 WHERE S_SEX = '男' AND S_AGE > SOME

（SELECT S_AGE FROM 学生表 WHERE S_SEX = '女'）

【例 9 – 15】　查询"数据结构"课程成绩最高的学生的学号、姓名及其各门课程的名称、成绩：先由最里层的子查询从课程表查出"数据结构"的课程号，返回结果给次里层的子查询，查出修读该课程学生的最高成绩，再返回结果给次外层的子查询，查出该课程最高成绩的学生学号，再返回结果给外层的连接查询，查出这些学生的学号、姓名及其各门课程的名称、成绩（图 9 – 14）。

SELECT A. S_NO，S_NAME，C. C_NAME，B. SC_G

　　FROM 学生表 A JOIN 成绩表 B JOIN 课程表 C

　　　ON C. C_NO = B. C_NO ON A. S_NO = B. S_NO WHERE B. S_NO IN

　　　　（SELECT S_NO FROM 成绩表 WHERE SC_G IN

　　　　　（SELECT MAX（SC_G）FROM 成绩表 WHERE C_NO IN

　　　　　　（SELECT C_NO FROM 课程表 WHERE C_NAME = '数据结构'）））

3. 内外层互相关联的子查询

这种子查询在执行时要使用外围查询的数据（即子查询操作依赖于外围查询，因此又称为"相关子查询"）。先由外围查询选择数据提供给子查询，子查询对数据进行子查询操作，然后将结果返回给外围查询，再由外围查询最终完成外围查询操作。

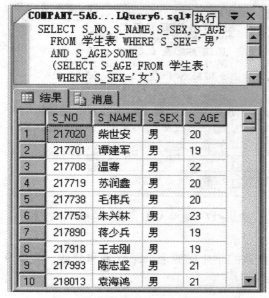

图 9 - 14　使用 SOME 关键字的无关子查询　　图 9 - 15　多层嵌套的无关子查询

这种子查询通常使用关系运算符与逻辑运算符(EXISTS, AND, ALL, SOME, ANY)。

EXISTS(包括 NOT EXISTS)关键字常用于引入子查询并对该子查询结果进行存在性测试(测试是否存在满足子查询条件的数据)。如果子查询返回结果是空集,则 EXISTS 返回假值(NOT EXISTS 则返回真值);如果子查询结果非空,则 EXISTS 返回真值(NOT EXISTS 则返回假值)。EXISTS 一般直接跟在外围查询的 WHERE 关键字后面,它的前面没有列名、常量或表达式。子查询的 SELECT 列表一般由"＊"组成。

EXISTS 一般与相关子查询一起使用,使用时,对外围查询提供的每行数据都进行子查询操作并返回结果集(该子查询结果集可能为空,也可能非空),供 EXISTS 测试。

AND、ALL、ANY、SOME 用于相关子查询时,一般都是多表子查询,且只能用在关系运算符之后。

【例 9 - 16】　查询已被学生修读的课程的课程号、课程名(图 9 - 16)。

SELECT C_NO, C_NAME FROM 课程表 A WHERE EXISTS

　　(SELECT ＊ FROM 成绩表 B WHERE A. C_NO = B. C_NO)

【例 9 - 17】　查询成绩高于等于陈圣生最高分数的学生的姓名、课程名和分数(图 9 - 17)。

SELECT S_NAME, C_NAME, SC_G FROM 学生表 A JOIN 课程表 B JOIN 成绩表 C

　　ON B. C_NO = C. C_NO ON A. S_NO = C. S_NO WHERE S_NAME < > '陈圣生' AND SC
_G > = ALL

　　(SELECT C. SC_G FROM 学生表 A, 课程表 B, 成绩表 C

　　WHERE B. C_NO = C. C_NO AND A. S_NO = C. S_NO AND A. S_NAME = '陈圣生')

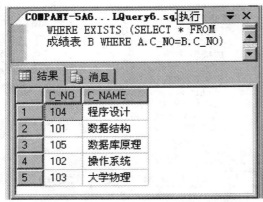

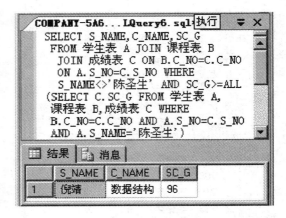

图 9－16   使用 EXISTS 关键字的相关子查询   图 9－17   使用 ALL 运算符的相关子查询

【例 9－18】   查询成绩高于等于陈圣生最低分数的学生的姓名、课程名和分数。将例 9－18 语句中的"ALL"改成"ANY"即可(图 9－18)。

4. 用于替代表达式的子查询

子查询使用的位置非常灵活，在 SELECT、UPDATE、INSERT 和 DELETE 语句中任何允许使用表达式的地方都可以使用子查询。

【例 9－19】   查询每个学生的各门功课的平均成绩(图 9－19)。

SELECT S_NO AS ′学号′, S_NAME AS ′姓名′, 平均成绩 = (SELECT AVG(SC_G)

     FROM 成绩表 A WHERE A. S_NO = B. S_NO) FROM 学生表 B

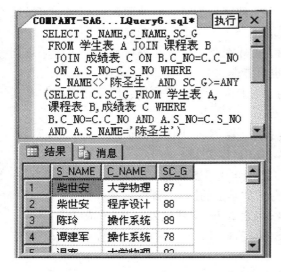

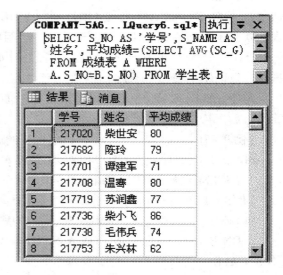

图 9－18   使用 ANY 运算符的相关子查询   图 9－19   用作输出表达式的子查询

9.1.5　统计查询

1.使用聚合函数进行统计查询

T－SQL 提供了一组聚合函数(Aggregation function),以便用户使用查询进行一些简单统计计算。聚合函数对一组值执行计算,并返回单个值。除 COUNT 以外,聚合函数都忽略空值。

聚合函数只能在下述位置作为表达式使用:SELECT 语句的选择列表;COMPUTE 或 COMPUTE BY 子句;HAVING 子句。聚合函数经常与 SELECT 语句的 GROUP BY 子句一起使用。

主要的聚合函数及其功能包括:AVG(求算术均值),COUNT(对行计数),MAX(求最大值),MIN(求最小值),SUM(求数值和),STDEV(求标准差),STDEVP(总体标准差),VAR(求方差),VARP(求总体方差)。这些聚合函数的功能与语法的详细解释请参见第 7 章第 7.4.2 节。本章仅通过 SELECT 语句示例简单介绍它们的基本用法。(本节涉及的 GROUP BY、ORDER BY 详见第 7.1.6 节)

【例 9－20】　计算每门课程的修读人数、最高成绩、最低成绩、平均成绩、总分、成绩标准差及方差(保留 2 位小数),结果按课程号升序输出。图 9－20 为本例执行结果。

SELECT MAX(A. C_NO) AS '课程号', MAX(A. C_NAME) AS '课程名', COUNT(B. C_NO) AS

　　'修读人数', MAX(B. SC_G) AS '最高分', MIN(B. SC_G) AS '最低分', CAST(AVG(B. SC_G)

　　AS decimal(5,2)) AS '平均分', SUM(B. SC_G) AS '总分', CAST(STDEV(B. SC_G) AS

　　decimal(5,2)) AS '标准差', CAST(VAR(B. SC_G) AS decimal(5,2)) AS '方差'

FROM 课程表 A LEFT JOIN 成绩表 B ON A. C_NO = B. C_NO

GROUP BY A. C_NO ORDER BY A. C_NO

	课程号	课程名	修读人数	最高分	最低分	平均分	总分	标准差	方差
1	101	数据结构	818	96	60	74.00	61032	8.57	73.50
2	102	操作系统	1616	89	60	74.00	120756	8.73	76.18
3	103	大学物理	2000	89	60	74.00	149332	8.66	75.07
4	104	程序设计	1182	89	60	74.00	87870	8.74	76.40
5	105	数据库原理	384	89	60	74.00	28633	8.67	75.10
6	106	数字逻辑	0	NULL	NULL	NULL	NULL	NULL	NULL
7	107	计算机英语	0	NULL	NULL	NULL	NULL	NULL	NULL
8	108	大学英语	0	NULL	NULL	NULL	NULL	NULL	NULL

图 9－20　使用 ANY 运算符的相关子查询的执行结果

本例使用左连接以从课程表中获取全部课程号、课程名(成绩表中的 C_NO 是课程表中的 C_NO 的外键,且成绩表中的 C_NO 与 S_NO 构成组合主键),然后按各聚合函数的默认设置直接使用,求得相关数据,并使用 CAST( )函数将各课程的平均分、标准差、方差转换为符合要求的数据类型。

2. 使用 COMPUTE 子句进行统计

可利用 COMPUTE 子句可以很便捷地对结果进行汇总,得以用同一 SELECT 语句既查看明细,又查看汇总。可计算子组的汇总值,也可计算整个结果集的汇总值。

(1)COMPUTE 生成的结果集

含有 COMPUTE 子句的 SELECT 查询有两个结果集:首先是选择列表信息的明细行,然后是包含 COMPUTE 子句所指定的聚合函数的汇总值。当 COMPUTE 带有 BY 子句时,这两个结果集都按 BY 子句指定的内容分组计算和输出。

COMPUTE 生成合计作为附加的汇总列出现在结果集的最后。当与 BY 一起使用时,COMPUTE 子句在结果集内生成控制中断和小计。

可为各组生成汇总值,也可对同一组计算多个聚合函数。

(2)语法摘要

COMPUTE {{AVG|COUNT|MAX|MIN|STDEV|STDEVP|VAR|VARP|SUM} (expression_1)}[, ···n]

    [BY expression [, ···n]]

(3)参数摘要与说明

● expression_1:列表达式(如计算对象的列名),指定聚合函数的计算对象。必须是出现在选择列表中的某个表达式,且不能使用列别名。

● BY expression_2:列表达式,指定按该表达式在结果集中生成控制中断和小计。它必须是关联 ORDER BY 子句中 order_by_expression 的子集,且顺序相同(例如,如果 ORDER BY 子句为 ORDER BY a, b, c,则 BY expression_2 可以为以下任意项或所有项:COMPUTE BY a, b, c;COMPUTE BY a, b;COMPUTE BY a。这意味着 COMPUTE BY 必须与 ORDER BY 同时使用)。可以指定多个 expression_2。在 BY 之后列出多个表达式将把组划分为子组,并在每个组级别应用聚合函数。

(4)备注

● 可在同一查询内指定 COMPUTE BY 和 COMPUTE

● 若要查找由 GROUP BY 和 COUNT(∗)生成的汇总信息,应使用不带 BY 的 COMPUTE 子句。

● 如果是用 COMPUTE 子句指定的行聚合函数,则不允许它们使用 DISTINCT 关键字。

● SELECT INTO 语句中不能使用 COMPUTE。COMPUTE 生成的计算结果不出现在 SELECT INTO 语句创建的表内。

● 当 SELECT 语句是 DECLARE CURSOR 语句的一部分时,不能使用 COMPUTE 子句

【例 9 −21】 按系查询学生姓名、年龄,并统计人数。结果按系部名称升序输出。图 9 −21 为本例执行结果。

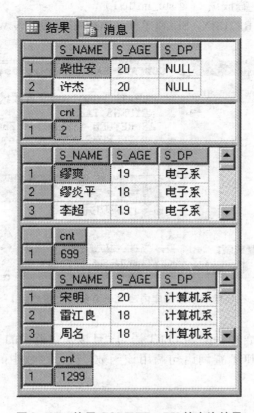

图9-21 使用 COMPTE…BY 的查询结果

SELECT S_NAME, S_AGE, S_DP FROM 学生表
　ORDER BY S_DP COMPUTE COUNT(S_AGE) BY S_DP

9.1.6 函数查询

函数查询是指通过调用定义在用户定义函数中的 SELECT 语句查询执行数据库查询。

根据用户定义函数返回值的类型，用户定义函数分为3类：标量函数（返回值为标量值，是在 RETURNS 子句中定义类型的单个数据值）、内联表值函数（返回值为可更新表，是函数内单个 SELECT 语句的结果集）；多语句表值函数（返回值为不可更新表，是函数内多个 SELECT 语句协作而成的不可更新的结果集）。

1. 创建用户定义函数

【例9-22】 创建用户定义函数。下面用 T-SQL 的创建函数语句建立一个内联表值函数，该函数根据被调用时指定的学生学号返回该生的学号 S_NO 及其各门功课的课程号 C_NO、成绩 SC_G。

在 SSMS 的查询编辑窗口内输入下列语句，然后单击"执行"按钮，即可在当前活动数据库内建立一个名为"_查成绩1"内联表值函数（图9-22）。

CREATE FUNCTION _查成绩 1(@ stu_no INT)

RETURNS TABLE AS RETURN(SELECT * FROM dbo. 成绩表 WHERE S_NO = @ stu_no)

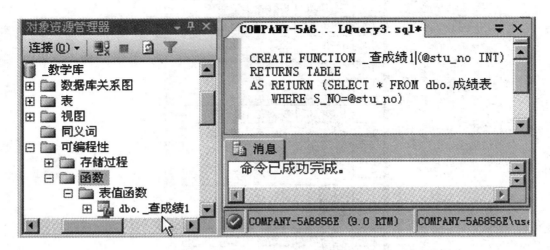

图 9 - 22　在当前活动数据库内建立一个名为"_查成绩 1"表值函数

本例定义的函数仅包含单一的 SELECT 语句,且该函数返回的表可更新,所以该函数为内嵌表值函数。使用 SELECT 查询语句调用该函数,执行函数中的查询语句,返回值是一个表。

2. 执行函数查询

【例 9 - 23】　执行函数查询。在查询编辑器窗口输入下列语句,然后单击"执行"按钮,即可调用"_查成绩 1"函数完成函数查询(图 9 - 23)。

SELECT * FROM _查成绩(217701)

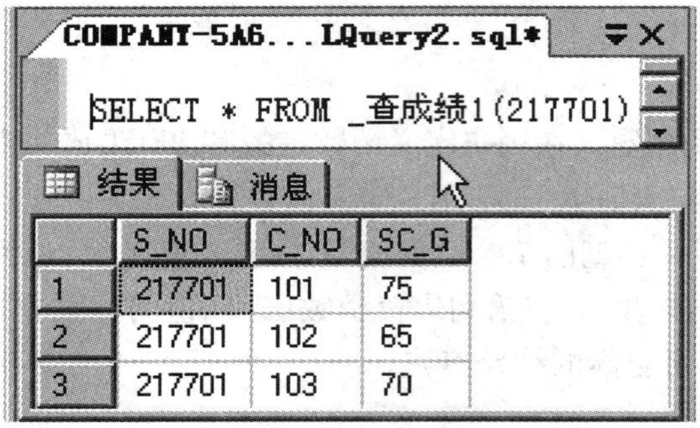

图 9 - 23　执行函数查询

可以采用类似方法,通过建立、使用用户定义标量函数、多语句表值函数,完成数据查询。

9.1.7 查询结果处理

1. 查询结果的分组与排序

可使用 GROUP BY 子句将对查询结果分组，或/和使用 ORDER BY 子使查询结果排序输出。

（1）语法摘要

SELECT select_list FROM table_source [WHERE select_conditions]
   [GROUP BY group_by_expression [, ... n] [WITH {CUBE|ROLLUP}]]
   [HAVING < search_condition >]
   [ORDER BY {order_by_expression [ASC|DESC]}[, ... n]]

（2）参数摘要与说明

- select_list、FROM table_source 及 WHERE select_conditions 详见第 9.1.1 节。
- GROUP BY 子句根据 group_by_expression 描述将结果集分组输出。

group_by_expression 指定分组依据，其中描述的所有列都必须能从 table_source 获取。不能用结果集中的 column_alias（新列名）；可以含在聚合函数中。如果 group_by_expression 有多个，则表示多次分组（按多个条件的与关系分组）。

WITH {CUBE|ROLLUP}：将分组结果再统计，生成一个扩展结果集。CUBE 生成的结果集包括所选列中值的所有组合的聚合；ROLLUP 生成的结果集包括所选列中值的某一层次结构的聚合。

使用 CUBE 或 ROLLUP 时，不支持区分聚合，如带 DISTINCT 的 AVG、COUNT 和 SUM。

- HAVING 子句将分组结果再选择。search_condition 指定分组或聚合应满足的搜索条件。HAVING 通常在 GROUP BY 子句中使用，不满足 HAVING 条件的行将不参加分组或聚合。

HAVING 子句中不能使用 text、image 和 ntext 数据类型。

- ORDER BY 子句定义结果集中行的排序依据及方式。但 ORDER BY 子句在子查询中无效。

order_by_expression：指定排序依据（据以排序的列）。可按列名或列别名指定；可由表名或表达式限定；可包括选择列表中未出现的项；可指定多个排序列。ORDER BY 子句中排序列的顺序决定排序后结果集的结构。ASC|DESC 指定排序方式，ASC 为升序（默认值），DESC 为降序。

（3）备注

- 未使用 ORDER BY 子句的 GROUP BY 子句返回的组没有任何特定的顺序。
- 关于空值：排序时视为最小值；分组时将分组列为空值的所有行分在同一个独立的组。
- CUBE 和 ROLLUP 指定在结果集不仅包含 GROUP BY 提供的行，还包含汇总行。CUBE 生成的汇总行针对每个可能的组和子组组合在结果集内返回，结果集的汇总行数取决于 GROUP BY 子句包含的列数，列分组顺序不影响汇总行的行数；ROLLUP 按层次结构顺序，从组内最低到最高级别汇总组，列分组的顺序决定组层次结构，并可能影响汇总行的行数。

 ● 使用 GROUP BY 子句时，select_list 和 ORDER BY 子句中的列都必须包含在 GROUP BY 子句或聚合函数中。参见例 9 – 20。

 ● HAVING 子句与 WHERE 子句相似，差异仅在 HAVING 子句针对 GROUP 或聚合，WHERE 子句针对 SELECT。而且，不使用 GROUP BY 子句的 HAVING 的行为与 WHERE 子句一样。

【例 9 – 24】 GROUP BY、ORDER BY 的使用。统计各系部男女学生人数。图 9 – 24 是下列 3 条 SELECT 语句依次执行的结果。

```
SELECT MAX(S_DP) AS '系部', 性别 = MAX(S_SEX),
    人数 = COUNT(S_AGE) FROM 学生表 GROUP BY S_DP, S_SEX
SELECT MAX(S_DP) AS '系部', 性别 = MAX(S_SEX),
    人数 = COUNT(S_AGE) FROM 学生表
    GROUP BY S_DP, S_SEX ORDER BY 系部
SELECT MAX(S_DP) AS '系部', 性别 = MAX(S_SEX),
    人数 = COUNT(S_AGE) FROM 学生表
    GROUP BY S_DP, S_SEX HAVING COUNT(S_AGE) > 10
```

	系部	性别	人数
1	NULL	男	2
2	电子系	男	508
3	计算机系	男	1114
4	电子系	女	191
5	计算机系	女	185

	系部	性别	人数
1	NULL	男	2
2	电子系	男	508
3	电子系	女	191
4	计算机系	女	185
5	计算机系	男	1114

	系部	性别	人数
1	电子系	男	508
2	计算机系	男	1114
3	电子系	女	191
4	计算机系	女	185

图 9 – 24　GROUP、ORDER 的使用结果

	系部	性别	人数
1	NULL	男	2
2	电子系	女	191
3	电子系	男	508
4	计算机系	女	185
5	计算机系	男	1114

	系部	性别	人数
1	NULL	男	2
2	NULL	男	2
3	计算机系	女	376
4	计算机系	男	1624
5	计算机系	女	2000
6	电子系	女	191
7	电子系	男	508
8	电子系	女	699
9	计算机系	女	185
10	计算机系	男	1114
11	计算机系	女	1299

GROUP BY S_SEX,S_DP WITH ROLLUP

图 9 – 25　WITH CUBE 的使用

【例 9 – 25】 WITH CUBE 的使用。统计各系部男女学生人数及其全部可能组合的人数。图 9 – 25 是下列 2 条 SELECT 语句依次执行的结果。

SELECT MAX(S_DP) AS '系部'，性别 = MAX(S_SEX)，人数 = COUNT(S_AGE) FROM 学生表

    GROUP BY S_DP, S_SEX ORDER BY S_DP, COUNT(S_AGE), S_SEX

SELECT MAX(S_DP) AS '系部'，性别 = MAX(S_SEX)，人数 = COUNT(S_AGE) FROM 学生表

    GROUP BY S_DP, S_SEX WITH CUBE ORDER BY S_DP, COUNT(S_AGE), S_SEX

【例 9 – 26】 WITH ROLLUP 的使用。统计各系部男女学生人数，并按分组的层次汇总各组的可能组合的人数。图 9 – 26 是下列 2 条 SELECT 语句依次执行的结果。

SELECT MAX(S_DP) AS '系部'，性别 = MAX(S_SEX)，人数 = COUNT(S_AGE) FROM 学生表

    GROUP BY S_DP, S_SEX

SELECT MAX(S_DP) AS '系部'，性别 = MAX(S_SEX)，

    人数 = COUNT(S_AGE) FROM 学生表

    GROUP BY S_DP, S_SEX WITH ROLLUP

SELECT MAX(S_DP) AS '系部'，性别 = MAX(S_SEX)，

    人数 = COUNT(S_AGE) FROM 学生表

    GROUP BY S_SEX, S_DP WITH ROLLUP

使用了 GROUP BY 子句或 ORDER BY 子句的还有例 9 – 11、例 9 – 20、例 9 – 21，可供参考。

2. 查询结果的合并与删除

可利用 T – SQL 的 UNION、EXCEPT 和 INTERSECT 三种集合操作完成查询结果的合并与删除。

这三种集合操作必须遵守的基本规则是：所有查询中的列数和列顺序相同，数据类型兼容。

①查询结果的合并：UNION 运算符将两个或更多查询的结果合并为单个结果集，该结果集包含联合查询中的所有查询的全部行或全部非重复的行。UNION 运算不同于连接查询。

- 语法摘要

{ < query _ expression > } UNION ［ALL］ { < query_expression > }

［ UNION ［ALL］ < query_expression > ［ . . . n］ ］

	系部	性别	人数
1	NULL	男	2
2	电子系	男	508
3	计算机系	男	1114
4	电子系	女	191
5	计算机系	女	185

	系部	性别	人数
1	NULL	男	2
2	NULL	男	2
3	电子系	男	508
4	电子系	女	191
5	电子系	女	699
6	计算机系	男	1114
7	计算机系	女	185
8	计算机系	女	1299
9	计算机系	女	2000

	系部	性别	人数
1	NULL	男	2
2	电子系	男	508
3	计算机系	男	1114
4	计算机系	男	1624
5	电子系	女	191
6	计算机系	女	185
7	计算机系	女	376
8	计算机系	女	2000

图 9 – 26 WITH ROLLUP 的使用

● 参数摘要与说明

query_expression:查询表达式,用以返回与另一个查询表达式所返回的数据合并的数据。

UNION:指定合并多个结果集并将其作为单个结果集返回。

ALL:将全部行并入结果中(包括重复行),如果未指定该参数,则删除其中的重复行。

【例9-27】　查询结果的合并(图9-27)。

SELECT * FROM 课程表 WHERE C_NO < 103 UNION ALL SELECT * FROM 课程表 WHERE C_NO < 104

SELECT * FROM 课程表 WHERE C_NO < 103 UNION SELECT * FROM 课程表 WHERE C_NO < 104

本例第一个 UNION 使用 ALL 关键字,结果集为左右两个查询的全部数据行(5 行,图9-27上栏);第二个 UNION 未使用 ALL 关键字,结果集为左右两查询的非重复数据行(3行,图9-27下栏)。

②查询结果的删除:EXCEPT 和 INTERSECT 运算比较两个查询的结果,返回非重复值。

● 语法摘要

{ < query_expression > } {EXCEPT|INTERSECT} { < query_expression > }

● 参数摘要与说明

EXCEPT 从左查询中返回右查询没有找到的所有非重复值。

INTERSECT 返回两个查询都返回的所有非重复值。

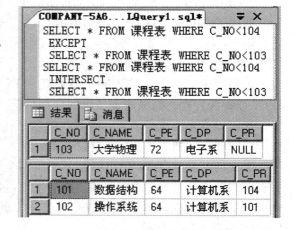

图9-27　查询结果的合并　　　　　图9-28　查询结果的删除

【例9-28】　查询结果的删除(图9-28)。

SELECT * FROM 课程表 WHERE C_NO < 104 EXCEPT SELECT * FROM 课程表

WHERE C_NO < 103

　　SELECT ＊ FROM 课程表 WHERE C_NO < 104 INTERSECT SELECT ＊ FROM 课程表 WHERE C_NO < 103

　　本例用 EXCEPT 从左查询的结果(3 行,即第 101、102、103 号课程记录)中删除了在右查询结果中存在的相同记录(第 101、102 号课程记录,结果集为第 101 号课程记录 1 行);用 INTERSECT 返回左右两个查询都返回的所有非重复值,即第 101、102 号课程记录(见图 9 − 28)。

　　3. 查询结果的存储

　　SQL Server 2005 可将查询结果以关系形式输出到新表或以文本方式输出文件中存储。

　　①输出到新表:使用 INTO 子句将 SELECT 查询结果输出到一个新表。

　　● 语法摘要

　　SELECT select_list INTO new_table_name FROM table_source …

　　● 参数摘要与说明

　　new_table_name:指定将使用 SELECT 的查询结果集来创建的新表名称。new_table 中的每列与 select_list(选择列表)中的相应表达式具有相同的名称、数据类型和值,以及顺序。

　　● 备注

　　INTO new_table_name 子句应放在 FROM table_source 子句之前。

　　如果当前数据库内已有 new_table_name 表时,INTO new_table_name 将不会完成。

　　新表中仅有 SELECT 结果集数据,不拷贝 table_source 中涉及这些数据的与其他数据对象的关系。

　　当 select_list 包括计算列时,新表中的相应列不是计算列,而是执行 SELECT…INTO 时计算出的值。

　　【例 9 −29】 将查询结果存储到一个新表(图 9 −29)。

　　SELECT C_NO, C_NAME, C_PE

　　　　INTO _实验表 FROM 课程表

　　SELECT ＊ FROM _实验表

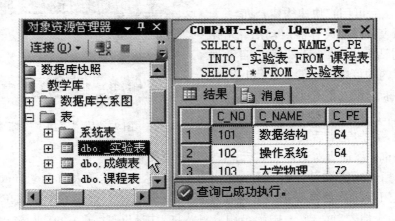

图 9 −29　将查询结果存储到一个新表

②输出到文件:通过将查询结果输出形式设置为"将结果保存到文件"而实现。

设置方法:进入查询编辑器窗口(见例9-1),使 SSMS 主菜单出现"查询(Q)"选项;选择主菜单→查询(Q)→将结果保存到(R)→将结果保存到文件(F)(图9-30)。此后,查询编辑器窗口执行的查询结果以文本方式将输出到磁盘文件中。

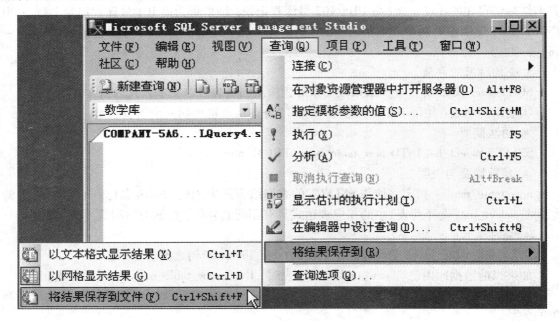

图9-30　设置查询结果输出形式为"将结果保存到文件"

9.1.8　使用查询设计器构建查询

SSMS 提供了查询设计器,便于对 SQL 编程不熟悉者按人的思维逻辑迅速构建查询。

①启动查询设计器:在图9-30中选择"在编辑器中设计查询(D)"选项,即可启动查询设计器,然后可用它快速构建查询。

②指定源表:查询设计器启动后,先弹出"添加表"对话框(图9-31),其中自动列出当前数据库内的可以使用的源表(包括表、视图等)的名称,用户可用鼠标点击查询将要用到的源表,将其将其逐一或一并添加到查询设计器中,添加完毕后关闭该对话框。

图9-31　"添加表"对话框

③构建查询:添加表对话框关闭后,查询设计器便被激活。

图9-31所示为查询设计器界面,它分为3部分:上部是源表(table_source)描述区(添加表对话框关闭后,若要再添加表,可在此区内单击鼠标右键,在快捷菜单中选择"添加表",重新激活添加表对话框);中部是用户输入区,用户在此输入、编辑 select_list、select_condition、ORDER BY 等内容(各栏目的含义与用法请参考图9-32下部的 SELECT 语句);

下部是查询语句描述区，系统根据用户在中部指定的内容自动构建 SQL 查询语句并显示在该区域。

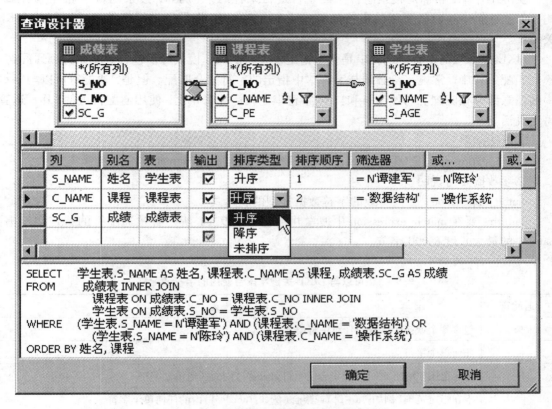

图 9 - 32　使用查询设计器建立查询表达式

在用户输入区输入、编辑相关内容，其中除"别名"、"筛选器"和"或…"栏（"筛选器"和"或…"栏均表示条件，各栏下的行与行之间为"AND"关系，栏与栏之间是"OR"关系）外，其他栏都可单击栏右边的下拉组合框箭头，单击选择需要的内容即可完成输入，使用十分方便。

【例 9 - 30】　查询学生谭建军的"数据结构"课程成绩和陈玲的"操作系统"课程成绩。

启动查询设计器后，如图 9 - 31 所示在添加表对话框指定源表，再如图 9 - 32 所示在查询设计器的用户输入区指定查询内容、条件、输出形式等，完毕后点击"确定"，系统即将图 9 - 32 下部查询语句描述区的 SELECT 语句写入 SSMS 的查询编辑器窗口，且查询设计器自动关闭；然后单击 SSMS 主窗口上方的 SQL 编辑器工具栏中的"执行"按钮即可完成查询，结果如图 9 - 33。

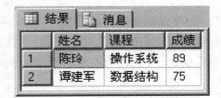

图 9 - 33　例 9 - 30 的查询结果

9.1.9　搜索条件中的模式匹配

实际工作中，常需对搜索条件中的字符进行某种约束（例如，搜索题目中包含"数据结构"的论文等），这时需要用的字符的模式匹配。T – SQL 提供了进行字符模式匹配的 LIKE 关键字。

LIKE 关键字确定特定字符串是否与指定模式相匹配。模式可以包含常规字符和通配符。模式匹配过程中，常规字符必须与字符串中指定的字符完全匹配。但是，通配符可以与字符串的任意部分相匹配。与使用 = 和! = 字符串比较运算符相比，使用通配符可使 LIKE 运算符更灵活。

①语法摘要

match_expression［NOT］LIKE pattern［ESCAPE escape_character］

②参数摘要与说明

match_expression：任何有效的字符数据类型的表达式。

pattern：要在 match_expression 中搜索并可包括表 9 – 1 所列有效通配符的特定字符串。pattern 的最大长度 8 000 字节。

表 9 – 1　可以与 LIKE 关键字配合使用的字符通配符

通配符	含　　　义
%	包含零个或多个字符的任意字符串
_	任何单个字符
[ ]	指定范围（例如［a – f］）或集合（例如［abcdef］）内的任何单个字符
[^]	不在指定范围（例如［^a – f］）或集合（例如［^abcdef］）内的任何单个字符

escape_character：放在通配符之前用于指示通配符应当解释为常规字符而不是通配符的字符。escape_character 是字符表达式，无默认值，并且计算结果必须仅为一个字符。

③备注

• LIKE 关键字搜索与指定模式匹配的字符串、日期或时间值。它使用常规表达式包含值所要匹配的模式。模式包含要搜索的字符串，字符串中可包含表 9 – 1 所列 4 种通配符的任意组合。

• 使用 LIKE 执行字符串比较，模式字符串中的所有字符都有意义（包括前导或尾随空格）。如果查询要返回包含"abc "（abc 后有一个空格）的所有行，则不会返回包含"abc"（abc 后没有空格）的列所在行。但可忽略模式所要匹配的表达式中的尾随空格。如果查询中要返回包含 "abc"（abc 后没有空格）的所有行，则返回以"abc"开始并具有零个或多个尾随空格的所有行。

• 请将通配符和字符串用单引号引起来，例如：

LIKE ′Mc%′ 将搜索以字母 Mc 开头的所有字符串（如 McBadden）。

LIKE ′% inger′ 将搜索以字母 inger 结尾的所有字符串（如 Ringer 和 Stringer）。

LIKE '％en％' 将搜索任意位置包含字母 en 的所有字符串（如 Bennet、Green 和 McBadden）。

LIKE '_heryl' 将搜索以字母 heryl 结尾的所有六个字母的名称（如 Cheryl 和 Sheryl）。

LIKE '[CK]ars[eo]n' 将搜索 Carsen、Karsen、Carson 和 Karson（如 Carson）。

LIKE '[M-Z]inger' 将搜索以 inger 结尾、M 到 Z 中任何单个字母开头的所有名称（如 Ringer）。

LIKE 'M[^c]％' 将搜索以字母 M 开头，并且第二个字母不是 c 的所有名称（如 MacFeather）。

- 可将通配符模式匹配字符作为文字字符使用。若将通配符作为文字字符使用，请将通配符放在方括号中。表 9－2 显示了几个使用 LIKE 关键字和[ ]通配符的示例。

表 9－2　使用 LIKE 关键字和[ ]通配符的示例

符号	含义	符号	含义
LIKE '5[％]'	5％	LIKE '[[]'	[
LIKE '[_]n'	_n	LIKE ']'	]
LIKE '[a-cdf]'	a、b、c、d 或 f	LIKE 'abc[_]d％'	abc_d 和 abc_de
LIKE '[-acdf]'	-、a、c、d 或 f	LIKE 'abc[def]'	abcd、abce 和 abcf

- 使用 ESCAPE 子句的模式匹配：可搜索包含一或多个特殊通配符的字符串。若要搜索作为字符而不是通配符的百分号（％）、下划线（_）或左括号（[），必须提供 ESCAPE 关键字和转义符。例如，搜索在 comment 列（该列含文本 30％）中的任何位置包含字符串 30％ 的任何行：

SELECT comment FROM table_source

WHERE comment LIKE '％30!％％' ESCAPE '!'

如果未指定 ESCAPE 和转义符，则返回包含字符串 30 的所有行。

- 如果 LIKE 模式中的转义符后面没有字符，则该模式无效并且 LIKE 返回 FALSE。如果转义符后面的字符不是通配符，则将放弃转义符并将该转义符后面的字符作为该模式中的常规字符处理。这包括百分号（％）、下划线（_）和左括号（[）通配符（如果它们包含在双括号（[ ]）中）。

- 另外，在双括号字符（[ ]）内，可使用转义符并将插入符号（^）、连字符（-）和右括号（]）转义。

- IS NOT NULL 子句可与通配符和 LIKE 子句结合使用（见例 9－31）。

【例 9－31】　查询示例数据库 AdventureWorks 的 Person.Contact 表中以 415 开头且 IS

	Phone
1	415-555-0147
2	415-555-0197
3	415-555-0170
4	415-555-0123
5	415-555-0138
6	415-555-0121
7	415-555-0174
8	415-555-0131
9	415-555-0124
10	415-555-0115
11	415-555-0114

图 9－34　例 9－31 的查询结果

NOT NULL 的所有电话号码。

SELECT Phone FROM AdventureWorks. Person. Contact
  WHERE Phone LIKE '415%' and Phone IS NOT NULL

【例 9－32】 查询姓名中含有“陆”字的学生的各门功课的成绩。(图 9－35)

SELECT ＊ FROM 查成绩 WHERE 姓名 LIKE '%陆%'

说明：本例 table_source “查成绩”是本书编写时使用的示例数据库“_教学库”中的一个用户视图，将在第 9.2.2 节介绍。

【例 9－33】 查询查成绩视图中成绩为 8 分、大于等于 80 及小于 90 分的记录。(本例涉及数据类型的隐含转换)

SELECT ＊ FROM 查成绩 WHERE 成绩 LIKE '8%'

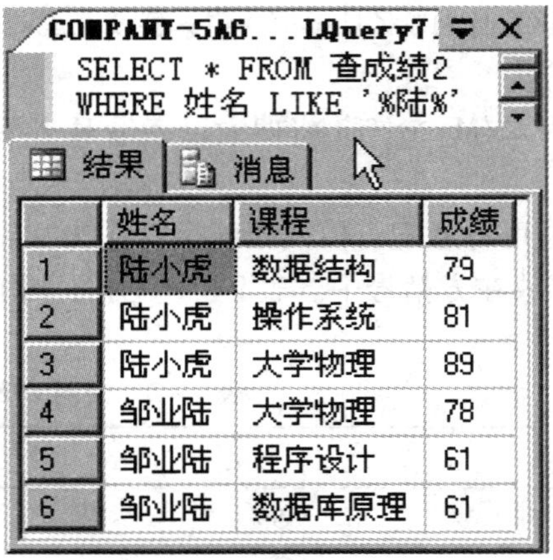

	姓名	课程	成绩
1	陆小虎	数据结构	79
2	陆小虎	操作系统	81
3	陆小虎	大学物理	89
4	邹业陆	大学物理	78
5	邹业陆	程序设计	61
6	邹业陆	数据库原理	61

图 9－35 例 9－32 的查询结果

9.2 视 图

9.2.1 视图概述

1. 视图的概念

视图是关系数据库系统(RDBS)提供给用户以多种角度观察数据库中数据的重要机制。

视图是按某种特定要求从 DB 的基本表或其他视图中导出的虚拟表。从用户角度看，视图也是由数据行和数据列构成的二维表，但视图展示的数据并不以视图结构实际存在，而是其引用的基本表的相关数据的映像。

视图的内容由查询定义。视图一经定义便存储在数据库中。注意，存储的是视图的定义(确切地说是 SELECT 语句)，而不是通过视图看到的数据。视图的操作与表一样，可进行查询、修改、删除。对通过视图看到的数据所作的修改可返回基本表，基本表的数据变化也可自动反映到视图中。

2. 视图的类型

在 SQL Server 2005 中，视图可以分为标准视图、索引视图和分区视图。

①标准视图：标准视图组合了一个或多个表中的数据，用户可以使用标准视图对数据库中自己感兴趣和有权限使用的数据进行查询、修改、删除等操作。

②索引视图：索引视图是被具体化了的视图，即它已经过计算并存储。可以为视图创建索引，即对视图创建一个唯一的聚集索引。索引视图可以显著提高某些类型查询的性能。索引视图尤其适于聚合许多行的查询。但它们不太适合经常更新的基本数据集。

③分区视图：分区视图在一台或多台服务器间水平连接一组成员表中的分区数据。这样，数据看上去如同来自于一个表。连接同一个 SQL Server 实例中的成员表的视图是一个本地分区视图。如果视图在服务器间连接表中的数据，则它是分布式分区视图，用于实现数据库服务器联合。

3. 视图的用途与优点

视图的主要用途和优点表现在下列几个方面：

①简化用户操作：可将经常使用的连接、投影、联合查询和选择查询等定义为视图，这样，用户每次对特定数据执行操作时，不必指定所有条件和限定。例如，一个用于报表目的，并执行子查询、外连接及联合以从一组表中检索数据的复合查询，就可创建为一个视图，这样，每次生成报表时无须提交基础查询，而是查询视图即可。

②定制用户数据：对其中所引用的基础表来说，视图的作用类似于筛选。定义视图的筛选可以来自当前或其他数据库的一个或多个表，或者其他视图。因而视图能为不同的用户提供他们需要和允许获取的特定数据，帮助他们完成所负责的特定任务，而且允许用户以不同的方式查看数据，即使同时使用相同的数据时也如此。这在具有不同目的和技术水平的用户共享同一个数据库时尤为有利。例如，可定义一个视图不仅查询由客户经理处理的客户数据，还可根据使用该视图的客户经理的登录 ID 决定查询哪些数据。

③减少数据冗余：数据库内只需将所有基本数据最合理、开销最小地存储在各个基本表中，对于各种用户的不同数据要求，可通过视图从各基本表提取、聚集，形成他们所需要的数据组织，不需要在物理上为满足不同用户的需求而按其数据要求重复组织数据存储，因而大大减少数据冗余。

④增强数据安全：可将分布在若干基本表中、允许特定用户访问的部分数据通过视图提供给用户，而屏蔽这些表中对用户来说不必要或不允许访问的其他数据，并且可用同意（GRANT）和撤回（REVOKE）命令为各种用户授予在视图上的操作权限，不授予用户在表上的操作权限。这样通过视图，用户只能查询或修改各自所能见到的数据，数据库中的其他数据用户是不可见或不可修改的，从而自动对数据提供一定的安全保护。

⑤方便导出数据：可以建立一个基于多个表的视图，然后用 SQL Server Bulk Copy Program（批复制程序，BCP）复制视图引用的行到一个平面文件中。这个文件可以加载到 Excel 或类似的程序中供分析用。

4. 创建和使用视图的注意事项

若要创建视图，必须获得数据库所有者授予创建视图的权限，并且如果使用架构绑定创建视图，必须对视图定义中所引用的表或视图具有适当权限。

由于行通过视图进行添加或更新，当其不再符合定义视图的查询的条件时，它们即从视图范围中消失。例如，创建一个定义视图的查询，该视图从表中查询员工的薪水低于 3 000 元的所有行。如果某员工的薪水涨到 3 200，因其薪水不符合视图所设条件，查询时视图不再显示该员工。

可对敏感性视图的定义进行加密，以确保不让任何人得到它的定义，包括视图的所有者。

9.2.2　视图的创建

1. 创建视图前应当考虑的准则:

①只能在当前数据库中创建视图。但如果使用分布式查询定义视图,则新视图所引用的表和视图可以存在于其他数据库甚至其他服务器中。

②视图名称必须遵循标识符的规则,且对每个架构都必须唯一。此外,该名称不得与该架构包含的任何表的名称相同。

③可以对其他视图创建视图。SQL Server 2005 允许嵌套视图,但嵌套不得超过 32 层。根据视图的复杂性及可用内存,视图嵌套的实际限制可能低于该值。

④不能将规则、DEFAULT 定义、AFTER 触发器与视图相关联(INSTEAD OF 触发器可与之相关联)。

⑤定义视图的查询不能包含 COMPUTE 子句、COMPUTE BY 子句、INTO 关键字、TABLESAMPLE 子句、OPTION 子句;不能包含 ORDER BY 子句(除非在 SELECT 语句的选择列表中还有一个 TOP 子句)。

⑥不能为视图定义全文索引定义。

⑦不能创建临时视图,也不能对临时表创建视图。

⑧不能删除参与到使用 SCHEMABINDING 子句创建的视图中的视图、表或函数,除非该视图已被删除或更改而不再具有架构绑定。另外,如果对参与具有架构绑定的视图的表执行 ALTER TABLE 语句,而这些语句又会影响该视图的定义,则这些语句将会失败。

⑨查询引用已配置全文索引的表时,视图定义可包含全文查询,但不能对视图执行全文查询。

⑩下列情况下必须指定视图中每列的名称:视图中的任何列都是从算术表达式、内置函数或常量派生而来;视图中有两列或多列原应具有相同名称(通常由于视图定义包含连接,因此来自两个或多个不同表的列具有相同的名称);希望为视图中的列指定一个与其源列不同的名称。

在 SQL Server 2005 中,可以通过在 SSMS 中使用向导或在查询编辑器窗口中执行 T - SQlL 语句创建视图两种方式创建标准视图。

2. 使用向导创建视图

在 SSMS 中使用向导创建视图是一种最快捷的方式。创建步骤如下:

①启动新建视图:激活"对象资源管理器"→展开需建立视图的数据库→鼠标右键单击"视图"节点→在快捷菜单中选择"新建视图"(图 9 - 36)→出现"添加表"对话框(参见图 9 - 31)。

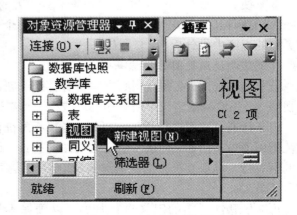

图 9 - 36　启动新建视图

②指定源表：在"添加表"对话框，选择新视图需要使用的表、视图等（参见图9－31），添加作为视图的数据来源。添加完毕后关闭该对话框。

③设计视图：类似于使用查询设计器设计 SELECT 查询一样，在视图设计器窗口设计视图。视图设计器与图9－32所示的查询设计器相似，其区域分为4部分，上面3个部分的内容与用途、用法与查询设计器一样；最下面是视图执行结果显示区，在视图设计器的各区域都可通过鼠标右键的快捷菜单执行视图，结果显示在该区域（图9－37）。

④存储视图：视图创建完毕后，关闭视图设计器，给视图命名并存盘退出。这时"对象资源管理器"窗口下"视图"节点中就会出现该视图，说明视图创建成功。

【例9－34】　使用向导创建一个查询学生各门功课成绩的视图。

如上所述，在"添加表"对话框添加学生表、成绩表和课程表，再在视图设计器窗口就视图将要查询的内容、条件、输出格式等进行如图9－37所示设计，然后关闭视图设计器，在弹出的对话框中输入新视图名称"查成绩1"，将所设计的视图存盘。

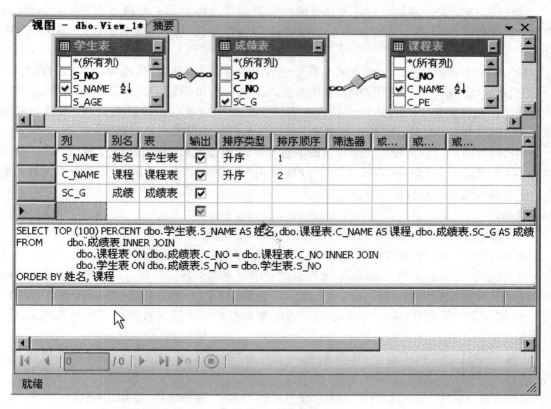

图9－37　视图设计器

3.使用 T－SQL 语句创建视图

可以使用 T－SQL 提供的视图创建语句 CREATE VIEW 创建视图。

①语法摘要

CREATE VIEW［schema_name.］view_name［（column［，...n］）］

［WITH {［ENCRYPTION］［SCHEMABINDING］［VIEW_METADATA］}［,...n］］

AS select_statement［;］

［WITH CHECK OPTION］

②参数摘要与说明

schema_name：视图所属架构的名称。

view_name：视图的名称。必须符合有关标识符的规则。可选择是否指定视图所有者名称。

column：视图中的列使用的名称(请参见创建视图前应当考虑的准则第⑩条)。如果未指定 column,则视图列将获得与 SELECT 语句中的列相同的名称。

AS：指定视图要执行的操作。

select_statement：定义视图的 SELECT 语句。该语句可以使用多个表和其他视图。请参见创建视图前应当考虑的准则的相关内容。

CHECK OPTION：强制针对视图执行的所有数据修改语句都必须符合在 select_statement 中设置的条件。如果在 select_statement 中的任何位置使用 TOP,则不能指定 CHECK OP-TION。

ENCRYPTION：对 sys. syscomments 表中包含 CREATE VIEW 语句文本的条目进行加密。

SCHEMABINDING：将视图绑定到基础表的架构。如果指定了 SCHEMABINDING,则不能按照将影响视图定义的方式修改基表或表。如果视图包含别名数据类型列,则无法指定 SCHEMABINDING。另外,请参见创建视图前应当考虑的准则的相关内容。

VIEW_METADATA：指定为引用视图的查询请求浏览模式的元数据时,SQL Server 实例将向 DB‒Library、ODBC 和 OLE DB 的 API(应用程序编程接口)返回有关视图的元数据信息,而不返回基表的元数据信息。

③备注

- 只能在当前数据库中创建视图。视图最多可以包含 1 024 列。

- 可以使用多个表或带任意复杂性的 SELECT 子句的其他视图创建视图。

- 在索引视图定义中,SELECT 语句必须是单个表的语句或带有可选聚合的多表 JOIN。

- UNION 或 UNION ALL 分隔的函数和多个 SELECT 语句可在 select_statement 中使用。

- 即使指定了 CHECK OPTION,也不能依据视图来验证任何直接对视图的基础表执行的更新。

【例 9‒35】　用 CREATE VIEW 创建一个名为"查成绩 2"的查询学生各门功课成绩的视图。

CREATE VIEW 查成绩 AS SELECT 姓名 = S_NAME, 课程 = C_NAME, 成绩 = SC_G

FROM 成绩表JOIN 课程表 ON 成绩表. C_NO = 课程表. C_NO

　　　　　JOIN 学生表 ON 成绩表. S_NO = 学生表. S_NO

在查询编辑器窗口输入以上语句并执行即可。

【例 9‒36】　用 CREATE VIEW 创建一个名为"查学生"的查询学生基本情况的视图。

CREATE VIEW 查学生 AS SELECT 学号 = S_NO, 姓名 = S_NAME, 性别 = S_SEX, 年龄 = S_AGE,

系部 = S_DP FROM 学生表

9.2.3　视图的使用

1.查询视图数据

可以通过使用对象资源管理器或 T－SQL 语句 2 种方式查询视图数据。

①使用对象资源管理器查询视图的步骤:激活"对象资源管理器"→展开需查询的视图所在的数据库→展开视图节点→鼠标右键单击需查询的视图→在弹出的快捷菜单中选择"打开视图"选项(图 9－38)。

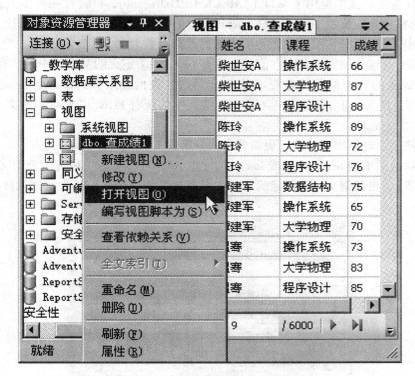

图 9－38　使用对象资源管理器查询视图

【例 9－37】　使用对象资源管理器查询"_查成绩 1"视图:按上述步骤,打开"_查成绩 1"视图,即可看到该视图的全部数据(图 9－38 右边的数据)。

②使用 T－SQL 语句查询视图:在查询编辑器窗口输入 T－SQL 查询语句并执行即可。

【例 9－38】　使用 T－SQL 语句,通过查成绩 2 视图查询数据结构课程成绩 80 分以上的学生成绩。在查询编辑器窗口输入并执行以下语句即可。

SELECT ＊ FROM 查成绩 2 WHERE 课程 = ′操作系统′ AND 成绩 > 80

2.更新视图数据

视图更新是指通过视图更新基本表的数据(修改方式与通过 UPDATE、INSERT 和 DE-LETE 语句修改表中数据一样)。但并非所有的视图都可更新,不满足以下任一限制的视图不能更新：

- 任何修改(包括 UPDATE、INSERT 和 DELETE 语句)都只能引用一个基表的列。

- 视图中被修改的列必须直接引用表列中的基础数据。它们不能通过其他方式派生，例如通过聚合函数、计算(如表达式计算)以及集合运算形成的列得出的计算结果不可更新。

- 正在修改的列不受 GROUP BY、HAVING 或 DISTINCT 子句的影响。

上述限制应用于视图的 FROM 子句中的任何子查询；但并非都应用于分区视图。

因此，例 9 – 34 和例 9 – 35 所建视图不可更新，例 9 – 36 所建视图可以更新。

另外，更新视图数据还将应用以下附加准则：

- 如果在视图定义中使用了 WITH CHECK OPTION 子句，则所有在视图上执行的数据修改语句都必须符合定义视图的 SELECT 语句设置的条件，修改行时需注意不让它们在修改完成后从视图中消失。任何可能导致行消失的修改都会被取消，并显示错误。

- INSERT 语句必须为不允许空值并且没有 DEFAULT 定义的基础表中的所有列指定值。

- 在基础表的列中修改的数据必须符合对这些列的约束，例如为空性、约束及 DE-FAULT 定义等。例如，如果要删除一行，则相关表中的所有 FOREIGN KEY 约束必须仍然得到满足，操作才能成功。

- 不能使用由键集驱动的游标更新分布式分区视图(远程视图)。

- 不能对视图中的 text、ntext 或 image 列使用 READTEXT 语句和 WRITETEXT 语句。

【例 9 – 39】 更新例 9 – 33 创建的"查学生"视图数据。图 9 – 39 为本例执行结果。

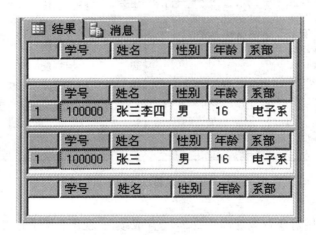

图 9 – 39 例 9 – 39 的执行结果

```
SELECT  *  FROM 查学生
        WHERE 学号 = 100000
INSERT INTO 查学生 VALUES(100000,
        '张三李四', '男', 16, '电子系')
SELECT  *  FROM 查学生
        WHERE 学号 = 100000
```

```
UPDATE 查学生 SET 姓名 = '张三'
        WHERE 姓名 = '张三李四'
SELECT ＊ FROM 查学生
        WHERE 学号 = 100000
DELETE 查学生 WHERE 学号 = 100000
SELECT ＊ FROM 查学生 WHERE 学号 = 100000
```

本例用 INSERT 语句在"查学生"视图插入 1 条记录，然后用 UPDATE 语句修改该记录的"姓名"值，最后用 DELETE 语句删除该记录。这些语句的执行效果得到其后的 SELECT 语句的证实。上述对"查学生"视图数据进行的更新操作实质上是对该视图引用的基本表"学生表"的操作。

9.2.4　视图的修改

修改视图是指更改视图的名称或视图的定义（不要与第 9.2.3 节中的更新视图数据混淆）。

视图定义之后，可以更改视图的名称或视图的定义而无需删除并重新创建视图。删除并重新创建视图会造成与该视图关联的权限丢失。修改视图并不会影响相关对象（例如存储过程或触发器），除非对视图定义的更改使得该相关对象不再有效。也可以修改视图以对其定义进行加密，或确保所有对视图执行的数据修改语句都遵循定义视图的 SELECT 语句中设定的条件集。

1. 更改视图定义

修改视图定义是指修改视图的指定列的列名、别名、表名、是否输出、顺序类型等属性，这与修改表结构不一样（修改表结构是指重新定义列名、属性、约束等）。

可以通过使用对象资源管理器或 T – SQL 语句 2 种方式修改视图定义。

①使用对象资源管理器修改视图定义是修改视图的一种最快捷的方式。

● 激活视图设计器：激活"对象资源管理器"→展开需修改的视图所在的数据库→展开视图节点→鼠标右键单击需修改的视图→在弹出的快捷菜单中选择"修改"选项（参见图 9 –38，只是不选择"打开视图"而选择"修改"选项）→SSMS 的视图设计器（图 9 – 37）被激活。

● 修改视图定义：在视图设计器的用户输入区修改视图将要查询的内容、条件、输出格式等（操作方法与创建新视图一样，参见图 9 – 37），也可直接在查询语句描述区修改 SQL 语句。

● 保存修改内容：修改完毕后关闭视图设计器，在弹出的对话框中选择保存。

②使用 T – SQL 语句修改视图定义：T – sQL 提供了视图修改语句 ALTER VIEW。

● 语法摘要

```
ALTER VIEW [ schema_name. ] view_name [ ( column[ , ... n ] ) ]
[ WITH { [ ENCRYPTION ] [ SCHEMABINDING ] [ VIEW_METADATA ] } [ , ... n ] ]
AS select_statement[ ; ]
[ WITH CHECK OPTION ]
```

● 参数摘要与说明

除 ALTER 关键字外,其他内容与第 9.2.2 节中"使用 T – SQL 语句创建视图"描述的 CREATE VIEW 语句基本相同,请参考前述内容。

● 备注

只有在 ALTER VIEW 执行前后列名称不变的情况下,列的权限才会保持不变。

如果原来的视图定义是使用 WITH ENCRYPTION 或 CHECK OPTION 创建的,则只有在 ALTER VIEW 中也包含这些选项时,才会启用这些选项。

如果当前所用的视图使用 ALTER VIEW 来修改,则数据库引擎使用对该视图的排他架构锁。

ALTER VIEW 可应用于索引视图;但是,ALTER VIEW 会无条件地删除视图的所有索引。

【例 9 – 39】　修改例 9 – 35 创建的"查成绩 2"视图,增加一个"学号"列。

ALTER VIEW 查成绩 AS

　　SELECT 学号 = 学生表.S_NO, 姓名 = S_NAME, 课程 = C_NAME, 成绩 = SC_G

　　　　FROM 成绩表JOIN 课程表 ON 成绩表.C_NO = 课程表.C_NO

　　　　　　　JOIN 学生表 ON 成绩表.S_NO = 学生表.S_NO

在查询编辑器窗口执行上述语句即可。

2. 更改视图名称

可以使用对象资源管理器修改视图名称:在图 9 – 38 所示界面选择"重命名"选项,然后直接修改即可(新名称必须符合有关标识符的规则)。

9.2.5　视图的删除

可以通过使用对象资源管理器或 T – SQL 语句 2 种方式删除视图。

①使用对象资源管理器删除视图:在图 9 – 38 所示界面选择"删除"选项,然后在弹出的"删除对象"对话框单击"确定"即可删除指定的视图。

②使用 T – SQL 语句删除视图:T – SQL 提供了删除视图语句 DROP VIEW。

● 语法摘要

DROP VIEW [schema_name.]view_name [. . . , n] [;]

● 参数摘要与说明

schema_name:该视图所属架构的名称。

view_name:要删除的视图的名称。

● 备注

DROP VIEW 可从当前数据库中删除一个或多个视图。

删除视图时,将从系统目录中删除视图的定义和有关视图的其他信息,以及视图的所有权限。

对索引视图执行 DROP VIEW 时,将自动删除视图上的所有索引。

使用 DROP TABLE 删除表上的任何视图都必须使用 DROP VIEW 显式删除。

9.3　索引

9.3.1　索引概述

1. 索引的概念

通俗地说，数据库中的索引与书籍中的目录类似。书的目录和数据库中的索引都是为快速找到所需信息而设置的。在一本书中，利用目录可快速找到所需章节，无需逐页翻阅整本书；在数据库中，利用索引可快速找到所需数据，无需逐行扫描整个表。书的目录是关于章节标题的列表，其中注明了各章节所在的页码；数据库中的索引是关于表中列的搜索关键字的列表，其中注明了表中各关键字所在行的存储位置。书的目录按章节页码排序；数据库中的索引按键值（关键字的值）排序。

从数据库的角度看，索引是一种特殊的数据对象，是为从庞大的 DB 中迅速找到所需数据而建立的、与表或视图相关联的一种数据结构。索引包含从表或视图中一个或多个列生成的键，以及映射到指定数据的存储位置的指针。这些键按照一种称为 B 树的数据结构，使 SQL Server 可以快速有效地查找与键值关联的行。

简要地说，索引是按 B 树存储的、关于记录的键值逻辑顺序与记录的物理存储位置的映射的一种数据库对象。

2. 索引的用途与优点

索引的用途与优点主要表现在两大方面。

①加速数据操作：数据检索是表数据的查询（SELECT）、排序（ORDER BY）、分组（GROUP BY）、连接（JOIN）、插入（INSERT）、删除（DELETE）等操作的基础，由于索引包含从表中一个或多个列生成的键及映射到指定数据的存储位置的指针，加上 B 树的特点是降低查找树层次、减少比较次数，能对存储在磁盘上的数据提供快速的访问能力，因此，使用索引能够显著减少数据检索的查找次数、减少为返回查询结果集而必须读取的数据量、提高检索效率，从而显著提高数据的查询、插入、排序、删除等操作的速度。另外，数据库的重要功能之一——查询优化功能也是建立在索引技术的基础上的，查询优化器的基本工作原理就是分析要查找的数据情况，决定是否使用索引（例如，需返回的记录占记录总数的比例很大时，应考虑不使用索引）以及使用哪些索引以使该查询最快。

②保障实体完整性：通过创建唯一索引，可以保证表中的数据不重复。在数据表中建立唯一性索引时，组成该索引的字段或字段组合在表中具有唯一值，即对于表中的任何两行记录，索引键的值都不相同。用 INSERT 或 UPDATE 语句添加或修改记录时，SQL Server 将检查所使用的数据是否会造成唯一性索引键值的重复，如果会造成重复，则拒绝 INSERT 或 UPDATE 操作。

然而，索引为性能所带来的好处是有代价的。首先是空间开销显著增加，带索引的表要占据更多的空间；对数据进行插入、更新、删除时，维护索引也要耗费时间资源。

3. 索引的类型

SQL Server 2005 支持的索引可以按两种方法分类。

①按照索引与记录的存储模式，分为聚集索引与非聚集索引。

● 聚集索引根据数据行的键值在表或视图中排序和存储这些数据行。它按支持对行进行快速检索的 B 树结构实现，索引的底层(叶层)包含表的实际数据行。每个表只有一个聚集索引。

● 非聚集索引具有独立于数据行的结构。非聚集索引的每一行都包含非聚集索引键值和指向包含该键值的数据行的指针(该指针称为行定位器，其结构取决于数据页是存储在堆中还是聚集表中。对于堆，行定位器是指向行的指针；对于聚集表，行定位器是聚集索引键)。非聚集索引中的行按索引键值的顺序存储，但不保证数据行按任何特定顺序存储。一个表可有多个非聚集索引。

非聚集索引也采用 B 树结构，它与聚集索引的显著差别在于两点：基础表的数据行不按非聚集键的顺序排序和存储；非聚集索引的叶层是由索引页而不是由数据页组成。

只有当表包含聚集索引时，表中的数据行才按排序顺序存储(该表称为聚集表)。如果表没有聚集索引，则其数据行存储在一个称为堆的无序结构中。

在查询(SELECT)记录的场合，聚集索引比非聚集索引有更快的数据访问速度。在添加(INSERT)或更新(UPDATE)记录的场合，由于使用聚集索引时需要先对记录排序，然后再存储到表中，所以使用聚集索引要比非聚集索引速度慢。

②按照索引的用途，分为唯一索引、包含性列索引、索引视图、全文索引和 XML 索引。

● 唯一索引确保索引键不包含重复的值，因此，表或视图中的每一行在某种程度上是唯一的。聚集索引和非聚集索引都可以是唯一索引。主键索引是唯一索引的特殊类型，在数据库关系图中为表定义一个主键时，将自动创建主键索引。

● 包含性列索引是一种非聚集索引，它扩展后不仅包含键列，还包含非键列。在 SQL Server 2005 中，可以通过包含索引键列和非键列来扩展非聚集索引。非键列存储在索引 B 树的叶级别。包含非键列的索引在它们包含查询时可提供最大的好处，这意味着索引包含查询引用的所有列。

● 索引视图是建有唯一聚集索引的视图，它具体化(执行)视图并将结果集永久存储在唯一的聚集索引中，其存储方法与带聚集索引的表相同。创建聚集索引后，可为视图添加非聚集索引。

● 全文索引是一种基于标记的功能性索引，由 MS SQL Server 全文引擎(MSFTESQL)服务创建和维护，用于帮助在字符串数据中搜索复杂的词。全文本索引依赖于常规索引。

● XML 数据类型索引是 xml 型数据列中 XML 二进制大型对象(BLOB)的已拆分持久表示形式。

9.3.2　索引的设计

索引设计不佳和缺少索引都是提高数据库和应用程序性能的主要障碍，为数据库及其工作负荷选择正确的索引是一项需要在查询速度与更新所需开销之间取得平衡的复杂任务，窄索引(列数少的索引)所需的磁盘空间和维护开销都较少，而宽索引则可覆盖更多的查询。在设计和使用索引时，应确保对性能的提高程度大于在存储空间和处理资源方面的代价。

合理的索引设计建立在对各种查询的分析和预测上，且可能要试验若干相同的设计才能找到最有效的索引。设计索引时应考虑使索引可以添加、修改和删除而不影响数据库架构或应用程序设计。因此，应试验多个不同的索引。

1. 索引设计的任务

索引设计是一项重要任务。索引设计包括确定要使用的列，选择索引类型（例如聚集或非聚集），选择适当的索引选项，以及确定文件组或分区方案布置。

为此，必须了解数据库本身特征，了解最常用查询的特征，了解查询中使用的列的特征，确定哪些索引选项可在创建或维护索引时提高性能，确定索引的最佳存储位置。

例如，将非聚集索引存储在表文件组所在磁盘以外的某个磁盘上的一个文件组中可以提高性能，因为可以同时读取多个磁盘。

2. 索引设计常规指南

索引设计时，一般应考虑下列因素和注意事项。

①数据库：经常更新的表索引不宜过多，且应使用窄索引，以免大量的索引维护开销影响 INSERT、UPDATE 和 DELETE 语句的性能；数据量大而更新少的表，可考虑较多的索引，以提高 SELECT 语句的性能（查询优化器有更多的索引可选择，以确定最快的访问方法）；小表的索引可能效果不佳，因为索引可能从来不用（遍历索引的时间开销可能比简单的表扫描还多），其维护开销却一点也少不了；对于包含聚集函数或连接的视图，索引可显著提升其性能。

②查询：创建索引前应先了解访问数据的方式；避免添加不必要的列（太多的索引列将增加对磁盘空间和索引维护开销）；覆盖查询因使用涵盖索引（包含查询中所有列的索引）而可大大提高查询性能（要求的数据全部存在于索引中，查询优化器只需访问索引页，不需访问表）。

③列：检查列的唯一性（同一个列组合的唯一索引将提供有关使索引更有用的查询优化器的附加信息）；检查列中的数据分布（为非重复值很少的列创建索引或在这样的列上执行连接将导致长时间运行的查询）；适当安排包含多个列的索引中的列的顺序（使用 =、>、< 或 BETWEEN 搜索条件的 WHERE 子句或参与连接的列应放在最前面，其他列按从数据最不重复的列到最重复的列排序）。

④索引类型：聚集或非聚集；唯一或非唯一；单列或是多列；索引中的列是升序或降序排序。确定某一索引适合某一查询后，可选择最适合具体情况的索引类型。例如，范围查询宜使用聚集索引；返回同一源表多列数据的覆盖查询宜使用非聚集索引；经常同时存取多列，且每列都含有重复值可考虑建立组合索引，且要尽量使关键查询形成索引覆盖，其前导列一定是使用最频繁的列；对小表或只有很少的非重复值的列建立索引则可能得不偿失（大多数查询将不使用索引，因为此时表扫描通常更有效）。

3. 聚集索引设计指南

聚集索引适合于实现下列功能：提供高度唯一性，范围查询，经常使用的查询。

①查询：考虑对具有以下特点的查询使用聚集索引：范围查询（如使用 BETWEEN、>、>=、< 和 <= 运算符返回一系列值的查询。找到包含第一个值的行后，聚集索引确保包含后续索引值的行物理相邻）；返回大型结果集的查询；使用 JOIN 子句（外键列）的查询；使用 ORDER BY 或 GROUP BY 子句的查询（子句中指定列的聚集索引可使数据库引擎不必对数据

进行排序)。

②列:一般而言,聚集索引键使用的列越少越好,索引键长度宜短。

● 具有下列属性的列可考虑建立聚集索引:非重复值很少或 IDENTITY 列;按顺序被访问的列;经常用于对表中检索到的数据排序的列(按该列对表进行聚集可在查询该列时节省排序成本)。

● 具有下列属性的列不适合聚集索引:频繁更新的列(数据库引擎为保持聚集将进行大量的整行数据移动);非重复值很少的列;宽键(宽键是若干列或大型列的组合。所有非聚集索引都把聚集索引的键值用作查找键,宽键的聚集索引将使为同一表的所有非聚集索引都增大许多)。

③索引选项:创建聚集索引时,可指定若干索引选项。因为聚集索引通常都很大,所以应特别注意下列选项:SORT_IN_TEMPDB;DROP_EXISTING;FILLFACTOR;ONLINE。

4.非聚集索引设计指南

通常,设计非聚集索引是为改善经常使用的、没有建立聚集索引的查询的性能。查询优化器搜索数据时,先搜索索引以找到数据在表中的位置,然后直接从该位置检索数据。这使非聚集索引成为完全匹配查询的最佳选择,因为索引包含说明数据在表中的位置的项。查询优化器在索引中找到所有项后,可直接转到准确的页和行检索数据。

①查询:考虑对具有以下属性的查询使用非聚集索引:使用 JOIN 或 GROUP BY 子句的查询(为其中涉及的非外键列创建多个非聚集索引);不返回大型结果集的查询;包含经常在查询条件(如返回完全匹配的 WHERE 子句)中的列的查询。

②列:具有以下一个或多个属性的列可考虑非聚集索引:频繁更新的列;具有大量非重复值的列(前提是聚集索引被用于其他列);覆盖查询中的列(使用包含列的索引来添加覆盖列,而不是创建宽索引键。注意,如果表有聚集索引,则该聚集索引中定义的列将自动追加到表上每个非聚集索引的末端。这可用以生成覆盖查询,而不用在非聚集索引定义中指定聚集索引列。例如,表在列 C 上有聚集索引,则该表上关于列 A 和列 B 列的非聚集索引的键值列包括 A、B 和 C)。

③索引选项:创建非聚集索引时可指定若干索引选项。要尤其注意 FILLFACTOR、ON-LINE。

5.唯一索引设计指南

仅当唯一性是数据本身特征时,才能创建唯一索引;多列唯一索引能保证索引键中值的每个组合是唯一;聚集索引和非聚集索引都可以是唯一索引;唯一非聚集索引可包括包含性非键列。

PRIMARY KEY 或 UNIQUE 约束自动为列创建唯一索引。UNIQUE 约束与独立于约束的唯一索引无明显区别。若目的是实现数据完整性,应为使用 UNIQUE 或 PRIMARY KEY 约束,使索引目标明确。

唯一索引的优点包括确保定义的列的数据完整性和提供对查询优化器有用的附加信息。因此,如果数据是唯一的且希望强制实现唯一性,建议通过 UNIQUE 约束来创建唯一索引,为查询优化器提供附加信息,从而生成更有效的执行计划。

创建唯一索引时可指定若干索引选项。特别要注意下列选项:IGNORE_DUP_KEY;ON-

LINE。

9.3.3　索引的创建

索引设计完成后，可着手创建索引。在创建索引前，应先考虑一些注意事项。

1. 创建索引的注意事项

- 确定最佳的创建方法。根据实际应用情况，选择以下方法之一创建索引。

通过 CREATE TABLE 或 ALTER TABLE 时对列定义 PRIMARY KEY 或 UNIQUE 约束创建索引。该方法创建的索引是约束一部分，系统将自动给定与约束名称相同的索引名称。

使用 CREATE INDEX 语句或对象资源管理器中的"新建索引"对话框创建独立于约束的索引（详见本节后述）。默认情况下，如果未指定聚集或唯一选项，将创建非聚集的非唯一索引。

- 不要使索引超出表 9 – 3 所列出的最大值。

表 9 – 3　应用于聚集索引、非聚集索引和 XML 索引的最大值

索引限制	最大值	备　注
每个表的聚集索引数	1	
每个表的非聚集索引数	249	含 PRIMARY KEY、UNIQUE 创建的非聚集索引，不含 XML 索引
每个表的 XML 索引数	249	包括 XML 数据类型列的主 XML 索引和辅助 XML 索引
每个索引的键列数	16 *	如果表中还包含主 XML 索引，则聚集索引限制为 15 列
最大索引键记录大小	900 字节 *	与 XML 索引无关
可包含的非键列数量	1023	

- ＊ 通过在索引中包含非键列可以避免受非聚集索引的索引键列和记录大小的限制。
- 对于空表，创建索引时不会对性能产生任何影响，而向表中添加数据时会对性能产生影响。
- 对现有表创建索引时，应将 ONLINE 选项设为 ON，使表及其索引可用于数据查询和修改。
- 对大型表创建索引时应仔细计划以免影响数据库性能。对大型表创建索引的首选方法是先创建聚集索引，然后创建任何非聚集索引。
- 创建索引后，索引将自动启用并可以使用。可以通过禁用索引来删除对该索引的访问。

2. 创建索引

SQL Server 2005 创建索引有两种方式：一种是在 SSMS 中使用向导创建；另一种是通过在查询编辑器窗口中执行 T – SQL 语句创建。这两种方式都可用于创建附属于列定义 PRIMARY KEY 或 UNIQUE 约束的索引（参见第 8 章 8.2 节）和独立于约束的索引。本章介绍使用对象资源管理器中的新建索引对话框和 CREATE INDEX 语句创建独立于约束的索引。

①使用向导创建索引,步骤:

• 激活新建索引对话框:激活对象资源管理器→展开需新建索引的数据库→展开"表"节点→展开需新建索引的数据表→鼠标右键单击"索引"节点→在弹出的快捷菜单中选择新建索引选项(图9-40)→自动弹出新建索引对话框。

• 定义索引:在新建索引对话框指定新索引的各项属性:新建索引对话框(图9-41)的界面主要有2部分:左上角是对话窗口的"选择页",用以选择对话框的"常规"、"选项"、"包含性列"和"存储"4个对话页;右边是对话页窗口(每次显示其中1个窗口)。

"常规"页用于指定索引的名称、类型(聚集、非聚集、XML以及唯一)等属性,添加、删除索引键列,以及改变索引键列的顺序(图9-41)。

"包含性列"页用于添加、删除包含在索引中的非键列。

"选项"页用于指定忽略重复值,自动重新计算统计信息,在访问索引时使用行锁、表锁以及是否允许在创建索引时在线处理 DML 等。

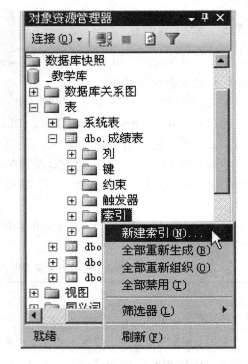

图9-40　激活新建索引对话框

"存储"页用于指定对指定的文件组或分区方案创建索引等。

在"常规"页和"包含性列"页点击"添加…"按钮时,还会弹出选择列对话框,用以选择要添加到索引键的表列(图9-42)。

4个对话页的相关内容指定完毕后,点击新建索引对话框的确定按钮,即可完成新索引定义。

• 创建新索引:一旦用户完成新索引定义,SQL Server 数据库引擎将立即创建所定义的索引。在 SSMS 的对象资源管理器窗口中,该表的"索引"对象下面会显示该索引。

②使用 T-SQL 语句创建索引:

在 SQL Server 2005 中,可通过执行 T-SQL 的 CREATE INDEX 语句创建索引。

• 语法摘要

CREATE [UNIQUE] [CLUSTERED|NONCLUSTERED] INDEX index_name

ON <object> (column_name [ASC|DESC] [,...n])

[WITH <backward_compatible_index_option> [,...n]]

[ON {filegroup_name|"default"}]

其中:

<object> ::= { [database_name. [owner_name]. |owner_name.] table_or_view_name }

<backward_compatible_index_option> ::= { PAD_INDEX|FILLFACTOR = fillfactor

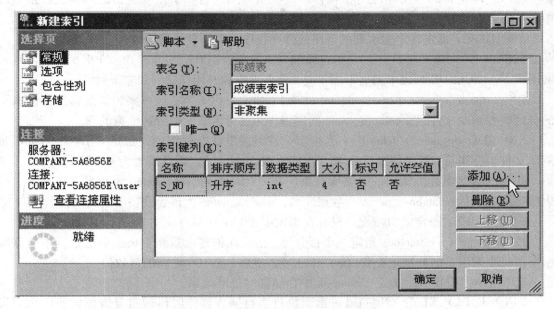

图 9-41　新建索引对话框的"常规"页

图 9-42　选择列对话框

　　　　|SORT_IN_TEMPDB|IGNORE_DUP_KEY|STATISTICS_NORECOMPUTE |DROP_EX-
ISTING }

● 参数摘要与说明

UNIQUE：指定为表或视图创建唯一索引。视图的聚集索引必须唯一。

CLUSTERED|NONCLUSTERED：指定创建聚集索引或非聚集索引(默认设置)。

index_name：索引的名称。索引名称在表或视图中必须唯一，但在数据库中不必唯一。

column：索引所基于的列。指定两个或多个列名，可为指定列的组合值创建组合索引。

在 table_or_view_name 后的括号中,按排序优先级列出组合索引中要包括的列。组合索引键中的所有列必须在同一个表或视图中。

ASC|DESC:确定特定索引列的升序或降序排序方向。默认值为 ASC。

INCLUDE(column[,...n]):指定添加到非聚集索引叶层的非键列。非聚集索引可唯一或不唯一。INCLUDE 列表中列名不能重复,且列不能同时用作键列和非键列。

ON partition_scheme_name(column_name):指定分区方案,该方案定义要将已分区索引的分区映射到的文件组。column_name 指定将作为已分区索引的分区依据的列。

ON {filegroup_name|"default"}:为指定文件组或默认文件组创建指定索引。"default"是默认文件组标识符,且必须进行分隔(类似于 ON "default")。默认设置为 ON "default"。

object:要为其建立索引的数据库对象。其中:table_or_view_name 为要为其建立索引的表或视图的名称;database_name 为数据库名;schema_name 为该表或视图所属架构名。

PAD_INDEX:指定索引填充。只有在指定了 FILLFACTOR 时才有用。

FILLFACTOR = fillfactor:指定一个百分比,指示在创建或重新生成索引的过程中数据库引擎使每个索引页的叶层填充程度。fillfactor 必须为 1 至 100 之间的整数值。

SORT_IN_TEMPDB:指定在 tempdb 中存储临时排序结果。

IGNORE_DUP_KEY:指定对唯一索引执行多行插入操作时出现重复键值的错误响应发出警告信息,且只有违反了唯一索引的行才会失败。不指定该选项,则回滚整个 INSERT 事务。

STATISTICS_NORECOMPUTE:指定不自动重新计算过时的统计信息。

DROP_EXISTING:指定删除并重新生成已命名的先前存在的聚集、非聚集索引或 XML 索引。

● 备注

因为聚集索引的叶层与其数据页相同,所以创建聚集索引和使用 ON partition_scheme_name 或 ON filegroup_name 子句实际上会将表从创建该表时所在的文件组移到新的分区方案或文件组中。对特定的文件组创建表或索引之前,应确认哪些文件组可用并且有足够的空间供索引使用。

在创建任何非聚集索引前创建聚集索引,创建聚集索引时会重新生成表中现有的非聚集索引。

必须使用 SCHEMABINDING 定义视图,才能为视图创建索引。为视图创建唯一聚集索引会在物理上具体化该视图。必须先为视图创建唯一的聚集索引,然后才能为该视图创建其他索引。

不能将大型对象(LOB)数据类型 ntext、text、varchar(max)、nvarchar(max)、varbinary(max)、xml 或 image 的列指定为索引的键列。

【例 9 – 40】 为课程表创建一个基于课程名(C_NAME)并升序排序的唯一非聚集索引 C_NAME。

CREATE UNIQUE NONCLUSTERED INDEX C_NAME ON 课程表(C_NAME)

【例 9 – 41】 将例 9 – 40 创建的 C_NAME 改为基于课程名(C_NAME)和开课系部(C_DP)的唯一非聚集组合索引,并设置插入同值记录时只有违反了唯一索引的行才会失败。

CREATE UNIQUE NONCLUSTERED INDEX C_NAME
ON 课程表(C_NAME ASC, C_DP)
WITH IGNORE_DUP_KEY, DROP_EXISTING

9.3.4　索引的修改

使用对象资源管理器修改索引是最为快捷的、方便的方法。

1. 修改索引定义

①使用索引属性编辑框修改,步骤如下:

● 激活索引属性编辑框:激活对象资源管理器→展开需修改索引所在的数据库→展开"表"节点→展开需修改索引所在的数据表→展开"索引"节点→鼠标右键单击需修改的索引→在弹出的快捷菜单中选择"属性"选项(图9-43)→自动弹出索引属性编辑框。

图9-43　激活索引属性编辑框

● 修改索引定义:索引属性编辑框(图9-44)与图9-41所示的新建索引对话框极为相似。除了增加了"碎片"、"扩展属性"2个选择页选项及其对话页外,其他"常规"、"选项"、"包含性列"和"存储"4个对话页的内容和用法与新建索引对话框新建索引对话框一样。用户可在这些对话页内查看、修改索引的各种属性(索引名称除外)。

属性修改完毕后,点击索引属性编辑框的确定按钮,SQL Server数据库引擎将立即按照新的定义修改索引。

②使用表设计器修改,步骤如下:

● 激活表设计器:展开需修改索引所在数据库→展开"表"节点→鼠标右键单击需修改索引所在的数据表→在弹出的快捷菜单中选择"修改"选项(图9-45)→系统弹出表设计器。

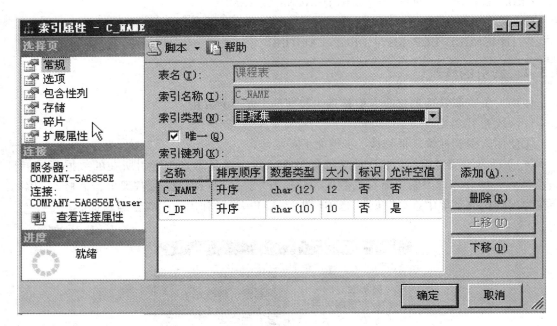

图9-44 索引属性编辑框

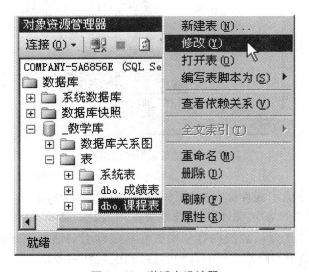

图9-45 激活表设计器

● 激活索引/键编辑框：在表设计器窗口右键单击需修改索引所在列名→在快捷菜单中选择"索引/键"选项→系统自动弹出"索引/键"编辑框(参见第8.5.1节图8-26、图8-27)。

● 修改索引定义：在"索引/键"编辑框内选择需修改索引名称，并编辑其各项相关属性。修改完毕后依次关闭"索引/键"编辑框和表设计器，将修改内容存盘，即可。

2. 更改索引名称

步骤：激活对象资源管理器→展开需修改索引所在的数据库→展开"表"节点→展开需修改索引所在的数据表→展开"索引"节点→鼠标右键单击需修改的索引→在弹出的快捷菜单（参见图 9 - 43）中选择"重命名"选项，然后直接修改索引名称即可。

9.3.5　索引的删除

（1）用对象资源管理器删除，步骤：激活对象资源管理器→展开需修改索引所在的数据库→展开"表"节点→展开需修改索引所在的数据表→展开"索引"节点→鼠标右键单击需修改的索引→在弹出的快捷菜单（参见图 9 - 43）中选择"删除"选项。然后在弹出的"删除对象"对话框单击"确定"按钮即可。

（2）T - SQL 的 DROP INDEX 语句删除。

- 语法摘要

DROP INDEX table_name. index_name

- 参数摘要与说明

table_name：指定要删除索引的表的名称。

index_name：要删除的索引。

- 备注

DROP INDEX 语句不适用于通过定义 PRIMARY KEY 或 UNIQUE 约束创建的索引。

9.3.6　索引视图

1. 索引视图的概念、意义与使用场合

索引视图是指拥有唯一聚集索引的视图。

标准视图运行时将被实体化，所有计算都在视图被引用间进行。对于涉及大量数据的复杂处理（如聚集大量数据或连接许多行）的视图，为每个引用视图的查询动态生成结果集的开销很大。在视图上创建了唯一聚集索引之后，视图的结果集立即被实体化并存储在数据库中，如同带有聚集索引的表一样。这样，引用索引视图就可以节省每次进行这些处理所付出的大量开销。如果很少更新基础数据，则索引视图的效果最佳。

索引视图能提高下列查询的性能：能预先计算聚合并将存储在索引中，从而最大限度地减少执行查询期间进行高成本计算；能预先联接表并存储生成的数据集；能存储连接或聚合的组合。

索引视图通常不会提高下列查询的性能：经常大量更新的数据库；不涉及聚集或连接的查询；使用 GROUP BY 子句的数据聚集；扩展连接。

2. 创建、使用索引视图的注意事项

在对视图创建聚集索引之前，该视图必须符合下列要求：

- 执行 CREATE VIEW 语句时，ANSI_NULLS 和 QUOTED_IDENTIFIER 选项必须设置为 ON。OBJECTPROPERTY 函数通过 ExecIsAnsiNullsOn 或 ExecIsQuotedIdentOn 属性为视图报告此信息。

- 要执行所有 CREATE TABLE 语句以创建视图引用的表，ANSI_NULLS 选项必须设置为 ON。

- 视图不能引用其他视图,只能引用与视图位于同一数据库中且所有者也相同的基表。
- 必须已使用 SCHEMABINDING 选项创建视图(将视图绑定到基础基表的架构)。
- 必须已使用 SCHEMABINDING 选项创建了视图引用的用户定义函数。
- 表和用户定义函数必须由视图中由两部分组成的名称引用。不允许由一部分、三部分和四部分组成的名称引用它们。
- 视图中的表达式引用的所有函数必须是确定的。OBJECTPROPERTY 函数的 IsDeterministic 属性报告用户定义函数是否是确定的。
- 如果视图定义使用聚合函数,SELECT 列表还必须包括 COUNT_BIG (*)。
- 用户定义函数的数据访问属性必须为 NO SQL,外部访问属性必须是 NO。
- 视图中的 SELECT 语句不能包含下列 T – SQL 语法元素:

▲ 指定列的 * 或 table_name. * 语法。必须明确给出列名。

▲ 不能在多个视图列中指定用作简单表达式的表列名。如果对列的所有(或除了一个引用之外的所有)引用是复杂表达式的一部分或是函数的一个参数,则可以多次引用该列。

例如,右边的 SELECT 列表无效: SELECT ColumnA , ColumnB , ColumnA

下面的 SELECT 列表有效:

SELECT SUM(ColumnA) AS SumColA , ColumnA % ColumnB AS ModuloColAColB , COUNT _BIG(*) AS cBig FROM dbo. T1 GROUP BY ModuloColAColB

▲ 在 GROUP BY 子句中使用的列的表达式或基于聚合结果的表达式。

▲ 派生表;通用表表达式(CTE);行集函数;UNION、EXCEPT 或 INTERSECT 运算符;子查询;外联接或自联接;TOP 子句;ORDER BY 子句;DISTINCT 关键字;全文谓词 CONTAINS 或 FREETEXT;COMPUTE 或 COMPUTE BY 子句;CROSS APPLY 或 OUTER APPLY 运算符;联接提示。

▲ COUNT(*)(允许 COUNT_BIG(*));AVG、MAX、MIN、STDEV、STDEVP、VAR 或 VARP 聚合函数;引用可为空表达式的 SUM 函数;CLR 用户定义聚合函数。

- 指定 GROUP BY 后,视图 SELECT 列表必须包含 COUNT_BIG(*)表达式,并且视图定义不能指定 HAVING、CUBE 或 ROLLUP。

其他注意事项:

- 创建聚集索引后,任何尝试修改视图基本数据的连接,其选项设置必须与创建索引的选项设置相同。否则 SQL Server 将生成错误,并回滚影响视图结果集的 INSERT、UPDATE 或 DELETE 语句。
- 删除视图的聚集索引,将一并删除该视图的所有非聚集索引、自动创建的统计信息、存储的结果集,并且查询优化器将重新像处理标准视图那样处理视图。
- CREATE UNIQUE CLUSTERED INDEX 语句仅指定组成聚集索引键的列,视图的完整结果集将存储在数据库中。聚集索引的 B 树结构仅包含键列,但数据行包含视图结果集中的所有列。
- 若要向现有的视图添加索引,必须架构绑定任何要放置索引的视图。可执行下列操作:

▲ 删除视图并通过指定 WITH SCHEMABINDING 重新创建视图。

▲ 创建另一个视图，使其具有与现有视图相同的文本，仅名称不同。优化器将考虑新视图的索引，即使查询的 FROM 子句中没有直接引用它。

▲ 使用 SSMS 修改视图，将视图绑定到基表的架构（参见例 9 – 42）。

● 不能删除架构绑定视图引用的表，或对表执行可能影响视图定义的 ALTER TABLE 语句。

● 必须确保新视图符合索引视图的所有要求。包括视图及其所引用的所有基表的所有者。

● 可以禁用表和视图的索引。禁用表的聚集索引时，与该表关联的视图的索引也将被禁用。

3. 为视图建立唯一聚集索引

可以使用 T – SQL 的 CREATE INDEX 语句或 SSMS 为视图建立唯一聚集索引。

【例 9 – 42】　使用 SSMS 为例 9 – 36 创建的"查学生"视图建立唯一聚集索引。

①将视图架构绑定到基本表：如果视图不具备架构绑定，要为其建立唯一聚集索引，必须先将其架构绑定到基表，可使用 SSMS 修改视图，将视图绑定到基表的架构，方法如下：

● 激活视图设计器：激活对象资源管理器→展开视图所在的数据库→展开视图节点→鼠标右键单击需修改的视图→在弹出的快捷菜单中选择"修改"选项（参见图 9 – 38，只是不选择"打开视图"而选择"修改"选项）→SSMS 的视图设计器（图 9 – 37）被激活。

● 激活属性窗口：如果 SSMS 的属性窗口（默认位置在 SSMS 主窗口右边）未激活，则按"F4"键或在 SSMS 主菜单的"视图（V）"选项组内选择"属性窗口（W）"选项，激活属性窗口。

● 在属性窗口的"视图设计器"栏将"绑定到架构"属性由"否"改为"是"。

● 保存修改内容：修改完毕后关闭视图设计器，在弹出的对话框中选择保存。

②创建唯一聚集索引：

● 激活新建索引对话框：展开视图所在的数据库→展开视图节点→展开需新建索引的视图→鼠标右键单击"索引"节点→在弹出的快捷菜单中选择新建索引选项（图 9 – 47）→系统自动弹出"新建索引"对话框。

● 定义唯一聚集索引：在弹出的新建索引对话框中指定新索引的各项属性（图 9 – 48）。其中，必须将"索引类型"设置为"聚集"并选定"唯一（Q）"属性；添加的索引键列必须具备数据唯一性（例如"查学生"视图的"学号"列）。

关于新建索引对话框的界面各部分、各对话页的介绍请参见第 9.3.3 节"①使用向导创建索引"的相关内容。

● 创建新索引：一旦用户完成新索引定义，SQL Server 数据库引擎将立即创建所定义的索引。在 SSMS 的对象资源管理器窗口中，该视图的"索引"对象下面会显示该索引。

【例 9 – 43】　使用 CREATE INDEX 语句为例 9 – 36 创建的"查学生"视图建立唯一聚集索引。

①将视图架构绑定到基本表：参见例 9 – 42。

②使用 CREATE INDEX 语句建立唯一聚集索引：

CREATE UNIQUE CLUSTERED INDEX 索引视图 ON 查学生(学号)

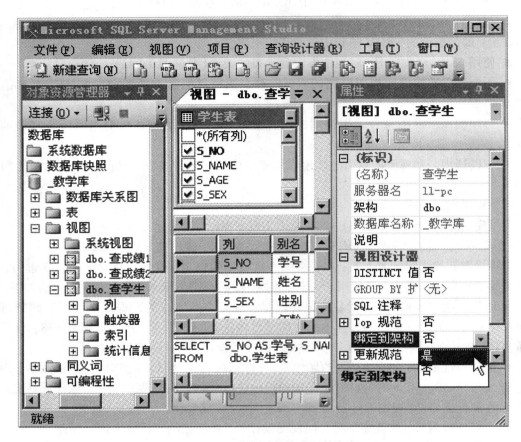

图 9-46　将视图架构绑定到基本表

图 9-47　激活新建索引对话框

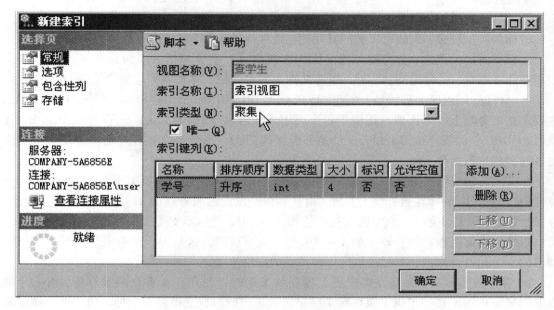

图 9 - 48 定义唯一聚集索引

9.4 游 标

9.4.1 游标的概念、用途与类型

1. 游标的概念

关系数据库中的操作会对整个行集起作用。由 SELECT 语句返回的行集包括满足该语句的 WHERE 子句中条件的所有行。这种由语句返回的完整行集称为结果集。应用程序(特别是交互式联机应用程序)有时需要每次处理一行或一部分行。游标可以满足这种需要。

游标是一种从包括多条数据记录的结果集中每次提取一条记录以便处理的机制,可以看作查询结果的记录指针。

2. 游标的用途

SQL Server 2005 通过游标提供对一个结果集进行逐行处理的能力。游标相当于查询结果的记录指针,在某一时刻,该指针只指向一条记录。

游标通过以下方式来扩展结果处理:

* 允许定位在结果集的特定行。

* 从结果集的当前位置检索一行或一部分行。

* 支持对结果集中当前位置的行进行数据修改。

* 为由其他用户对显示在结果集中的数据库数据所做的更改提供不同级别的可见性支持。

- 提供脚本、存储过程和触发器中用于访问结果集中的数据的 T–SQL 语句。

3. 游标的类型

游标的类型较多,大致可以按照其用途、处理特性、移动方式进行分类。

①根据游标的用途,分为服务器游标和客户游标。前者包括 API 游标和 T–SQL 游标,使用在服务器端,又称为后台游标;后者又称为前台游标。本章我们主要介绍服务器游标。

- API(应用程序编程接口)游标支持在 OLE DB、ODBC 及 DB_library 中使用游标函数,主要用在服务器上。每次客户端应用程序调用 API 游标函数,MS SQL SEVER 的 OLE DB 提供者、ODBC 驱动程序或 DB_library 的动态链接库(DLL)都会将这些客户请求传给服务器以对 API 游标进行处理。

- T–SQL 游标由 DECLARE CURSOR 语法定义、主要用在 T–SQL 脚本、存储过程和触发器中。T–SQL 游标在服务器上实现,由从客户端发送给服务器的 T–SQL 语句或批处理、存储过程、触发器中的 T–SQL 语句进行管理。T–SQL 游标不支持提取数据块或多行数据。

包含在存储过程和触发器中的 T–SQL 游标效率极高。这是因为所有操作都编译到服务器上的一个执行计划内,不存在与行提取关联的网络流量。

- 客户端游标主要是当在客户机上缓存结果集时才使用。在客户端游标中,有一个缺省的结果集被用来在客户机上缓存整个结果集。客户游标仅支持静态游标。由于服务器游标并不支持所有的 T–SQL 语句或批处理,所以客户游标常被用作服务器游标的辅助。一般情况下,服务器游标能支持绝大多数游标操作。

②根据游标的处理特性,SQL Server 2005 将游标分为静态游标、动态游标、只进游标和键集驱动游标。

- 静态游标的完整结果集于打开游标时建立在 temptb 中,它按照打开游标时的原样显示结果集。SQL Server 2005 的静态游标是只读游标,不反映游标打开后数据库中的任何更改(包括 UPDATE、INSERT 和 DELETE),甚至不反映使用打开游标的同一连接所做的修改,但消耗的资源相对很少。

- 动态游标与静态游标相反。滚动游标时,动态游标反映结果集中所做的所有更改,所有用户做的全部 UPDATE、INSERT 和 DELETE 语句均通过游标可见,消耗的资源较多。

- 键集驱动游标由一组唯一标识符(键)控制,这组键称为键集。键集是打开游标时来自符合 SELECT 语句要求的所有行中的一组键值,于打开该游标时在 tempdb 中生成。当用户滚动游标时,对非键集列中的数据值所做的更改是可见的。在游标外对数据库所做的插入在游标内不可见。键集驱动游标反映游标打开后数据库的更新的能力和资源消耗介于动态游标与静态游标之间。

- 只进游标不支持滚动,只支持游标从头到尾顺序提取。行在从数据库中提取出来后才能检索。对所有影响结果集中的行的 INSERT、UPDATE 和 DELETE,在这些行从游标中提取时是可见的。由于游标无法向后滚动,在提取行后对数据库中的行进行的大多数更改通过游标均不可见。当值用于确定所修改的结果集(例如更新聚集索引涵盖的列)中行的位置时,修改后的值通过游标可见。

③根据游标移动方式,分为滚动游标和只进游标。

- 滚动游标可以在游标结果集中前后移动,包括移向下一行、上一行、第一行、最后一行、某一行或移到指定行等。

- 只进游标只能在结果集中向前移动，即移到下一行。

④根据游标结果集是否允许修改，分为只读游标和可写游标两种。

- 只读游标禁止修改游标结果集中的数据。

- 可写游标可修改游标结果集中的数据，它又分为部分可写和全部可写。部分可写表示只能修改数据行指定的列，而全部可写表示可以修改数据行所有的列。

尽管数据库 API 游标模式把只进游标看成一种单独的游标类型，但 MS SQL Server 2005 将只进和滚动都作为能应用于静态游标、键集驱动游标和动态游标的选项。数据库 API 游标模型则假定静态游标、键集驱动游标和动态游标都是可滚动的。当数据库 API 游标属性设置为只进时，SQL Server 将此游标作为只进动态游标使用。

不要混合使用这些不同类型的游标。如果从一个应用程序中执行 DECLARECURSOR 和 OPEN 语句，应先将 API 游标属性设置为默认值。否则 SQL Server 将 API 游标映射到 T－SQL 游标。

服务器游标的一个潜在缺点是它们不支持生成多个结果集的 T－SQL 语句，因此，当应用程序执行包含多个 SELECT 语句的存储过程或批处理时，不能使用服务器游标。服务器游标也不支持包含 COMPIYIE、COMPUTE BY、FOR BROWSE 或 INID 关键字的 SQL 语句。

9.4.2 游标的声明、打开、读取、关闭与删除型

1. 声明游标

声明游标是指定义游标的结构、属性，指明游标的结果集包括哪些数据、处理特性等。

可使用 DECLARE CURSOR 语句声明游标，有两种方式：标准方式和 T－SQL 扩展方式。

①标准方式（SQL－92 格式）

- 语法摘要

DECLARE cursor_name［INSENSITIVE］［SCROLL］CURSOR FOR select_statement
  ［FOR｛READ ONLY∣UPDATE［OF column_name［，…n］］｝］［；］

- 参数摘要与说明

cursor_name：所声明的游标名称。

INSENSITIVE：表示声明一个静态游标。使用 SQL－92 语法时，如果省略 INSENSITIVE，则已提交的（任何用户）对基础表的删除和更新都反映在后面的提取中。

SCROLL：表示声明一个滚动游标。如果未在 SQL－92 的 DECLARE CURSOR 中指定 SCROLL，则为只进游标。如果也指定了 FAST_FORWARD，则不能指定 SCROLL。

select_statement：定义游标结果集的标准 SELECT 语句。其内不允许使用关键字 COM-PUTE、COMPUTE BY、FOR BROWSE 和 INTO。

READ ONLY：表示声明一个只读游标。在 UPDATE 或 DELETE 语句的 WHERE CUR-RENT OF 子句中不能引用游标。该选项优于要更新的游标的默认功能。

UPDATE［OF column_name［，…n］］：表示声明一个可写游标。如果指定了 OF column_name［，…n］，则只允许修改列出的列。如果指定了 UPDATE，但未指定列的列表，则可更新所有列。

②T – SQL 扩展方式(T – SQL 格式)

- 语法摘要

DECLARE cursor_name CURSOR [LOCAL|GLOBAL] [FORWARD_ONLY|SCROLL]

 [STATIC|KEYSET|DYNAMIC|FAST_FORWARD] [READ_ONLY|SCROLL_LOCKS|
OPTIMISTIC]

 [TYPE_WARNING] FOR select_statement [FOR UPDATE[OF column_name[, … n]]]
[;]

- 参数摘要与说明:

cursor_name:所声明的游标名称。

LOCAL:指定该游标是局部游标,其作用域限于声明该游标的批处理、存储过程或触发器中。该游标在离开作用域时自动释放。

GLOBAL:指定该游标是全局游标。在由连接执行的任何存储过程或批处理中,都可引用该游标名称。该游标仅在断开连接时隐式释放。

如果 GLOBAL 和 LOCAL 参数都未指定,则默认值由 default to local cursor 数据库选项的设置控制。

FORWARD_ONLY:指定游标只能从第一行滚动到最后一行。FETCH NEXT 是唯一受支持的提取选项。如果在指定 FORWARD_ONLY 时不指定 STATIC、KEYSET 和 DYNAMIC,则游标作为 DYNAMIC 游标进行操作。如果 FORWARD_ONLY 和 SCROLL 均未指定,则除非指定 STATIC、KEYSET 或 DYNAMIC 关键字,否则默认为 FORWARD_ONLY。STATIC、KEYSET 和 DYNAMIC 游标默认为 SCROLL。

STATIC:表示声明一个静态游标。意义同 INSENSITIVE。

KEYSET:表示声明一个键集驱动游标。如果查询引用了至少一个无唯一索引的表,则键集游标将转换为静态游标。

DYNAMIC:表示声明一个动态游标。动态游标不支持 ABSOLUTE 提取选项。

FAST_FORWARD:表示声明一个快速只进游标。如果指定了 SCROLL 或 FOR_UPDATE,则不能也指定 FAST_FORWARD。在 SQL Server 2000 中,FAST_FORWARD 和 FORWARD_ONLY 游标选项是相互排斥的;在 SQL Server 2005 中,这两个关键字可以用在同一个 DECLARE CURSOR 语句中。

READ_ONLY:表示声明一个只读游标。请参见 SQL 92 语法格式。

SCROLL_LOCKS:指明锁被放置在游标结果集所使用的数据上(将行读取到游标中以确保它们对随后的修改可用时,MS SQL Server 将锁定这些行),通过游标进行的定位更新或删除保证会成功。如果指定了 FAST_FORWARD,则不能指定 SCROLL_LOCKS。由于数据被游标锁定,所以当考虑到数据并发处理时,应避免使用该选项。

OPTIMISTIC:指定如果行自从被读入游标以来已得到更新,则通过游标进行的定位更新或定位删除不会成功。当将行读入游标时 SQL Server 不会锁定行。如果还指定 FAST_FORWARD,则不能指定 OPTIMISTIC。

TYPE_WARNING:若指定游标从所请求类型隐式转换为另一类型,则向客户端发送警告消息。

select_statement：SELECT 语句。其内不能使用 COMPUTE、COMPUTE BY、FOR BROWSE 和 INTO。

FOR UPDATE [OF column_name [,...n]]：定义游标中可更新的列。如果提供了 OF column_name[,...n]，则只允许修改列出的列。如果指定了 UPDATE，但未指定列的列表，则除非指定了 READ_ONLY 并发选项，否则可以更新所有的列。

③备注

- T–SQL 扩展方式使用 T–SQL 扩展插件，这些扩展插件允许使用在 ODBC 或 ADO 的数据库 API 游标函数中所使用的相同游标类型来定义游标。

- 不能混淆这两种格式。如果在 CURSOR 关键字前面指定 SCROLL 或 INSENSITIVE 关键字，则不能在 CURSOR 和 FOR select_statement 关键字之间使用任何关键字。如果在 CURSOR 和 FOR select_statement 关键字之间指定任何关键字，则不能在 CURSOR 关键字的前面指定 SCROLL 或 INSENSITIVE。

- 如果使用 T–SQL 语法的 DECLARE CURSOR 不指定 READ_ONLY、OPTIMISTIC 或 SCROLL_LOCKS，则默认值如下：如果 SELECT 语句不支持更新，则游标为 READ_ONLY；STATIC 和 FAST_FORWARD 游标默认为 READ_ONLY；DYNAMIC 和 KEYSET 游标默认为 OPTIMISTIC。

- 游标名称只能被其他 T–SQL 语句引用。它们不能被数据库 API 函数引用。例如，声明游标之后，不能通过 OLE DB、ODBC 或 ADO 函数或方法引用游标名称。不能使用提取函数或 API 的方法来提取游标行；只能通过 T–SQL FETCH 语句提取这些行。

- 声明游标后，可使用下列系统存储过程确定游标的特性。

表 9–4

系统存储过程	说　　明
sp_cursor_list	返回当前在连接上可视的游标列表及其特性
sp_describe_cursor	说明游标属性，例如是只前推的游标还是滚动游标
sp_describe_cursor_columns	说明游标结果集中的列的属性
sp_describe_cursor_tables	说明游标所访问的基表

- 在声明游标的 select_statement 中可使用变量。游标变量值在声明游标后不更改。

【例 9–44】　用 T–SQL 扩展方式声明一个名为"学生姓名"的动态游标，用于修改学生姓名。

DECLARE 学生姓名 CURSOR DYNAMIC FOR SELECT S_NO，S_NAME FROM 学生表
　　FOR UPDATE OF S_NAME

2．打开游标

声明游标仅起到定义游标（定义游标的属性）的作用，要使用它，必须先打开。打开游标是指填充游标的结果集。可以用 OPEN 语句打开游标。

①语法摘要：

OPEN ｛｛［GLOBAL］cursor_name｝｜cursor_variable_name｝

②参数摘要与说明：

GLOBAL：指定 cursor_name 是指全局游标。

cursor_name：游标名称。如果全局游标和局部游标都使用 cursor_name 作为其名称，那么如果指定了 GLOBAL，则 cursor_name 指全局游标；否则 cursor_name 指局部游标。

cursor_variable_name：游标变量（参见 9.4.3 节）名称，该变量引用一个游标。

③备注：

● OPEN 语句打开 T – SQL 服务器游标，然后通过执行在 DECLARE CURSOR 或 SET cursor_variable 语句中指定的 T – SQL 语句填充游标。

● 如果使用 INSENSITIVE 或 STATIC 选项声明了游标，那么 OPEN 将创建一个临时表以保留结果集。如果结果集中任意行的大小超过 SQL Server 表的最大行大小，OPEN 将失败。如果使用 KEYSET 选项声明了游标，那么 OPEN 将创建一个临时表以保留键集。临时表存储在 tempdb 中。

● 打开游标后，可以使用@ @ CURSOR_ROWS 函数在上次打开的游标中接收合格行的数目。

● SQL Server 2005 不支持异步生成键集驱动或静态的 T – SQL 游标。T – SQL 游标操作（如 OPEN 或 FETCH）均为批处理，所以无需异步生成 T – SQL 游标。SQL Server 2005 继续支持异步键集驱动或静态的应用程序编程接口（API）服务器游标，其中，由于每个游标操作的客户端往返。

【例 9 – 45】 打开例 9 – 44 声明的游标。

OPEN 学生姓名

3. 读取游标

读取游标是指从游标的结果集返回行。游标打开后，可以用 FETCH 语句读取游标。

①语法摘要：

FETCH ［［NEXT｜PRIOR｜FIRST｜LAST｜ABSOLUTE ｛n｜@ nvar｝｜RELATIVE ｛n｜@ nvar｝］FROM］

｛｛［GLOBAL］cursor_name｝｜@ cursor_variable_name｝［INTO @ variable_name［,…n］］

②参数摘要与说明：

NEXT：紧跟当前行返回结果行，并且当前行递增为返回行。如果 FETCH NEXT 为对游标的第一次提取操作，则返回结果集中的第一行。NEXT 为默认的游标提取选项。

PRIOR：返回紧邻当前行前面的结果行，并且当前行递减为返回行。如果 FETCH PRIOR 为对游标的第一次提取操作，则没有行返回并且游标置于第一行之前。

FIRST：返回游标中的第一行并将其作为当前行。

LAST：返回游标中的最后一行并将其作为当前行。

ABSOLUTE ｛n｜@ nvar｝：指定返回行的绝对位置，并将返回行变成新的当前行。n 或@ nvar 为正数，则返回从游标头开始的第 n 行；为负数，则返回从游标末尾开始的第 n 行；为 0，则不返回行。n 必须是整数常量，@ nvar 的数据类型必须为 smallint、tinyint 或 int。

RELATIVE｛n|@nvar｝：指定返回行的相对位置，并将返回行变成新的当前行。n 或@nvar 为正数，则返回从当前行开始的第 n 行；为负数，则返回当前行之前第 n 行；为 0，则返回当前行。在对游标完成第一次提取时，如果在 n 或@nvar 设置为负数或 0 的情况下指定FETCH RELATIVE，则不返回行。n 必须是整数常量，@nvar 的数据类型必须为 smallint、tinyint 或 int。

GLOBAL：指定 cursor_name 是指全局游标。

cursor_name：游标名称。如果以 cursor_name 为名的全局和局部游标同时存在，那么如果指定为 GLOBAL，则 cursor_name 指全局游标，否则指局部游标。

@cursor_variable_name：游标变量名，引用要从中进行提取操作的打开的游标。

INTO @variable_name［，...n］：允许将提取操作的列数据放到局部变量中。列表中的各个变量从左到右与游标结果集中的相应列相关联。各变量的数据类型必须与相应的结果集列的数据类型匹配，数目必须与游标选择列表中的列数一致。

③备注：

• 在 SQL - 92 格式的 DECLARE CURSOR 语句中，如果指定了 SCROLL，则支持所有FETCH 选项；否则 NEXT 是唯一受支持的 FETCH 选项

• 如果使用 T - SQL DECLARE 游标扩展插件，则应用下列规则：如果指定了 FORWARD_ONLY 或 FAST_FORWARD，则 NEXT 是唯一受支持的 FETCH 选项；如果未指定 DYNAMIC、FORWARD_ONLY 或 FAST_FORWARD 选项，并且指定了 KEYSET、STATIC 或 SCROLL 中的某一个，则支持所有 FETCH 选项；DYNAMIC SCROLL 游标支持除 ABSOLUTE 以外的所有FETCH 选项。

• 可以使用@@FETCH_STATUS 函数报告上一个 FETCH 语句的状态。

【例 9 - 46】 从例 9 - 45 打开的游标读取数据。

FETCH 学生姓名

4. 关闭游标

关闭游标是指释放与游标关联的当前结果集。可用 CLOSE 语句关闭游标。

①语法摘要

CLOSE ｛｛［GLOBAL］cursor_name｝|cursor_variable_name｝

②参数摘要与说明

请参见 OPEN 语句。

③备注

• CLOSE 语句释放当前结果集，然后解除定位游标的行上的游标锁定，从而关闭一个开放的游标。CLOSE 将保留数据结构以便重新打开，但在重新打开游标之前，不允许提取和定位更新。必须对打开的游标发布 CLOSE；不允许对仅声明或已关闭的游标执行 CLOSE。

【例 9 - 47】 关闭例 9 - 45 打开的游标读取数据。

CLOSE 学生姓名

5. 删除游标

删除游标是指释放游标所使用的资源。当游标不再需要时，可以用 DEALLOCATE 语句删除。

①语法摘要

DEALLOCATE {{[GLOBAL] cursor_name}|@ cursor_variable_name}

②参数摘要与说明

请参见 OPEN 语句。

③备注

● DEALLOCATE 语句删除游标与游标名称或游标变量之间的关联,释放游标所使用的所有资源。用于保护提取隔离的滚动锁在 DEALLOCATE 上释放;用于保护更新(包括通过游标进行的定位更新)的事务锁一直到事务结束才释放。

【例9－48】 删除"学生姓名"游标。

DEALLOCATE 学生姓名

9.4.3 游标变量

MS SQL Server 2005 支持 cursor 数据类型的变量。可以通过定义一个 cursor 类型局部变量并对其赋值将游标与 cursor 变量相关联(参见例9－49)。

游标与 cursor 变量相关联之后,在 T－SQL 游标语句中就可以使用 cursor 变量取代游标名称。存储过程输出参数也可指定为 cursor 数据类型,并与游标相关联。这就允许存储过程有节制地公开其局部游标。

T－SQL 游标名称和变量只能由 T－SQL 语句引用,而不能由 OLE DB、ODBC 和 ADO 的 API 函数引用。需要游标处理且使用这些 API 的应用程序应使用在数据库 API 中生成的游标而非 T－SQL 游标。

可以通过使用 FETCH 并将 FETCH 返回的每列绑定到程序变量,在应用程序中使用 T－SQL 游标。但是,T－SQL FETCH 不支持批处理,因此,这是将数据返回给应用程序的效率最低的方法。每提取一行均需往返服务器一次。使用在数据库 API(支持多行提取)中生成的游标功能更为有效。

【例9－49】 游标变量的定义与使用。

```
DECLARE 学生姓名 CURSOR DYNAMIC FOR SELECT S_NO, S_NAME
    FROM 学生表 FOR UPDATE OF S_NAME
DECLARE @ MyVariable CURSOR
SET @ MyVariable = 学生姓名
OPEN @ MyVariable
FETCH @ MyVariable
CLOSE @ MyVariable
DEALLOCATE @ MyVariable
```

本章小结

查询是用户使用数据库(DB)的基本手段;视图、索引和游标是帮助用户迅速、准确、安全地从庞大的数据库(DB)中提取、处理所需数据的重要手段。

数据查询是按照用户的需要从数据库（DB）中提取并适当组织输出相关数据的过程。

SELECT 语句是 SQL Server 2005 的基本查询语句。其基本结构为：

SELECT < select_list >

   [INTO new_table]

   [FROM ｛< table_source >｝[, ... n]]

   [WHERE < select_condition >]

   [GROUP BY group_by_expression [, ... n]]

   [HAVING < search_condition >]

   [ORDER BY ｛order_by_expression [ASC｜DESC]｝[, ... n]]

   [< compute >]

使用 SELECT 语句可实现关系模型的选择、投影、连接 3 种基本关系运算。

使用 SELECT 语句可构造出各种各样的查询（例如简单查询，连接查询，子查询，统计查询，函数查询）并可对查询结果进行整理（合并，删除，分组，排序）与存储（存储到新表、文件）。

连接查询可以是基于多个表或单表的查询。T-SQL 提供传统连接和 SQL 连接两种连接方式。

SQL 连接使用"JOIN...ON..."形式，分为 INNER、LEFT、RIGHT、FULL、CROSS 几种。应注意在含有两个及以上的 ON 关键字的 SELECT 语句中，JOIN 与其对应的 ON 的顺序。

子查询是嵌套在 SELECT、INSERT、UPDATE、DELETE 语句中或其他子查询中的查询，也称嵌套查询。子查询可以计算一个变化的聚集函数值，并返回到外围查询进行比较。子查询分为无关子查询和相关子查询。子查询要用括号括起来，其结果必须与外围查询 WHERE 语句的数据类型匹配。

统计查询是使用聚合函数或 COMPUTE 子句，在查询时进行一些简单统计计算的查询。主要的聚合函数 AVG（求算术均值）、COUNT（对行计数）、MAX（求最大值），MIN（求最小值），SUM（求数值和），STDEV（求标准差），STDEVP（总体标准差），VAR（求方差），VARP（求总体方差）。利用 COMPUTE 子句可以很便捷地对结果进行汇总，能用同一 SELECT 语句既查看明细，又查看汇总值。

函数查询是指通过调用定义在用户定义函数中的 SELECT 语句查询执行数据库查询。

可使用 GROUP BY 子句将对查询结果分组，或/和使用 ORDER BY 子使查询结果排序输出。

可利用 T-SQL 的 UNION、EXCEPT 和 INTERSECT 三种集合操作完成查询结果的合并与删除。其基本规则是：所有查询中的列数和列顺序相同，数据类型兼容。

可将查询结果以文本方式输出文件中或使用 INTO 子句以关系形式输出到新表存储起来。

可以使用 LIKE 关键字实现搜索条件中的模式匹配。模式可以包含常规字符和通配符。

视图是按某种特定要求从 DB 的基本表或其他视图中导出的虚拟表，是 RDBS 提供给用户以多种角度观察数据库中数据的重要机制。主要用于简化用户操作、定制用户数据、减少数据冗余、增强数据安全以及方便导出数据。

　　视图的内容由查询定义,该存储在数据库中。对视图数据可进行查询和更新操作。更新结果可返回基本表,基本表的数据变化也可自动反映到视图中。

　　在 SQL Server 2005 中,视图可以分为标准视图、索引视图和分区视图。其中标准视图组合了一个或多个表中的数据,是 RDBS 实现提供给用户以多种角度观察数据库中数据机制的主要手段;索引视图是具有一个唯一聚集索引的视图,可以显著提高某些类型查询(如聚合许多行的查询)的性能,但不适于经常更新的基本数据集;分区视图在一台或多台服务器间水平连接一组成员表中的分区数据,使得数据如同来自于一个表。

　　T-SQL 使用 CREATE VIEW 语句创建视图,使用 ALTER VIEW 语句修改视图定义,使用 DROP VIEW 语句删除视图;使用 SELECT 语句、UPDATE 语句、DELETE 语句分别查询、修改、删除视图数据(这些操作实际上都是对视图引用的基本表进行的)。

　　索引是按 B 树存储的、关于记录的键值逻辑顺序与记录的物理存储位置的映射的一种数据库对象。主要用途与优点是加速数据操作和保障实体完整性,主要缺点要占据更多的空间及其维护要耗费时间、空间资源。

　　按照索引与记录的存储模式,索引分为聚集索引与非聚集索引。聚集索引根据数据行的键值在表或视图中排序和存储这些数据行,每个表只有一个聚集索引;非聚集索引的每一行都包含非聚集索引键值和指向包含该键值的数据行的指针(行定位器),这些索引行按索引键值的顺序存储,但不保证数据行按任何特定顺序存储,一个表可有多个非聚集索引。SELECT 操作时,聚集索引快于非聚集索引;INSERT、UPDATE 操作时,聚集索引慢于非聚集索引。

　　按照用途,索引分为唯一索引、包含性列索引、索引视图、全文索引和 XML 索引。其中唯一索引确保索引键不含重复值,它可以是聚集的或非聚集的;包含性列索引包含键列和含非键列,它是非聚集的;索引视图是建有唯一聚集索引的视图,它具体化视图并将结果集存储在聚集索引中。

　　索引设计包括确定要使用的列,选择索引类型,选择索引选项,以及确定文件组或分区方案布置。应确保对性能的提高程度大于在存储空间和处理资源方面的代价。

　　T-SQL 使用 CREATE INDEX 语句创建索引,使用 DROP INDEX 语句删除索引。

　　游标是一种从包括多条数据记录的结果集中每次提取一条记录以便处理的机制,可以看作查询结果的记录指针。主要用于提供对一个结果集进行逐行处理的能力。

　　根据处理特性,SQL Server 2005 将游标分为静态游标、动态游标、只进游标和键集驱动游标。其中,静态游标按照打开游标时的原样显示结果集,不反映游标打开后数据库中的任何更改,但消耗的资源相对很少;动态游标在滚动游标时,即时反映结果集中所做的所有更改,,但消耗的资源较多;键集驱动游标的键集是打开游标时来自符合 SELECT 语句要求的所有行中的一组键值,滚动游标时,对非键集列中的数据值所做的更改可见,在游标外对数据库所做的插入不可见,它反映游标打开后数据库的更新的能力和资源消耗介于动态游标与静态游标之间。

　　根据用途,分为服务器游标(后台游标,包括 API 游标和 T-SQL 游标)和客户游标(前台游标);根据移动方式,分为滚动游标和只进游标;根据结果集能否修改,分为只读游标和可写游标。

　　T-SQL 用 DECLARE CURSOR 语句声明游标(定义 T-SQL 服务器游标的属性,例如游标的滚动行为和用于生成游标所操作的结果集的查询）；OPEN 语句打开游标（填充结果集）；FETCH 语句读取游标（从结果集返回行）；CLOSE 语句关闭游标（释放与游标关联的当前结果集）；DEALLOCATE 语句删除游标（释放游标所使用的资源）。

游标变量是与游标相关联的 cursor 类型局部变量。

习　题

1. 名词解释

连接查询　子查询　无关子查询　相关子查询　统计查询　函数查询　视图　索引视图　索引　聚集索引　非聚集索引　行定位器　唯一索引　包含性列索引　静态游标　动态游标　只进游标　键集驱动游标　游标变量

2. 简答题

(1) 简述 SELECT 语句的基本结构。

(2) SELECT 语句中的 < select_list > 可以是哪些表达式？各举一例说明。

(3) SQL 连接查询的连接方式有哪些？各是什么含义？

(4) 在含有两个及以上的 ON 关键字的 SELECT 语句中，JOIN 与其对应的 ON 的顺序如何？

(5) 怎样将查询结果以文本方式输出文件中或输出到新表存储起来？

(6) 简述视图的主要用途与优点。

(7) 简述视图与基本表、查询的区别和联系。

(8) 索引视图适用于哪些查询？不适合哪些查询？

(9) 在 SQL Server 2005 中，游标分为哪 4 类？各有何特点？

(10) 为什么游标声明之后要打开才能从其中读取数据？

3. 应用题

设"教学库"内有如下 4 个表：

系部表（D_DP int PRIMARY KEY, D_HEAD char(8)）

学生表（S_NO int PRIMARY KEY, S_NAME char(10), S_AGE int, S_SEX char(10),
　　　　S_DP char(10) REFERENCES 系部表(D_DP)）

课程表（C_NO int PRIMARY KEY, C_NAME char(12) NOT NULL,
　　　　C_DP char(10) REFERENCES 系部表(D_DP)）

成绩表（S_NO int REFERENCES 学生表(S_NO), C_NO int REFERENCES 课程表(C_NO),
　　　　SC_G int PRIMARY KEY CLUSTERED (S_NO, C_NO)）

(1) 使用 SELECT 语句和聚合函数，统计教学库内各系部男女学生人数、平均年龄。

(2) 分别使用查询设计器和 SQL 语句，设计一个查询，根据指定的学生学号，从教学库查询该生的姓名和各门功课的课程名、成绩。

(3) 设计一个视图，根据指定的课程名，从教学库查询所有学生修读该课程的成绩，要求按系部升序输出学生学号、姓名、课程名、成绩。

第 *10* 章　存储过程、触发器、事务

　　本章介绍 SQL Server 2005 的存储过程、触发器、事务的概念、特点、分类；用户存储过程和触发器的创建、使用、修改、删除；事务的结构与并发控制机制，死锁的预防等内容。本章的重点内容有：存储过程和触发器的分类，用户存储过程和触发器的创建、使用、修改，存储过程的输入参数、输出参数及执行状态的传递；事务的构建与并发控制机制，死锁的预防。

　　通过本章学习，应达到下述目标：

* 理解存储过程、触发器、事务、批处理的基本概念；掌握储过程和触发器的分类；
* 掌握用户存储过程、触发器的创建、使用、修改、删除；存储过程的参数传递；
* 掌握事务的构建及编码指导原则，死锁的预防；理解并发控制机制。

　　在大型数据库系统中，存储过程、触发器、事务具有很重要的作用。存储过程和触发器都是为了实现某个特定任务、以一个存储单元的形式保存在服务器上的一组预编译的 SQL 语句和流程控制语句的集合。事务是组合成一个逻辑工作单元的一组数据库操作序列，具有 ACID 特性。

　　本章关于存储过程、触发器、事务的讨论都是以 MS SQL Server 2005 为基础的。

10.1　存储过程

　　作为一种重要的数据库对象，存储过程在大型数据库系统中起着重要的作用。SQL Server 2005 不仅提供了用户自定义存储过程的功能，而且提供了许多可作为工具使用的系统存储过程。

10.1.1　存储过程概述

1. 存储过程的概念与优点

　　存储过程（stored procedure）是 SQL Server 服务器中一组预编译的 T－SQL 语句的集合，它以一个存储单元的形式保存在服务器上，可供用户、其他过程或触发器调用（并可以重用和嵌套调用），向调用者返回数据或实现表中数据的更改以及执行特定的数据库管理任务。

　　使用 MS SQL Server 2005 创建应用程序时，T－SQL 编程语言是应用程序和 MS SQL Server 数据库之间的主要编程接口。使用 T－SQL 程序时，可用两种方法存储和执行程序：将程

序存储在本地，并创建向 SQL Server 发送命令并处理结果的应用程序；将程序作为存储过程存储在 SQL Server 中，并创建执行存储过程并处理结果的应用程序。

SQL Server 推荐使用第二种方法，原因在于与直接在应用程序内使用 T－SQL 语句相比，存储过程具有如下优点，从而用途广泛。

（1）提高应用程序的可移植性、可维护性：存储过程采用模块化组件式编程，保存在数据库中，独立于应用程序。数据库专业人员只要更新存储过程而无需修改应用程序，即可使 DBS 快速适应数据处理业务规则改变，从而极大地提高应用程序的可移植性；存储过程可在客户端重复调用，并可从存储过程内引用其他存储过程，这样简化一系列复杂的数据处理逻辑，使得编写处理数据的应用程序趋于简单，并支持容易地将业务逻辑转换为应用程序逻辑，从而改进应用程序的可维护性。

（2）提高代码执行效率：创建存储过程时，系统对其进行语法检查、编译并加以优化，因此执行存储过程时，可以立即执行，速度很快；而从客户端执行 SQL 语句，因每次都必须重新编译和优化，因而速度慢。其次，存储过程在第一次被执行后会在高速缓存中保留下来，以后调用并不需要再将存储过程从磁盘中装载，这样可以提高代码的执行效率。第三，存储过程在服务器上而非客户机上执行，存储过程和待处理的数据都放在同一台运行 SQL Server 的服务器上，使用存储过程查询本地数据效率高。另外，在大多数体系结构中，服务器都是功能强大的机器，可以比客户机更快地处理 SQL。因此，如果某一操作包含大量的 SQL 代码或被多次执行，那么存储过程要比 SQL 代码批处理的执行速度快很多。

（3）减少网络流量：存储过程时常会包含很多行 SQL 语句，但在客户计算机上调用该存储过程时，网络中传送的只是调用存储过程的语句，而不是多条 SQL 语句；特别是对于一些大型、复杂的数据处理，存储过程只通过网络发送过程调用和最终结果，不需要将所有的中间数据集送回给客户机，不必像在应用程序直接使用 SQL 语句实现那样多次在服务器和客户机之间传输数据。

（4）提供安全机制：DBA 可以对执行某一存储过程的权限进行限制，从而实现对相应的数据访问权的限制，避免非授权用户对数据的访问，保证数据的安全。其次，如果所有开发人员和应用程序都使用同一存储过程，则所使用的代码都是相同的，从而不必反复建立一系列处理步骤，降低出错的可能性，保证数据的一致性。第三，参数化存储过程有助于保护应用程序不受 SQL Injection 攻击。

（5）支持延迟名称解析：可以创建引用尚不存在的表的存储过程。创建时只进行语法检查，直到第一次执行该存储过程时才对其进行编译。在编译过程中才解析存储过程中引用的所有对象。因此，如果语法正确的存储过程引用了不存在的表，仍可以成功创建；但如果引用的表不存在，则存储过程将在运行时失败。

2.存储过程的分类

（1）系统存储过程：是由数据库系统自身所创建的存储过程，目的在于能方便地从系统表中查询信息，为系统管理员管理 SQL Server 提供支持，为用户查看数据库对象提供方便。一些系统存储过程只能由系统管理员使用，而有些系统存储过程通过授权可以被其他用户所使用。从物理意义上讲，系统存储过程存储在 Resource 数据库中，并且带有"sp_"前缀；从逻辑意义上讲，系统存储过程出现在每个系统定义数据库和用户定义数据库的 sys 构架中。在

SQL Server 2005 中,可将 GRANT、DENY 和 REVOKE 权限应用于系统存储过程。

(2)用户自定义存储过程:又称本地存储过程,是用户根据特定功能的需要,在用户数据库中由用户所创建的存储过程。过程的名称不宜使用"sp_"前缀(便于与系统存储过程区别)。它是指装了可重用代码的模块或例程,可以接受输入参数、向客户端返回结果和消息、调用数据定义语言(DDL)和数据操作语言(DML)语句,然后返回输出参数。在 SQL Server 2005 中,存储过程有两种类型:T – SQL 存储过程或 CLR(公共语言运行时)存储过程。T – SQL 存储过程是指保存的 T – SQL 语句集合;CLR 存储过程是指对 Microsoft. NET Framework 公共语言运行时(CLR)方法的引用。本章后续内容所述存储过程,若无特别说明则均是指 T – SQL 存储过程。

(3)临时过程:总是在 tempdb 中创建。数据库引擎支持两种临时过程:局部临时过程和全局临时过程。前者以"#"为前缀,只对创建该过程的连接可见(只能由创建者执行),在当前会话结束时将被自动删除;后者以"##"为前缀,连接到 SQL Server 的任何用户都能执行且不需特定权限,在使用该过程的最后一个会话结束时被删除,即创建全局临时存储过程的用户断开与 SQL Server 的连接时,系统检查是否有其他用户正在执行该全局临时存储过程,如果没有则立即删除全局临时存储过程,否则系统让这些正在执行中的操作继续进行,但不允许任何用户再执行全局临时存储过程,等所有未完成的操作执行完毕后,全局临时存储过程自动删除。但是,只要 SQL Server 停止运行,不管是局部临时存储过程还是全局临时存储过程都将自动被删除。

(4)扩展存储过程:是在 SQL Server 环境之外编写、能被 SQL Server 实例动态加载和运行的动态链接库(DLL)。以"xp_"为前缀,扩展了 T – SQL 的功能,直接在 SQL Server 实例的地址空间中运行,可使用 SQL Server 扩展存储过程 API 完成编程,使用方法与系统存储过程一样。

10.1.2　创建存储过程

创建存储过程实际是对存储过程进行定义的过程,主要包含存储过程名称及其参数的说明和存储过程的主体(其中包含执行过程操作的 T – SQL 语句)两部分。

在 SQL Server 2005 中创建存储过程有两种方法:一种是直接使用 T – SQL 的 CREATE PROCEDURE 语句;另一种是借助 SSMS 提供的创建存储过程命令模板(参见例 10 – 2)。但两者的区别并无实际意义,用户必须立足于使用 CREATE PROCEDURE 语句创建存储过程。

1. 语法摘要

CREATE {PROC | PROCEDURE} [schema_name.] procedure_name[; number]
[{@ parameter [type_schema_name.]data_type} [VARYING][= default] [[OUT[PUT]]
[, . . . n]
[WITH < procedure_option > [, . . . n]
[FOR REPLICATION]
AS { < sql_statement > [;][. . . n] | < method_specifier > } [;]
其中:
< procedure_option > : : = [ENCRYPTION] [RECOMPILE][EXECUTE_AS_Clause]

　< sql_statement > ：: = ｛［BEGIN］statements［END］｝

　< method_specifier > ：: = EXTERNAL NAME assembly_name. class_name. method_name

2. 参数摘要与说明

schema_name：过程所属架构的名称。如果未指定，则使用创建过程的用户的默认架构。

procedure_name：存储过程名称。必须在架构中唯一。可在 procedure_name 前使用一个"#"号创建局部临时过程，使用"##"号创建全局临时过程。不要以"sp_"为前缀创建任何存储过程（"sp_"前缀是 SQL Server 用来命名系统存储过程的，使用这样的名称可能会与以后的某些系统存储过程冲突）。存储过程或全局临时存储过程的完整名称（包括##）不能超过 128 个字符。局部临时存储过程的完整名称（包括#）不能超过 116 个字符。

number：用于对同名过程进行分组的可选整数。使用一个 DROP PROCEDURE 语句可将这些分组过程一起删除。例如，应用程序 orders 可能使用名为 orderproc；1、orderproc；2 的过程。DROP PROCEDURE orderproc 语句将删除整个组。后续版本的 MS SQL Server 将删除该功能。

@ parameter：过程中的参数。可声明多个参数。除非定义了参数的默认值或将参数设置为等于另一个参数，否则必须在调用过程时为每个参数提供值。存储过程最多可以有 2 100 个参数。通过使用 at 符号（@）作为第一个字符来指定参数名称。每个过程的参数仅用于该过程本身；其他过程中可使用相同的参数名称。默认情况下，参数只能代替常量表达式，而不能用于代替表名、列名或其他数据库对象的名称。如果指定了 FOR REPLICATION，则无法声明参数。

［type_schema_name. ］data_type：参数及所属架构的数据类型。除 table 外的其他所有数据类型均可用作 T－SQL 存储过程的参数。但 cursor 类型只能用于 OUTPUT 参数。如果指定了 cursor 类型，则还必须指定 VARYING 和 OUTPUT 关键字。可为 cursor 数据类型指定多个输出参数。如果未指定 type_schema_name，则 SQL Server 2005 数据库引擎按以下顺序引用 type_name：SQL Server 系统数据类型；当前数据库中当前用户的默认架构；当前数据库中的 dbo 架构。CLR 存储过程不能指定 char、varchar、text、ntext、image、cursor 和 table 作为参数。如果参数的数据类型为 CLR 用户定义类型，则必须对此类型有 EXECUTE 权限。对于带编号的存储过程，数据类型不能为 xml 或 CLR 用户定义类型。

VARYING：指定作为输出参数支持的结果集。该参数由存储过程动态构造，其内容可能发生改变。仅适用于 cursor 参数。

default：参数的默认值。定义了 default 值，则无需指定此参数的值即可执行过程。默认值必须是常量或 NULL。如果过程使用带 LIKE 关键字的参数，则可包含下列通配符：%、_、［ ］和［^］。

OUTPUT：指示参数是输出参数。此选项的值可以返回给调用 EXECUTE 的语句。使用 OUTPUT 参数将值返回给过程的调用方。除非是 CLR 过程，否则 text、ntext 和 image 参数不能用作 OUTPUT 参数。使用 OUTPUT 关键字的输出参数可以为游标占位符，CLR 过程除外。

RECOMPILE：指示数据库引擎不缓存该过程的计划，该过程在运行时编译。如果指定了 FOR REPLICATION，则不能使用此选项。对于 CLR 存储过程，不能指定 RECOMPILE。

FOR REPLICATION：指定不能在订阅服务器上执行为复制创建的存储过程。如果指定了

FOR REPLICATION,则无法声明参数。对于 CLR 存储过程,不能指定 FOR REPLICATION。对于使用 FOR REPLICATION 创建的过程,忽略 RECOMPILE 选项。

FOR REPLICATION 过程将在 sys. objects 和 sys. procedures 中包含 RF 对象类型。

< sql_statement >:要包含在过程中的一个或多个 T – SQL 语句。

3. 备注

● T – SQL 存储过程的最大大小为 128MB,其中的局部变量的最大数目仅受可用内存限制。

● 只能在当前数据库中创建用户定义存储过程(临时过程例外)。

● 在单个批处理中,CREATE PROCEDURE 语句不能与其他 T – SQL 语句组合使用。

● CREATE PROCEDURE 定义自身可包括任意数量和类型的 SQL 语句,但以下语句不能在存储过程中:CREATE AGGREGATE, CREATE RULE、CREATE DEFAULT, CREATE SCHEMA, CREATE 或 ALTER FUNCTION, CREATE 或 ALTER TRIGGER, CREATE 或 AL- TER PROCEDURE, CREATE 或 ALTER VIEW, SET PARSEONLY, SET SHOWPLAN_ALL, SET SHOWPLAN_TEXT, SET SHOWPLAN_XML, USE database_name。

● 其他数据库对象均可在存储过程中创建。可引用在同一存储过程中创建的对象,只要引用时已经创建了该对象即可。

● 存储过程中的任何 CREATE TABLE 或 ALTER TABLE 语句都将自动创建临时表。建议对于临时表中的每列,显式指定 NULL 或 NOT NULL。可在存储过程内引用临时表。如果在存储过程内创建本地临时表,则临时表仅为该存储过程而存在;退出该存储过程后,临时表将消失。

● 如果执行的存储过程将调用另一个存储过程,则被调用的存储过程可访问由第一个存储过程创建的所有对象,包括临时表。

● 如果执行对远程 SQL Server 2005 实例进行更改的远程存储过程,则不能回滚这些更改。远程存储过程不参与事务处理。

● 如果希望其他用户无法查看存储过程的定义,可使用 WITH ENCRYPTION 子句创建存储过程。这样,过程定义将以不可读的形式存储。

● 创建存储过程时应指定:所有输入参数和向调用过程或批处理返回的输出参数;执行数据库操作(包括调用其他过程)的编程语句;返回至调用过程或批处理以表明成功或失败(以及失败原因)的状态值;捕获和处理潜在的错误所需的任何错误处理语句。

【例 10 – 1】 使用 CREATE PROCEDURE 语句创建存储过程,该存储过程完成从学生表、课程表、成绩表中查询指定姓名的学生的各门功课成绩:在 SSMS 的查询编辑器窗口(参见第 9 章第 9.1.2 节例 9 – 1)输入下列代码,然后单击 SSMS 主窗口上方的 SQL 编辑器工具栏中的"执行"按钮即可。

CREATE PROCEDURE usp_查成绩;2 @姓名 varchar(8) AS

SELECT 学号 = A. S_NO, 姓名 = A. S_NAME, 课程 = B. C_NAME, 成绩 = C. SC_G

　　FROM _教学库. dbo. 成绩表 C INNER JOIN _教学库. dbo. 课程表 B ON C. C_NO = B. C _NO

　　　　INNER JOIN _教学库. dbo. 学生表 A ON C. S_NO = A. S_NO WHERE A. S_NAME =

@姓名

【例 10-2】　使用 SSMS 的对象资源管理器提供的创建存储过程命令模板创建存储过程，该存储过程完成与例 10-1 所创建的存储过程相同的任务。

步骤：在对象资源管理器窗口，选择"数据库_教学库\可编程性\存储过程"→鼠标右键单击→在弹出的快捷菜单中选择"新建存储过程"→系统弹出查询编辑器窗口，其内提供了创建存储过程命令模板（图 10-1）→将模板的 CREATE PROCEDURE 语句内容修改为下列语句→单击 SQL 编辑器工具栏中的"执行"按钮→关闭查询编辑器窗口。

CREATE PROCEDURE usp_查成绩;2 @姓名 varchar(8) AS

　　SELECT 姓名=A. S_NAME, 学号=A. S_NO, 课程=B. C_NAME, 成绩=C. SC_G

　　　FROM _教学库. dbo. 成绩表 C INNER JOIN _教学库. dbo. 课程表 B ON C. C_NO=B. C_NO

　　　　INNER JOIN _教学库. dbo. 学生表 A ON C. S_NO = A. S_NO WHERE A. S_NAME=@姓名

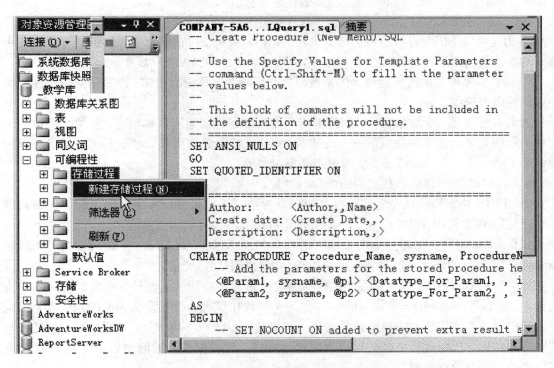

图 10-1　对象资源管理器提供的创建存储过程命令模板

建立存储过程的命令成功完成后，展开对象资源管理器中对应数据库节点下的"可编程性"节点下的"存储过程"节点，可看到新建立的存储过程。

10.1.3　调用存储过程

可以使用 T – SQL 的 EXECUTE 语句调用存储过程。

1. 语法摘要

[{EXEC|EXECUTE}]
　　{ [@ return_status =]
　　　　{module_name[; number]|@ module_name_var}
　　　　　[[@ parameter =]{value|@ variable [OUTPUT]|[DEFAULT]}][, ...n]
　　　　　　[WITH RECOMPILE]}[;]

2. 参数摘要与说明

@ return_status：已在存储过程中声明过的整型变量，存储模块(存储过程)的返回状态。

module_name：要调用的存储过程的名称。扩展存储过程的名称区分大小写。

number：整数，用于对同名的过程分组。不能用于扩展存储过程。

@ module_name_var：局部变量名，代表模块名称。

@ parameter：module_name 的参数，与在模块中定义的相同。参数名称前必须加符号(@)。为避免将 NULL 参数值传递给不允许为 NULL 的列，可在模块中添加编程逻辑或使用该列的默认值(使用 CREATE 或 ALTER TABLE 语句中的 DEFAULT 关键字)。

Value：传递给模块或传递命令的参数值。如果参数名称没有指定，参数值必须以在模块中定义的顺序提供。

如果参数值是一个对象名称、字符串或由数据库名称或架构名称限定，则整个名称必须用单引号括起来。如果参数值是一个关键字，则该关键字必须用双引号括起来。如果在模块中定义了默认值，用户执行该模块时可不必指定参数。

@ variable：用来存储参数或返回参数的变量。

OUTPUT：指定模块或命令字符串返回一个参数。该模块或命令字符串中的匹配参数也必须已使用关键字 OUTPUT 创建。使用游标变量作为参数时使用该关键字。

如果 value 定义为对链接服务器执行的模块的 OUTPUT，则 OLE DB 访问接口对相应@ parameter 所执行的任何更改都将在模块执行结束时复制回该变量。

如果使用 OUTPUT，目的是在调用模块的其他语句中使用其返回值，则参数值必须作为变量传递，如@ parameter = @ variable。如果一个参数在模块中没有定义为 OUTPUT 参数，则不能通过对该参数指定 OUTPUT 执行模块。不能使用 OUTPUT 将常量传递给模块；返回参数需要变量名称。执行过程之前必须声明变量的数据类型并赋值。返回参数可以是 LOB 数据类型之外的任意数据类型。

DEFAULT：根据模块的定义，提供参数的默认值。当模块需要的参数值没有定义默认值并且缺少参数或指定了 DEFAULT 关键字，会出现错误。

WITH RECOMPILE：执行模块后，强制编译、使用和放弃新计划。如果该模块存在现有查询计划，则该计划将保留在缓存中。如果所提供的参数为非典型参数或数据有很大改变，使用该选项。该选项不能用于扩展存储过程。建议尽量少使用该选项，因为它消耗较多系统资源。

3. 备注

● 执行存储过程时，如果语句是批处理中的第一个语句，则不一定要指定 EXECUTE 关键字。

● 可以使用 value 或 @ parameter_name = value. 提供参数。参数不是事务的一部分，因此，如果更改了以后将回滚的事务中的参数，参数值不会恢复为其以前的值。返回给调用方的值总是模块返回时的值。

● EXECUTE 还可以用于调用系统存储过程、标量值用户定义函数或扩展存储过程。

【例 10 - 3】　使用 EXECUTE 语句调用例 10 - 1 和例 10 - 2 创建的存储过程。(图 10 - 2)

EXECUTE usp_查成绩；1′ABCD′

EXECUTE usp_查成绩；2′ABCD′

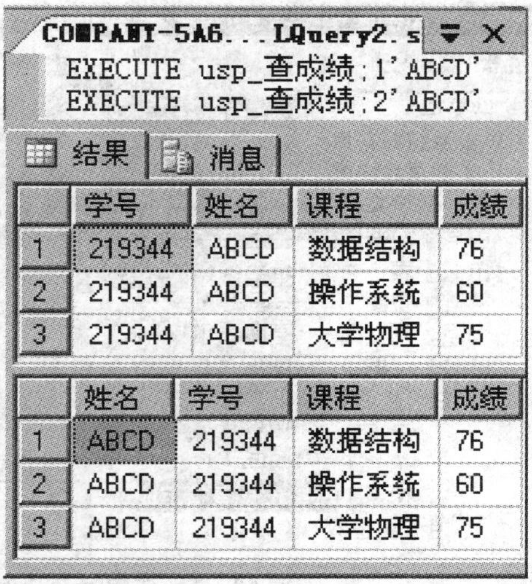

图 10 - 2　使用 EXECUTE 语句调用存储过程

10.1.4　查看、修改存储过程

1. 查看存储过程代码

在 SQL Server 2005 中，有多种方法可以查看几乎所有的用户自定义数据库对象。下面介绍 2 类方便、快捷的方法。

(1)使用对象资源管理器。在对象资源管理器上用鼠标右键单击要查看的数据库对象，然后在自动弹出的快捷菜单中选择"编写×× 脚本为(S) > CREATE 到(C) > 新查询编辑器窗口(N)"(×× 表示数据库对象类别，如触发器、表等)，即可查询编辑器窗口看到数据库对象的源代码等信息。

【例 10 - 4】　使用对象资源管理器查看"usp_查成绩"存储过程。

步骤：选择"对象资源管理器\数据库_教学库\可编程性\存储过程\dbo. usp_查成绩"→鼠标右键单击→在弹出的快捷菜单中选择"编写存储过程脚本为(S) > CREATE 到(C) > 新查询编辑器窗口(N)"→系统弹出一个新的查询编辑器窗口，其内的 CREATE PROCEDURE 语句内即包含了当前"usp_查成绩"存储过程的源代码(图 10 - 4)。查看完毕后关闭查询编辑器窗口(不要执行)。

另外，在图 10 - 3 中的快捷菜单中选择"修改(Y)"也能实现查看除 DDL 触发器以外的大部分数据库对象。

(2)使用系统存储过程 sp_helptext。存储过程被创建后，其名字存在系统表 sysobjects 中，源代码存在系统表 syscomments 中。用户可通过 SQL Server 提供的 sp_help、sp_helptext、sp_depends 等系统存储过程查看用户自定义存储过程、触发器(DDL 触发器除外)的相关属性、源代码、关系依赖等信息。

● 语法摘要：sp_helptext [@ objname =]′object_name′

● 参数摘要与说明：[@ objname =]′name′：架构范围内的用户定义对象名称。

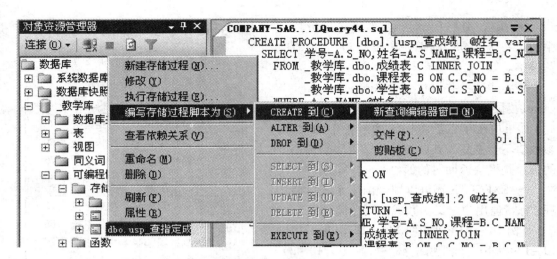

图 10 – 3　使用对象资源管理器查看"usp_查成绩"存储过程

- 备注：sp_helptext 显示在多行中创建对象的定义。每行含 255 个字符的 T – SQL 定义。

【例 10 – 5】　使用系统存储过程 sp_helptext 查看数据库中存储的"usp_查成绩"存储过程。

sp_helptext usp_查成绩

2. 修改存储过程内容

如同创建存储过程一样，在 SQL Server 2005 中修改存储过程亦有两种方法：一种是直接使用 T – SQL 的 ALTER PROCEDURE 语句；另一种是借助 SSMS 提供的修改存储过程命令模板（参见例 10 – 6）。而且两者的区别亦无实际意义，用户仍需立足于使用 ALTER PROCE-DURE 语句修改存储过程。

（1）语法摘要。

ALTER ｛PROC｜PROCEDURE｝［schema_name. ］procedure_name［；number］

［｛@ parameter ［type_schema_name. ］data_type｝［VARYING］［ = default］［［OUT［PUT］］［，...n］

［WITH ＜ procedure_option ＞［，...n］］

［FOR REPLICATION］

AS ｛＜ sql_statement ＞ ［...n］｜ ＜ method_specifier ＞｝

其中：＜ procedure_option ＞：：=［ENCRYPTION］［RECOMPILE］［EXECUTE_AS_Clause］

＜ sql_statement ＞：：= ｛［BEGIN］statements ［END］｝

＜ method_specifier ＞：：= EXTERNAL NAME assembly_name. class_name. method_name

（2）参数摘要与说明：除 ALTER 关键字外，ALTERPROCEDURE 语句与 CREATE PRO-CEDURE 语句几乎如出一辙，各参数说明请见 CREATE PROCEDURE 语句。

结果　消息

	Text
1	CREATE PROCEDURE usp_查成绩;1 @姓名 varchar(8) AS
2	SELECT 学号=A.S_NO,姓名=A.S_NAME,课程=B.C_NAME,成绩=C.SC_G
3	FROM _教学库.dbo.成绩表 C INNER JOIN
4	_教学库.dbo.课程表 B ON C.C_NO = B.C_NO INNER JOIN
5	_教学库.dbo.学生表 A ON C.S_NO = A.S_NO
6	WHERE A.S_NAME=@姓名
7	-- ===
8	-- Author: <Author,,Name>
9	-- Create date: <Create Date,,>
10	-- Description: <Description,,>
11	-- ===
12	CREATE PROCEDURE usp_查成绩;2 @姓名 varchar(8) AS
13	SELECT 姓名=A.S_NAME,学号=A.S_NO,课程=B.C_NAME,成绩=C.SC_G
14	FROM _教学库.dbo.成绩表 C INNER JOIN
15	_教学库.dbo.课程表 B ON C.C_NO = B.C_NO INNER JOIN
16	_教学库.dbo.学生表 A ON C.S_NO = A.S_NO
17	WHERE A.S_NAME=@姓名

图 10－4　使用系统存储过程 sp_helptext 查看“usp_查成绩”存储过程

(3)备注：不能将 T－SQL 存储过程修改为 CLR 存储过程，反之亦然。

【例 10－6】　使用 SSMS 提供的修改存储过程命令模板修改例 10－2 创建的存储过程 usp_查成绩；2。

步骤：选择“对象资源管理器\数据库_教学库\可编程性\存储过程\dbo. usp_查成绩”→鼠标右键单击→在弹出的快捷菜单内选择“修改”→系统弹出查询编辑器窗口，其内提供了修改存储过程命令模板(图 10－5)→将模板内关于存储过程“usp_查成绩；2”的 ALTER PROCEDURE 语句内容修改为下列语句→删除模板内关于存储过程“usp_查成绩”的 ALTER PROCEDURE 语句内容(图 10－5 内查询编辑器窗口中阴影部分)→单击工具栏中的“执行”按钮→关闭查询编辑器窗口。

```
ALTER PROCEDURE usp_查成绩；2 @姓名 varchar(8) = NULL AS
IF @姓名 IS NULL RETURN  -1
SELECT 姓名 = A.S_NAME，学号 = A.S_NO，课程 = B.C_NAME，成绩 = C.SC_G
  FROM 成绩表 C INNER JOIN 课程表 B ON C.C_NO = B.C_NO
                INNER JOIN 学生表 A ON C.S_NO = A.S_NO
  WHERE A.S_NAME = @姓名
RETURN 0
```

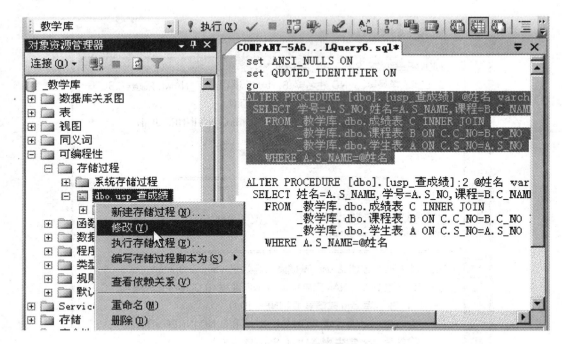

图 10 – 5　使用 SSMS 提供的修改存储过程命令模板修改存储过程

　　如果将上列语句直接输入 SSMS 的查询编辑器窗口并执行(即 ALTER PROCEDURE 语句),结果与采用上述步骤使用 SSMS 提供的修改存储过程命令模板修改存储过程的效果一样。

　　3.修改存储过程名称

　　尽管 SQL Sercer 允许使用对象资源管理器或 sp_rename 系统存储过程修改存储过程、函数、视图或触发器等数据库对象的名称,但这种修改操作不会更改 sys. sql_modules 类别视图的 definition 列中相应对象的名称。因此,建议不要直接重命名这些对象,而是删除对象后使用新名称重新创建该对象。

　　①使用对象资源管理器:在图 10 – 5 所示的对象资源管理器窗口中,鼠标右键单击要修改的存储过程,在弹出的快捷菜单内选择"重命名"选项,然后直接修改选定的存储过程的名称即可。

　　②使用系统存储过程 sp_rename。

　　● 语法摘要:sp_rename [@ objname =]′object_name′, [@ newname =]′new_name′

　　● 参数摘要与说明

　　[@ objname =]′object_name′:用户对象或数据类型的当前名称。如果要重命名的对象是表的列(或索引),则 object_name 的格式必须是 table. column(或 table. index)。

　　[@ newname =]′new_name′:指定对象的新名称。触发器名称不能以#或##开头。

　　● 备注:只能更改当前数据库中的对象名。大多数系统对象的名称都不能更改。

10.1.5　删除存储过程

可删除不再需要的存储过程。如果一个存储过程调用某个已被删除的存储过程，SQL Server 2005 将在执行调用进程时显示一条错误消息。但如果定义了具有相同名称和参数的新存储过程来替换已被删除的存储过程，则引用该过程的其他过程仍能成功执行。

①使用 SSMS 窗口：在图 10 - 5 所示的对象资源管理器窗口中，鼠标右键单击要修改的存储过程，在弹出的快捷菜单内选择"删除"选项，然后在弹出的"删除对象"对话框单击"确定"即可。

②使用 T - SQL 的 DROP PROCEDURE 语句。

- 语法摘要：DROP ｛PROC｜PROCEDURE｝ ｛［schema_name.］procedure｝［,...n］

- 参数摘要与说明

schema_name：过程所属架构的名称。不能指定服务器名称或数据库名称（这意味着只能删除当前数据库内的存储过程）。

Procedure：要删除的存储过程或存储过程组的名称。

- 备注

可使用 sys. objects 目录视图查看过程名称列表，使用 sys. sql_modules 目录视图显示过程定义。删除存储过程时，将从 sys. objects 和 sys. sql_modules 目录视图中删除有关该过程的信息。

不能删除编号过程组内的单个过程；但可删除整个过程组。

【例 10 - 7】　使用 DROP PROCEDURE 语句删除存储过程"usp_查成绩"。
DROP PROCEDURE usp_查成绩

10.1.6　存储过程的参数和执行状态

存储过程与调用者之间数据的传递依赖存储过程的参数，可按需选择参数（包括输入参数和输出参数，由存储过程在创建时指定），或设置存储过程的返回状态。

参数用于在存储过程和函数以及调用存储过程或函数的应用程序或工具之间交换数据：输入参数允许调用方将数据值传递到存储过程或函数；输出参数允许存储过程将数据值或游标变量传递回调用方（用户定义函数不能指定输出参数）；每个存储过程向调用方返回一个整数返回代码，如果存储过程没有显式设置返回代码的值，则返回代码为 0。

执行存储过程或函数时，输入参数的值可为常量或使用变量的值。输出参数和返回代码必须将其值返回变量。参数和返回代码可以与 T - SQL 变量或应用程序变量交换数据值。

如果从批处理或脚本调用存储过程，则参数和返回代码值可使用在同一个批处理中定义的 T - SQL 变量。

1. 输入参数

定义存储过程时，可指定输入参数，以@作为参数名称的前置字符，声明若干个参数变量及其数据类型，一个存储过程可指定高达 2100 个参数。

参数的提供方式有两种，即位置标识和名字标识。位置标识即提供的参数顺序严格按过程定义时指定的参数顺序传递（这种方式可省略参数名，直接传递参数值），如例 10 - 9 所示；名字标识（显式标识）提供参数时不仅指明参数的值，同时指明值所属的参数名，因而参数的顺序可以任意。

执行存储过程时，除非在定义过程时参数按 @ parameter = default_value 形式指定了默认值，否则必须按输入参数的要求传递数据给存储过程。

其他相关语法请参见第 10.1.2 节 CREATE PROCEDURE 语句的相关内容。

【例 10 – 8】　创建一个带两个参数的存储过程，从学生表、课程表、成绩表的相关连接中返回指定学生姓名及其修读课程名的学生学号、成绩。

```
CREATE PROCEDURE dbo. usp_查指定成绩
    @ 姓名 varchar(8) = NULL, @ 课程 varchar(12) = NULL,    —— 输入参数
    @ 学号 int OUTPUT, @ 成绩 int OUTPUT AS              —— 输出参数
IF @ 姓名 IS NULL OR @ 课程 IS NULL RETURN  – 1       —— 缺少输入参数，返回 – 1
SELECT @ 学号 = A. S_NO, @ 成绩 = C. SC_G             —— 获取输出参数的值
    FROM _教学库. dbo. 成绩表 C INNER JOIN
        _教学库. dbo. 课程表 B ON C. C_NO = B. C_NO INNER JOIN
        _教学库. dbo. 学生表 A ON C. S_NO = A. S_NO
    WHERE  A. S_NAME = @ 姓名  AND B. C_NAME = @ 课程
IF @ 学号 IS NULL RETURN  – 2     —— 未查到符合输入参数规定的相关记录，返回 – 2
RETURN 0                        —— 查到符合输入参数规定的相关记录，返回 0
```

【例 10 – 9】　使用 EXECUTE 语句调用例 10 – 8 创建的存储过程。

```
DECLARE @ 姓名 varchar(8), @ 课程 varchar(12), @ 学号 int, @ 成绩 int, @ 状态 int
SET @ 姓名 = 'ABCD'; SET @ 课程 = '操作系统'
EXECUTE @ 状态 = usp_查指定成绩 'ABCD', '操作系统', @ 学号 OUTPUT, @ 成
绩 OUTPUT
PRINT '学号 = ' + LTRIM(STR(@ 学号))
PRINT '姓名 = ' + LTRIM(@ 姓名)
PRINT '课程 = ' + LTRIM(@ 课程)
PRINT '成绩 = ' + LTRIM(STR(@ 成绩))
PRINT '状态 = ' + LTRIM(STR(@ 状态))
```

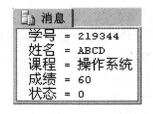

图 10 – 6　例 10 – 9 的执行结果

"usp_查指定成绩"存储过程以"@ 姓名"和"@ 课程"变量作为过程的输入参数，在 SELECT 查询语句中分别对应学生表中的学生姓名"S_NAME"和课程表中的课程名"C_NAME"，变量的数据类型与表中的字段类型一致。

2. 输出参数

如果要在存储过程中返回值给调用者，可在参数名称后使用 OUTPUT 关键字。同时，为了使用输出参数，必须在创建和执行存储过程时都使用 OUTPUT 关键字。

例如，例 10 – 8 创建的存储过程"usp_查指定成绩"中，输出参数（用 OUTPUT 关键字标明）有"@ 学号"变量和"@ 成绩"变量，分别是过程执行后将指定的学生学号、课程成绩返回给调用者的变量。调用者使用该存储过程前，必须先声明这两个变量，并且在执行调用时也

使用 OUTPUT 关键字标明，用于接收存储过程输出变量返回的值，如例 10 - 9 所示。

　　DECLARE 关键字用于建立局部变量，在建立局部变量时，要指定局部变量名称及变量类型，并以@ 为前缀。一旦变量被声明，其值会先被设为 NULL。

　　在存储过程和调用程序中可以为 OUTPUT 参数使用不同或相同的变量名。

　　3. 返回存储过程执行状态

　　在存储过程中，使用 RETURN 关键字可以无条件退出存储过程以回到调用程序，也可用于退出处理。存储过程执行到 RETURN 语句即停止执行，并回到调用程序中的下一个语句，因而可以使用 RETURN 传回存储过程的执行状态。

　　RETURN 传回的值必须是一个整数，常数、变量或表达式值皆可。如果存储过程没有使用 RETURN［integer_expression］显式指定表示执行状态的返回值，则 SQL Server 返回 0 表示执行成功，返回 - 1 ~ - 99 之间的整数表示执行失败。

　　例如，例 10 - 8 创建的存储过程"usp_查指定成绩"检查是否提供了输入参数的值，如果没有，则返回 - 1 表示的执行状态；执行 SELECT 后检查"@ 学号"是否为空以判断是否查到符合输入参数规定的相关记录，如果没有查到则返回 - 2 表示的执行状态，除此之外，返回 0 表示查到符合输入参数规定的相关记录。

10.1.7　重新编译存储过程

　　存储过程和触发器所用的查询只在编译时进行优化。对数据库进行了索引或其他会影响数据库统计的更改后，已编译的存储过程和触发器可能会失去效率。通过对作用于表上的存储过程和触发器进行重新编译，可以重新优化查询。

　　SQL Server 2005 重新启动后第一次运行存储过程或存储过程使用的基础表发生变化时，自动执行优化。但如果添加了存储过程可能从中受益的新索引，将不自动执行优化，直到下次 SQL Server 重新启动再运行该存储过程。此时，强制在下次执行存储过程时对其重新编译会很有用。

　　SQL Server 中，强制重新编译存储过程的方式有 3 种：

　　①使用 sp_recompile 系统存储过程强制在下次执行某存储过程时对其重新编译。格式为：

sp_recompile［@ objname = ］'object'

　　②创建存储过程时在其定义中指定 WITH RECOMPILE 选项，指明 SQL Server 不为该存储过程缓存计划，在每次执行该存储过程时对其重新编译。当存储过程的参数值在各次执行间都有较大差异，导致每次均需创建不同的执行计划时，可使用 WITH RECOMPILE 选项。此选项并不常用，因为每次执行存储过程时都必须对其重新编译，这样会导致存储过程的执行变慢。

　　③通过指定 EXECUTE 语句的 WITH RECOMPILE 选项，强制在执行存储过程时对其重新编译。仅当所提供的参数是非典型参数，或自创建该存储过程后数据发生显著变化时，才应使用此选项。

　　SQL Server 2005 引入了对存储过程执行语句级重新编译功能。SQL Server 2005 重新编译存储过程时，只编译导致重新编译的语句，而不编译整个过程。因此，SQL Server 重新生成查询计划时,使用重新编译过的语句中的参数值。这些值可能与那些原来传递至过程中的值不同。

【例 10 – 10】 使用 sp_recompile 强制使存储过程"usp_查成绩"在下次运行时重新编译。

sp_recompile usp_查成绩

10.2 触发器

触发器是一种特殊的存储过程,主要用于强制复杂的数据处理业务规则或要求。

10.2.1 触发器的概念、特点与用途

触发器是数据库中发生特定事件时自动执行的特殊存储过程,不能由用户直接调用。

当发生 DML(数据操作语言)事件(如针对表或视图的 INSERT、UPDATE 或 DELETE 语句操作)或 DDL(数据定义语言)事件(如 CREATE、ALTER 或 DROP 语句操作)时,SQL Server 2005 会自动执行相应的触发器所定义的 SQL 语句,从而确保对数据的处理必须符合由这些 SQL 语句所定义的规则。

作为一种特殊的存储过程,触发器可以完成存储过程能完成的功能,但它具有自己的特点:

①触发器是自动的,它们在表的数据发生任何修改之后立即被激活。这使得它可以及时侦测到数据库内的相关操作并采取相应的措施,但也使得它要占用较多的系统资源。

②触发器不能通过名称被直接调用,更不允许带参数,而是由事件触发的自动执行的行为。

③DML 触发器与表紧密相连,可看作表定义的一部分,它基于某一个表创建,但可对多个表进行操作,实现数据库中相关表的级联更改。

④触发器可以用于实施更为复杂的数据完整性约束。

⑤触发器可以评估数据修改前后的表状态,并根据其差异采取对策。

⑥SQL Server 允许为特定语句创建多个触发器,对于同个语句可有多个不同的对策响应。

触发器可以用于实现以下功能:

①强化约束:这是触发器最主要的用途优点。触发器主要用于实现由主键和外键所不能保证的复杂的参照完整性和数据一致性,还能够实现比 CHECK 语句更为复杂的约束(例如,CHECK 约束不能引用其他表中的列来完成检查工作,而触发器可以)。

②跟踪变化:触发器可以侦测数据库内的操作,从而不允许未经许可的特定更新和变化。

③运行级联:触发器可以侦测数据库内的操作,并自动地级联影响整个数据库的各项内容。例如,A 表的触发器中包含有对 B 表的数据操作(如删除、更新、插入),该操作又导致 B 表的触发器被触发。

④调用过程:为了响应数据库更新,触发器可以调用一个或多个存储过程,甚至可以通过外部过程的调用,从而在数据库管理系统本身之外进行操作。

10.2.2　触发器的类型

SQL Server 包括两大类触发器：DML 触发器和 DDL 触发器。

1. DML 触发器

当数据库中发生 DML 事件时将调用 DML 触发器。DML 触发器可以查询其他表，还可以包含复杂的 T–SQL 语句。将触发器和触发它的语句作为可在触发器内回滚的单个事务对待。如果检测到错误（例如磁盘空间不足），则整个事务即自动回滚。

DML 触发器在以下方面非常有用：

- DML 触发器可通过数据库中的相关表实现级联更改。不过，通过级联引用完整性约束可以更有效地进行这些更改。
- DML 触发器可以防止恶意或错误的 INSERT、UPDATE 以及 DELETE 操作，并强制执行比 CHECK 约束定义的限制更为复杂的其他限制（例如，DML 触发器可以引用其他表中的列）。
- DML 触发器可以评估数据修改前后表的状态，并根据该差异采取措施。
- 一个表中的多个同类 DML 触发器（INSERT、UPDATE 或 DELETE）允许采取多个不同的操作来响应同一个修改语句。

SQL Server 数据库中的 DML 触发器按被激活的时机可以分为以下 2 种类型。

①AFTER 触发器：又称为后触发器。该类触发器是在更新语句，即语句中指定的所有操作（包括所有的引用级联操作和约束检查）都已成功完成之后才被触发执行。如果更新语句因故失败，触发器将不会执行。此类触发器只能定义在表上，不能创建在视图上。可以为每个触发操作（INSERT、UPDATE 或 DELETE）创建多个 AFTER 触发器。

②INSTEAD OF 触发器：又称为替代触发器，此类触发器在数据变动以前被触发，代替触发操作被执行（触发器执行时并不执行其所定义的 INSERT、UPDATE 或 DELETE 操作，而仅是执行触发器本身）。该类触发器可在表上或视图上定义。对于每个触发操作（INSERT、UP-DATE 和 DELETE）只能定义一个 INSTEAD OF 触发器。

2. DDL 触发器

DDL 触发器是 SQL Server 2005 的新增功能。像常规触发器一样，DDL 触发器将激发存储过程以响应事件。但与 DML 触发器不同的是，它们不会为响应针对表或视图的 UPDATE、INSERT 或 DELETE 语句而触发，而是为响应多种 DDL 语句（主要是以 CREATE、ALTER 和 DROP 开头的语句）而激发。

DDL 触发器可用于管理任务，例如审核和控制数据库操作。如果要执行以下操作，可使用 DDL 触发器：要防止对数据库架构进行某些更改；希望根据数据库中发生的操作以响应数据库架构中的更改；要记录数据库架构中的更改或事件。

触发器的作用域取决于事件。例如，数据库中发生 CREATE TABLE 事件时会触发为响应 CREATE TABLE 事件创建的 DDL 触发器，服务器中发生 CREATE LOGIN 事件时会触发为响应 CREATE LOGIN 事件创建的 DDL 触发器。

仅在运行触发 DDL 触发器的 DDL 语句后，DDL 触发器才会激发。DDL 触发器无法作为 INSTEAD OF 触发器使用。DDL 触发器不支持执行类似 DDL 操作的系统存储过程。

用户可以设计在运行一个或多个特定 T－SQL 语句后触发的 DDL 触发器,也可以设计在执行属于一组预定义的相似事件的任何 T－SQL 事件后触发的 DDL 触发器。例如,如果希望在运行 CREATE TABLE、ALTER TABLE 或 DROP TABLE 语句后触发的 DDL 触发器,则可以在 CREATE TRIGGER 语句中指定 FOR DDL_TABLE_EVENTS。

数据库范围内的 DDL 触发器都作为对象存储在创建它们的数据库中。

10.2.3　创建触发器

1.与 DML 触发器相关的逻辑表

DML 触发器使用 Deleted 和 Inserted 逻辑表。它们是特殊的临时表,在结构上类似于定义了触发器的表(即对其尝试执行了用户操作的表)。

这两个表都存在于高速缓存中,包含了在激发触发器的操作中插入或删除的所有记录。用户可以使用这两个临时表来检测某些修改操作所产生的效果。例如,可以使用 SELECT 语句来检查 INSERT 和 UPDATE 语句执行的插入操作是否成功,触发器是否被这些语句触发等。但不允许用户直接修改 Inserted 表和 Deleted 表中数据。

例如,若要检索 deleted 表中的所有值,可以使用:SELECT ＊ FROM deleted

Inserted 表存储着被 INSERT 和 UPDATE 语句影响的新的数据记录。当用户执行 INSERT 和 UPDATE 语句时,新数据记录的备份被复制到 Inserted 临时表中。

Deleted 表存储着被 DELETE 和 UPDATE 语句影响的旧数据记录。在执行 DELETE 和 UPDATE 语句过程中,指定的旧数据记录被用户从基本表中删除,然后转移到 Deleted 表中。

表 10－1 是对以上两个虚拟表在三种不同的数据操作过程中表中记录发生情况的说明。

表 10－1　Deleted 表、Inserted 表在执行触发器时记录发生情况

T－SQL 语句	Deleted 表	Inserted 表
INSERT	空	新增加的记录
UPDATE	旧记录	新记录
DELETE	删除的记录	空

UPDATE 操作涉及表 10－1,因为典型的 UPDATE 事务实际上由两个操作组成:首先将旧的数据记录从基本表中转移到 Deleted 表,紧接着将新的数据行同时插入基本表和 Inserted 表。

2.创建触发器

创建一个触发器,内容主要包括指定触发器名称、与触发器关联的表或视图(DML 触发器)、触发器的作用域、激发触发器的语句和条件、触发器应完成的操作等。

在 SQL Server 2005 中创建触发器有两种方法:一种是直接使用 T－SQL 的 CREATE TRIGGER 语句,另一种是借助 SSMS 提供的创建触发器命令模板。用户须立足于使用 CRE-ATE TRIGGER 语句。

①语法摘要

- 创建 DML 触发器

CREATE TRIGGER［schema_name.］trigger_name ON｛table｜view｝

　　［WITH ＜trigger_option＞［, … n］］

　　｛FOR｜AFTER｜INSTEAD OF｝｛［INSERT］［, ］［UPDATE］［, ］［DELETE］｝

　　［NOT FOR REPLICATION］

AS｛sql_statement［; ］［… n］｜EXTERNAL NAME ＜method specifier［; ］＞｝

- 创建 DDL 触发器

CREATE TRIGGER trigger_name ON｛ALL SERVER｜DATABASE｝

　　［WITH ＜trigger_option＞［, … n］］

　　｛FOR｜AFTER｝｛event_type｜event_group｝［, … n］

AS｛sql_statement［; ］［… n］｜EXTERNAL NAME ＜method specifier＞［; ］｝

- 其中：＜trigger_option＞：: ＝［ENCRYPTION］［EXECUTE AS Clause］

　　　　　＜method_specifier＞：: ＝ assembly_name. class_name. method_name

②参数摘要与说明

schema_name：DML 触发器所属架构的名称。DML 触发器的作用域是为其创建该触发器的表或视图的架构。对于 DDL 触发器，无法指定 schema_name。

trigger_name：触发器名称。不能以#或##开头。

table｜view：要对其执行 DML 触发器的表或视图。视图只能被 INSTEAD OF 触发器引用。

｛ALL SERVER｜DATABASE｝：将 DDL 触发器的作用域应用于｛当前服务器｜当前数据库｝。如果指定此参数，则只要｛当前服务器中的任何位置｜当前数据库中｝出现 event_type 或 event_group，就会激发该触发器。

ENCRYPTION：加密 CREATE TRIGGER 语句的文本。

EXECUTE AS：指定用于执行该触发器的安全上下文。允许用户控制 SQL Server 实例用于验证被触发器引用的任意数据库对象的权限的用户账户。

AFTER：指定 DML 触发器是后触发器。如果仅指定 FOR 关键字，则 AFTER 为默认值。不能对视图定义 AFTER 触发器。

INSTEAD OF：指定 DML 触发器是替代触发器，其优先级高于触发语句的操作。不能为 DDL 触发器指定 INSTEAD OF。不可用于使用 WITH CHECK OPTION 的可更新视图。对于表或视图，每个 INSERT、UPDATE 或 DELETE 语句最多定义一个 INSTEAD OF 触发器。

｛［DELETE］［, ］［INSERT］［, ］［UPDATE］｝：指定数据修改语句，这些语句可在 DML 触发器对此表或视图进行尝试时激活该触发器。必须至少指定一个选项。允许使用上述选项的任意顺序组合。

对于 INSERTED OF 触发器，不允许对具有指定级联操作 ON DELETE 的引用关系的表使用 DELETE 选项，不允许对具有指定级联操作 ON UPDATE 的引用关系的表使用 UPDATE 选项。

event_type：执行之后将导致激发 DDL 触发器的 T－SQL 语言事件的名称。

event_group：预定义的 T－SQL 语言事件分组的名称。执行任何属于 event_group 的 T－SQL 语言事件之后，都将激发 DDL 触发器。

NOT FOR REPLICATION：指示当复制代理修改涉及到触发器的表时，不应执行触发器。

sql_statement：触发条件和操作。用于确定尝试的 DML 或 DDL 语句是否导致执行触发器操作。尝试 DML 或 DDL 操作时，将执行 T－SQL 语句中指定的触发器操作。触发器可包含任意数量和种类的 T－SQL 语句，但有例外。

DML 触发器使用 deleted 和 inserted 逻辑(概念)表。

DDL 触发器通过使用 EVENTDATA 函数来获取有关触发事件的信息(该函数返回一个 xml 值，包含：事件时间；执行了触发器的连接的系统进程 ID(SPID)；激发触发器的事件类型)。

＜method_specifier＞：对于 CLR 触发器，指定程序集与触发器绑定的方法。该方法不能带任何参数，且必须返回空值。class_name 必须是有效的 SQL Server 标识符，且该类必须存在于可见程序集中。如果该类有一个使用"."来分隔命名空间部分的命名空间限定名称，则类名必须用[ ]或""分隔符分隔。该类不能为嵌套类。

③备注

- 对于 DML 触发器：

CREATE TRIGGER 必须是批处理中的第一条语句，并且只能应用于一个表。

触发器只能在当前的数据库中创建，但可引用当前数据库的外部对象。

如果指定了触发器架构名称来限定触发器，则将以相同的方式限定表名称。

同一条 CREATE TRIGGER 语句中可为多种操作(如 INSERT 和 UPDATE)定义相同的触发器操作。

如果一个表的外键包含对定义的 DELETE/UPDATE 操作的级联，则不能为表上定义 INSTEAD OF DELETE/UPDATE 触发器。

触发器内可指定任意的 SET 语句。其设置仅在触发器执行期间有效，然后恢复为原设置。

触发器执行的结果将返回给执行调用的应用程序。若要避免由于触发器触发而向应用程序返回结果，则不要包含返回结果的 SELECT 语句，也不要包含在触发器中执行变量赋值的语句。如果必须在触发器中对变量赋值，则应在触发器开头使用 SET NOCOUNT 语句以避免返回任何结果集。

DELETE 触发器不能捕获 TRUNCATE TABLE 语句，因为它是无日志记录的。

WRITETEXT 语句不触发触发器。

DML 触发器中不允许使用下列 T－SQL 语句：ALTER DATABASE、CREATE DATABASE、DROP DATABASE、LOAD DATABASE、LOAD LOG、RECONFIGURE、RESTORE DATABASE、RESTORE LOG。

如果对作为触发操作目标的表或视图使用 DML 触发器，则不允许在该触发器的主体中使用下列 T－SQL 语句：CREATE INDEX、ALTER INDEX、DROP INDEX、DBCC DBREINDEX、ALTER PARTITION FUNCTION、DROP TABLE；以及用于执行以下操作的 ALTER TABLE：添加、修改或删除列，切换分区，添加或删除 PRIMARY KEY 或 UNIQUE 约束。

- 对于 DDL 触发器：与 DML 触发器不同，DDL 触发器的作用域不是架构。因此，不能将 OBJECT_ID、OBJECT_NAME、OBJECTPROPERTY 和 OBJECTPROPERTYEX 用于查询有关

DDL 触发器的元数据。

● 一般性问题：

多个触发器：SQL Server 2005 允许为每个 DML 或 DDL 事件创建多个触发器。例如，如果为已经有了 UPDATE 触发器的表执行 CREATE TRIGGER FOR UPDATE，则将再创建一个 UPDATE 触发器。

递归触发器：如果使用 ALTER DATABASE 启动了 RECURSIVE_TRIGGERS 设置，则 SQL Server 允许递归调用触发器（可以是间接递归或直接递归）。禁用 RECURSIVE_TRIGGERS 设置只能阻止直接递归。若要同时禁用间接递归，应使用 sp_configure 将 nested triggers 服务器选项设置为 0。

嵌套触发器：触发器最多可以嵌套 32 级。如果链中任一触发器引发无限循环，则会超出嵌套级限制而导致取消触发器。若要禁用嵌套触发器，请用 sp_configure 将 nested triggers 选项设为 0（关闭）。关闭嵌套触发器，则不管 RECURSIVE_TRIGGERS 设置如何，都同时禁用递归触发器。

如果任一触发器执行了 ROLLBACK TRANSACTION，则无论嵌套级多少，都不再执行其他触发器。

延迟名称解析：SQL Server 允许 T - SQL 存储过程、触发器和批处理引用编译时不存在的表。

【例 10 - 11】 创建 DML 触发器。使用 SSMS 的对象资源管理器提供的创建触发器命令模板，为成绩表建一个触发器，用于禁止修改学号小于 217700 或计算机系 21 岁以下的学生的各门课程成绩。

步骤：选择"对象资源管理器\数据库_教学库\表\成绩表\触发器"→鼠标右键单击→在弹出的快捷菜单中选择"新建触发器"→弹出查询编辑器窗口，内有创建触发器命令模板（图 10 - 8）→用以下语句取代模板的 CREATE TRIGGER 语句→单击"执行"按钮→关闭查询编辑器窗口。

```
CREATE TRIGGER 禁止改分 ON 成绩表 AFTER UPDATE AS SET NOCOUNT ON;
    DECLARE @SN int, @SA int, @SD char(10)
    SELECT @SN = S.S_NO, @SA = S_AGE, @SD = S_DP FROM Deleted D LEFT JOIN 学生表 S
            ON D.S_NO = S.S_NO
IF @SN < 217700 OR
    @SA < 21 AND @SD = '计算机系'
BEGIN
    RAISERROR('该生成绩禁止修改!', 16, 1)
    PRINT ' ';
    PRINT '学号 = ' + LTRIM(STR(@SN));
    PRINT '年龄 = ' + LTRIM(STR(@SA));
    PRINT '系部 = ' + LTRIM(@SD);
    ROLLBACK TRANSACTION
END
```

图 10 - 7　例 10 - 11 的触发器执行结果

图 10 - 7 是"禁止改分"DML 触发器建成后,试图修改成绩表内满足该触发器执行条件的学生的成绩而触发执行触发器后的信息提示。

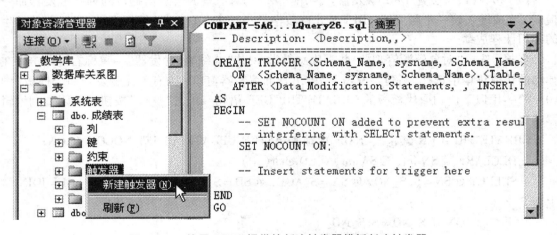

图 10 - 8　使用 SSMS 提供的新建触发器模板创建触发器

也可将例 10 - 11 所列语句直接写入查询编辑器窗口,然后执行。效果与采用模板一样。

【例 10 - 12】　创建 DDL 触发器。为"_教学库"创建一个 DDL 触发器,用于禁止对库中任何一个表进行删除或修改表结构的操作。将以下语句写入查询编辑器窗口,然后执行即可。

CREATE TRIGGER 禁改表结构 ON DATABASE FOR ALTER_TABLE, DROP_TABLE
　　AS RAISERROR('本库禁止删除表或修改表结构的操作!', 16, 1) WITH NOWAIT
　　ROLLBACK

图 10 - 9、图 10 - 10 分别是"禁改表结构"DDL 触发器建成后,试图修改"_教学库"内的

"_实验表"结构、删除"_实验表"而触发执行触发器后的信息提示。

图 10 – 9　"禁改表结构"DDL 触发器禁止删除表操作的执行结果

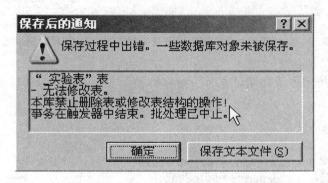

图 10 – 10　DDL 触发器禁止修改表结构执行结果

10.2.4　维护触发器

本节所述维护触发器，是指触发器的查看、禁用、启用、修改、改名以及删除等操作。

1. 查看触发器

本章第 10.1.4 节"（1）查看存储过程代码"项下所列方法也适用于查看触发器。

【例 10 – 13】　使用对象资源管理器查看"禁改表结构"DDL 触发器。

步骤：选择"对象资源管理器\数据库_教学库\可编程性\数据库触发器\禁改表结构"→鼠标右键单击→在弹出的快捷菜单中选择"编写数据库触发器脚本为（S）> CREATE 到（C）>新查询编辑器窗口（N）"→系统弹出一个新的查询编辑器窗口，其内的 CREATE TRIGGER 语句内包含了当前"禁改表结构"触发器的源代码（图 10 – 11）。查看完毕后关闭查询编辑器窗口（不要执行）。

【例 10 – 14】　使用系统存储过程 sp_helptext 查看"禁止改分"DML 触发器的源代码。

sp_helptext 禁止改分

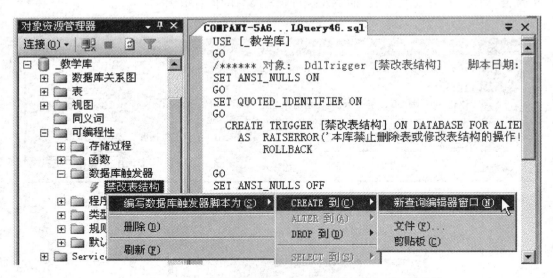

图 10 – 11　使用对象资源管理器查看"禁改表结构"DDL 触发器

【例 10 – 15】　使用系统存储过程 sp_depends 查看"禁止改分"DML 触发器的关系依赖,见图 10 – 12。

sp_helptext 禁止改分

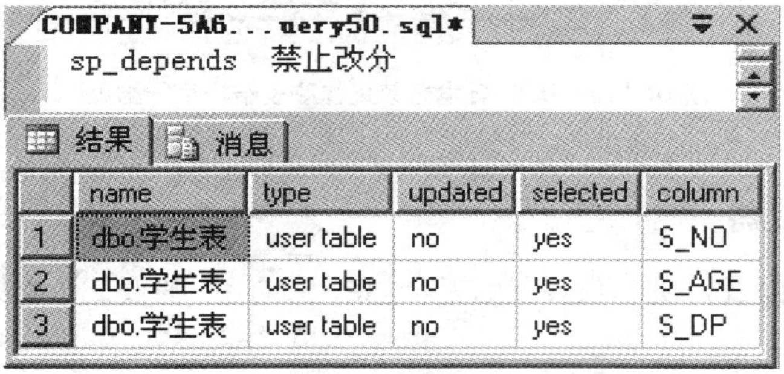

图 10 – 12　使用 sp_depends 查看 DML 触发器关系依赖

2. 禁用、启用查看触发器

默认情况下,触发器创建后会立即自动启用。

可以分别使用 T – SQL 提供的 DISABLE TRIGGER、ENABLE TRIGGER 语句来禁用或重新启用 DDL 触发器和 DML 触发器。

还可以使用 ALTER TABLE 语句(参见第 8.6.2 节)或对象资源管理器来禁用或启用为表所定义的 DML 触发器。

①使用 DISABLE TRIGGER、ENABLE TRIGGER 语句禁用、启用触发器。

• 语法摘要

　　　　｛DISABLE｜ENABLE｝TRIGGER｛[schema.]trigger_name[,...n]|ALL｝

　　　　ON｛table|view|DATABASE|ALL SERVER｝[;]

- 参数摘要与说明

schema_name：DML 触发器所属架构的名称。不能为 DDL 触发器指定 schema_name。

trigger_name：要禁用的触发器的名称。

ALL：指示禁用或启用在 ON 子句作用域中定义的所有触发器。

table|view：要对其执行 DML 触发器 trigger_name 的表或视图的名称。

DATABASE|ALL SERVER：表明 DDL 触发器 trigger_name 将在｛数据库|服务器｝作用域内执行。

- 备注

DISABLE、ENABLE 关键字分别表示要禁用、启用指定的触发器。

禁用触发器不会删除该触发器。该触发器仍然作为对象存在于当前数据库中，但不会激发。

【例 10 – 16】　使用 DISABLE TRIGGER 语句禁用"禁改表结构"DDL 触发器和"禁止改分"DML 触发器。

DISABLE TRIGGER 禁改表结构 ON DATABASE

GO

DISABLE TRIGGER 禁止改分 ON 成绩表

【例 10 – 17】　使用 ENABLE TRIGGER 语句启用"禁改表结构"DDL 触发器和"禁止改分"DML 触发器。

DENABLE TRIGGER 禁止改分 ON 成绩表

GO

ENABLE TRIGGER 禁改表结构 ON DATABASE

②使用 ALTER TABLE 语句禁用、启用 DML 触发器。

【例 10 – 18】　使用 ALTER TABLE 语句启用"禁止改分"DML 触发器。

ALTER TABLE 成绩表 DISABLE TRIGGER 禁止改分　　　——禁用

ALTER TABLE 成绩表 ENABLE TRIGGER 禁止改分　　　——启用

③使用对象资源管理器禁用、启用 DML 触发器。

【例 10 – 19】　使用对象资源管理器禁用"禁止改分"DML 触发器。

选择"对象资源管理器\数据库_教学库\表\成绩表\触发器\禁止改分"→鼠标右键单击→在弹出的快捷菜单中选择"禁用"即可。(图 10 – 13)

如果要启用已禁用的 DML 触发器，在图 10 – 13 中选择"启用"即可。

3.修改触发器内容

在 SQL Server 2005 中，用户修改触发器必须立足于使用 T – SQL 语句 ALTER TRIGGER。

①语法摘要。

- 修改 DML 触发器

ALTER TRIGGER [schema_name.]trigger_name ON｛table|view｝

　　[WITH ＜trigger_option＞[,...n]]

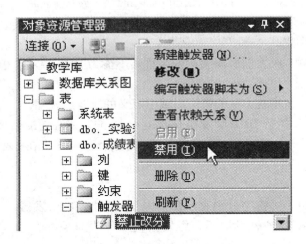

图 10 –13　使用对象资源管理器 禁用 DML 触发器

｛FOR | AFTER | INSTEAD OF｝｛［INSERT］［, ］［UPDATE］［, ］［DELETE］｝

［NOT FOR REPLICATION］

AS ｛sql_statement［; ］［...n］| EXTERNAL NAME ＜method specifier［; ］＞｝

● 修改 DDL 触发器

ALTER TRIGGER trigger_name ON ｛ALL SERVER | DATABASE｝

　　［WITH ＜trigger_option ＞［, ...n］］

　　｛FOR | AFTER｝｛event_type［, ...n］| event_group｝

AS ｛sql_statement［; ］［...n］| EXTERNAL NAME ＜method specifier ＞［; ］｝

● 其中：＜trigger_option ＞：: = ［ENCRYPTION］［EXECUTE AS Clause］

　　　　　　＜method_specifier ＞：: = assembly_name. class_name. method_name

②参数摘要与说明：参见本章第 10.2.3 节 CREATE TRIGGER 语句。

③备注：参见本章第 10.2.3 节 CREATE TRIGGER 语句。

【例 10 –20】　修改例 10 –12 创建的"禁改表结构"DDL 触发器，使其只禁止在"_教学库"中修改存储过程，不再限制修改表结构和删除表的操作。将以下语句写入查询编辑器窗口，然后执行即可。

ALTER TRIGGER 禁改表结构 ON DATABASE FOR ALTER_PROCEDURE

　　AS RAISERROR('本库禁止修改存储过程的操作!', 16, 1) WITH NOWAIT

　　ROLLBACK

建议采用本章例 10 –13 的方法，先将 DDL 触发器的当前内容通过 CREATE 脚本的方式发送到查询编辑器窗口，作为 ALTER 的参考脚本，再进行相关修改(首先将其中的 CREATE 关键字改为 ALTER)，改毕后单击"执行"按钮，即可。

对于 DML 触发器的修改，建议采用例 10 –21 的方法。

【例 10 –21】　修改例 10 –11 创建的"禁止改分"DML 触发器，将禁止改分的条件中的年龄改为 20 岁以上。

步骤：选择"对象资源管理器\数据库_教学库\表\成绩表\触发器\禁止改分"→鼠标右键单击→在弹出的快捷菜单中选择"修改"→弹出查询编辑器窗口，内有修改 DML 触发器命令模板（包括该触发器当前的内容，见图 10－14）→在查询编辑器窗口将 IF 语句中的条件"@SA＜21"改为"SA＞20"→单击"执行"按钮→关闭查询编辑器窗口。

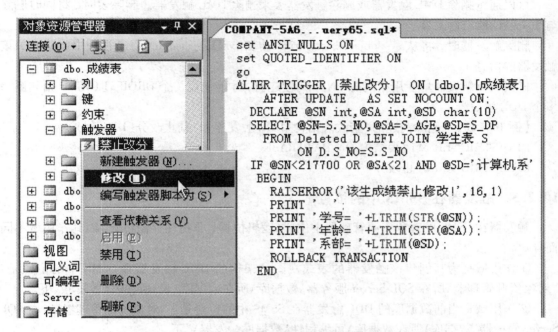

图 10－14　借助对象资源管理器快速修改 DML 触发器

4. 修改触发器名称

虽然可使用系统存储过程 sp_rename 修改 DML 触发器名称（参见 10.1.4 节"（3）修改存储过程"项），但建议不要重命名存储过程、函数、视图或触发器。

5. 删除触发器

可以使用对象资源管理器或 T－SQL 语句两种方式删除触发器。

①使用对象资源管理器：在对象资源管理器窗口选择要删除的触发器→鼠标右键单击→在弹出的快捷菜单中选择"删除"（参见图 10－11、图 10－14）→在弹出的"删除对象"对话框选择"确定"。

②使用 T－SQL 删除触发器语句 DROP TRIGGER。

- 语法摘要

删除 DML 触发器：DROP TRIGGER schema_name. trigger_name[, ...n]

删除 DDL 触发器：DROP TRIGGER trigger_name[, ...n] ON {DATABASE|ALL SERVER}

- 参数摘要与说明

schema_name：待删 DML 触发器所属架构的名称。不能对 DDL 触发器指定 schema_name。

trigger_name：待删触发器名称。若要查看当前触发器的列表，可使用 sys. triggers。

DATABASE|ALL SERVER：指示 DDL 触发器的作用域。如果在创建或修改触发器指定的是 DATABASE(或 ALL SERVER)，则删除时也必须指定 DATABASE(ALL SERVER)。

- 备注

可以通过删除 DML 触发器或删除触发器表来删除 DML 触发器。删除表时，将同时删除与表关联的所有触发器。

删除触发器时，将从 sys. objects、sys. triggers 和 sys. sql_modules 目录视图中删除有关该触发器的信息。

仅当所有触发器均使用相同的 ON 子句创建时，才能使用一个 DROP TRIGGER 语句删除多个 DDL 触发器。

【例 10 – 22】 删除前述的"禁改表结构"DDL 触发器和"禁止改分"DML 触发器。

DROP TRIGGER 禁改表结构 ON DATABASE

DROP TRIGGER 禁止改分

10.2.5 触发器在 SSMS 中的位置

触发器在 SSMS 的对象资源管理器中位置(逻辑位置，非物理存储位置)因其作用域不同而异。

①作用域是为其创建该触发器的表或视图的架构的 DML 触发器在 SSMS 中的位置是："对象资源管理器\所在 SQL Server 服务器\数据库\所在数据库\表\所在表\触发器"下。

②作用域是当前数据库的 DDL 触发器在 SSMS 中的位置是："对象资源管理器\所在 SQL Server 服务器\数据库\所在数据库\可编程性\数据库触发器\"下。

③作用域是当前 SQL Server 服务器的 DDL 触发器在 SSMS 中的位置是："对象资源管理器\所在 SQL Server 服务器\服务器对象\触发器\"下。

10.3 事务

10.3.1 事务的基本概念与分类

1. 几个密切相关概念

事务(transaction)：组合成一个逻辑工作单元的一组数据库操作序列。这些操作不可分割，要么全做，要么全不做。事务是数据库环境中的逻辑工作单位。事务具有 ACID 特性。

提交(commit)：一种保存自启动事务以来对数据库进行的所有更改的操作。它使事务的所有修改都成为数据库的永久组成部分，并释放事务所使用的资源。

回滚(roll back)：撤消未提交的事务所做的一切更改。它使数据库返回事务开始时的状态，并释放事务所使用的资源。注意：回滚是针对数据更新而言的。

并发(concurrency)：多个用户同时访问或更改共享数据的进程。

锁定(lock)：对多用户环境中资源的访问权限的限制。

事务日志(log)：关于所有事务以及每个事务对数据库所做的修改的有序记录。事务日志是数据库的一个重要组件，如果系统出现故障，它将成为最新数据的唯一源。

保存点：在事务内设置的标记，用于回滚部分事务。它定义在按条件取消事务的一部分后，该事务可以返回的一个位置。

关于上述概念的详细讨论与相关的理论知识请见第4章。

2.事务的分类

按照事务的运行模式，SQL Server 2005 将事务分为自动提交事务、显式事务、隐式事务和批处理事务。

- 自动提交事务是指单独的 SQL 语句。每条 SQL 语句在完成时，都被自动提交或回滚，不必指定任何语句来控制事务。自动提交模式是 SQL Server 数据库引擎的默认事务管理模式。只要没有显式事务或隐性事务覆盖自动提交模式，与数据库引擎实例的连接就以此默认模式操作。

下列语句可以视为典型的事物语句：ALTER TABLE、CREATE、DELETE、DROP、FETCH、GRANT、INSERT、OPEN、REVOKE、SELECT、UPDATE、TRUNCATE TABLE。

- 显式事务是通过 BEGIN TRAN 语句来显式启动的事务。以前也称为用户定义事务。使用显式事务时，切记事务必须有明确的结束语句（COMMIT TRAN 或 ROLLBACK TRAN），否则系统可能把从事务开始到用户关闭连接之间的全部操作都作为一个事务来对待。

- 隐式事务是指通过 SET IMPLICIT_TRANSACTIONS ON 语句将隐性事务模式打开，这样，一条语句完成后自动启动一个新事务，事务的开始无须描述，但仍以 COMMIT 或 ROLL-BACK 显式完成。

隐性事务模式打开后，首次执行下列任何语句时，都会自动启动一个事务：ALTER TA-BLE、CREATE、DELETE、DROP、FETCH、GRANT、INSERT、OPEN、REVOKE、SELECT、TRUNCATE TABLE、UPDATE。

- 批处理事务：只适用于多个活动的结果集（MARS），在 MARS 会话中启动的 T - SQL 显式或隐式事务将变成批处理的事务。批处理完成时，如果批处理的事务还没有提交或回滚，SQL Server 将自动回滚该事务。

还有一种特殊的事务，这就是分布式事务。分布式事务是涉及来自两个或多个源的资源的事务，它包含资源管理器、事务管理器、两段提交等要素。在一个比较复杂的环境，可能有多台服务器，要保证在多服务器环境中事务的完整性和一致性，就必须定义分布式事务。在这个分布式事务中，所有的操作都可涉及对多个服务器的操作，当这些操作都成功时，所有这些操作都提交到相应服务器的数据库中，如果这些操作中有一条操作失败，则该分布式事务中的全部操作都将被取消。

SQL Server 2005 支持使用 ItransactionLocal（本地事务）和 ItransactionJoin（分布式事务）OLE DB 接口对外部数据进行基于事务的访问。使用分布式事务，SQL Server 可确保涉及多个节点的事务在所有节点中均已提交或回滚。如果提供程序不支持参与分布式事务（不支持 Itransaction Join），则在事务内时仅允许对该提供程序执行只读操作。

下面，我们只讨论本地显式事务。

10.3.2　事务结构与事务处理语句

一个完整的事务包括事务开始标志、事务体(T-SQL 语句序列)、事务结束标志,其中可以由若干保存点。事务的开始标志、结束标志和保存点分别由相应的事务处理语句表示。SQL Server 支持用事务处理语句将 SQL Server 语句集合分组后形成单个的逻辑工作单元。

事务处理语句包括:BEGIN TRANSACTION 语句、SAVE TRANSACTION 语句、COMMIT TRANSACTION 语句、ROLLBACK TRANSACTION 语句。

在事务中不能使用 ALTER DATABASE、BACKUP、CREATE DATABASE、DROP DATA-BASE、RECONFIGURE、RESTORE、UPDATE STATISTICS 语句。

注:事务处理语句中的 TRANSACTION 均可简写为 TRAN;transaction_name、savepoint_name(长度不能超过 32 个字符)均可分别用@ tran_name_variable、@ savepoint_variable 取代(变量名长度仅前面 32 个字符有效)。

①BEGIN TRANSACTION 语句:标记一个显式本地事务的起点。

- 语法摘要:BEGIN TRANSACTION [transaction_name [WITH MARK ['description']]]
- 参数摘要与说明

transaction_name:事务名。仅用于最外层的 BEGIN…{COMMIT | ROLLBACK} 嵌套语句对。

WITH MARK ['description']:指定在日志中用 description 标记事务。

- 备注

BEGIN TRANSACTION 启动一个事务。根据事务隔离级别,为支持该事务的 T-SQL 语句而获取的资源被锁定,直到使用 COMMIT TRANSACTION 或 ROLLBACK TRANSACTION 语句完成该事务为止。

虽然 BEGIN TRANSACTION 启动了事务,但在应用程序接下来执行一个必须记录的操作(如 INSERT、UPDATE 或 DELETE 语句)之前,事务不被日志记录。应用程序能执行一些操作,例如为保护 SELECT 语句的事务隔离级别而获取锁,但直到应用程序执行一个修改操作后日志中才有记录。

只有当数据库由标记事务更新时,才在事务日志中放置标记。不修改数据的事务不被标记。

BEGIN TRANSACTION 使 @@TRANCOUNT(返回当前连接的活动事务数的系统函数)按 1 递增。

②SAVE TRANSACTION 语句:在事务内设置保存点。

- 语法摘要:SAVE TRANSACTION savepoint_name
- 参数摘要与说明

savepoint_name:保存点名称。

- 备注

如果将事务回滚到保存点,则必须根据需要完成剩余的 T-SQL 语句和 COMMIT TRANS-ACTION 语句,或通过将事务回滚到起点完全取消事务。

在事务中允许有重复的保存点名称,但指定保存点名称的 ROLLBACK TRANSACTION 语句只将事务回滚到使用该名称的最近的 SAVE TRANSACTION。

当事务开始后，事务处理期间使用的资源将一直保留，直到事务完成。当将事务的一部分回滚到保存点时，将继续保留资源直到提交事务或回滚整个事务。

③COMMIT TRANSACTION 语句：标志一个事务成功结束（提交）。

- 语法摘要：COMMIT TRANSACTION ［transaction_name］
- 备注

仅当事务被引用所有数据的逻辑都正确时，程序员才应发出 COMMIT TRANSACTION 命令。

如果@@TRANCOUNT 为 1，COMMIT TRANSACTION 使得自从事务开始以来所执行的所有数据修改成为数据库的永久部分，释放事务所占用的资源，并将@@TRANCOUNT 减少到 0。如果@@TRANCOUNT 大于 1，则 COMMIT TRANSACTION 使@@TRANCOUNT 按 1 递减并且事务将保持活动状态。

不能在发出 COMMIT TRANSACTION 语句之后回滚事务。

建议不要在触发器中使用 COMMIT TRANSACTION 语句。

④ROLLBACK TRANSACTION 语句：将事务回滚到事务的起点或事务内的某个保存点。

- 语法摘要：ROLLBACK TRANSACTION［ transaction_name｜savepoint_name ］
- 备注

不带参数的 ROLLBACK TRANSACTION 回滚到事务起点，将@@TRANCOUNT 减小为 0。嵌套事务时，该语句将所有内层事务回滚到最外层 BEGIN TRANSACTION 语句。

ROLLBACK TRANSACTION savepoint_name 不减小@@TRANCOUNT，且不释放任何锁。

【例 10－23】 定义一个事务，依次执行下列操作：向系部表中添加 1 条记录；设置保存点；删除该记录；回滚到保存点；提交事务。

```
BEGIN TRANSACTION
    INSERT INTO 系部表 VALUES('化学系','???')
    SAVE TRANSACTION 保存点
    DELETE FROM 系部表 WHERE D_DP ='化学系'
    ROLLBACK TRANSACTION 保存点
COMMIT TRANSACTION
```

【例 10－24】 定义一个事务，首先给系部表中每个 D_HEAD 后加个"@"号，然后向系部表中添加 1 条记录。如果添加成功，则再给每个 D_HEAD 后加个"@"号；否则回滚事务。

```
UPDATE 系部表 SET D_HEAD = REPLACE( D_HEAD, '@', '')
SELECT * FROM 系部表
BEGIN TRAN
    UPDATE 系部表 SET D_HEAD = RTRIM( D_HEAD) +'@'
    INSERT INTO 系部表 VALUES('化工系','')
    IF @@error =0 BEGIN SELECT * FROM 系部表;
                    UPDATE 系部表 SET D_HEAD = RTRIM( D_HEAD) +'@'
                    COMMIT TRAN
```

　　　　　　　　END
ELSE BEGIN SELECT ＊ FROM 系部表；ROLLBACK TRAN END
SELECT ＊ FROM 系部表

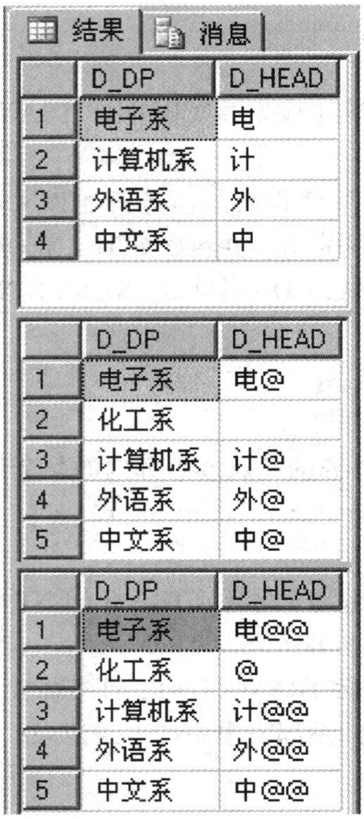

结果	消息		
	D_DP	D_HEAD
1	电子系	电
2	计算机系	计
3	外语系	外
4	中文系	中

	D_DP	D_HEAD
1	电子系	电@
2	化工系	
3	计算机系	计@
4	外语系	外@
5	中文系	中@

	D_DP	D_HEAD
1	电子系	电@@
2	化工系	@
3	计算机系	计@@
4	外语系	外@@
5	中文系	中@@

图 10 – 15　例 10 – 24 的首次执行结果

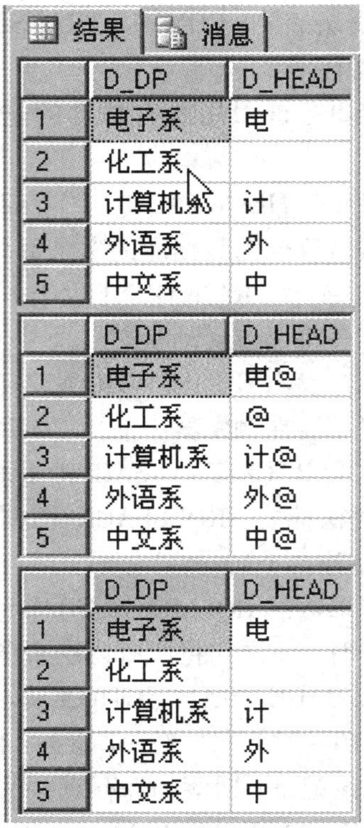

结果	消息		
	D_DP	D_HEAD
1	电子系	电
2	化工系	
3	计算机系	计
4	外语系	外
5	中文系	中

	D_DP	D_HEAD
1	电子系	电
2	化工系	@
3	计算机系	计@
4	外语系	外@
5	中文系	中@

	D_DP	D_HEAD
1	电子系	电
2	化工系	
3	计算机系	计
4	外语系	外
5	中文系	中

图 10 – 16　例 10 – 24 的第二次执行结果

10.3.3　事务的并发控制

　　多个用户同时访问数据时，SQL Server 使用下列机制确保事务完整性并维护数据一致性：

　　①锁定：每个事务对所依赖的资源(如行、页或表)请求不同类型的锁。锁可以阻止其他事务以某种可能会导致事务请求锁出错的方式修改资源。事务不再依赖锁定的资源时，它将释放锁。

　　②行版本控制：启用基于行版本控制的隔离级别时，数据库引擎将维护修改的每一行的版本。应用程序可指定事务使用行版本查看事务或查询开始时存在的数据，而不是使用锁保护所有读取。这样，读操作阻止其他事务的可能性将大大降低。用户可以控制是否实现行版本控制。

　　锁定和行版本控制可防止用户读取未提交的数据，还可防止多个用户同时更改同一数据，避免丢失更新、脏读、幻读、不可重复读等并发副作用。

1. SQL Server 使用的锁

SQL Server 数据库引擎使用不同的锁锁定资源，这些锁确定了并发事务访问资源的方式。

表 10 – 2 **SQL Server 数据库引擎使用的资源锁模式**

锁	说 明
共享(S)	用于不更改或不更新数据的读取操作,如 SELECT 语句
更新(U)	用于可更新资源。防止当多个会话在读取、锁定以及随后可能进行的资源更新时发生常见形式的死锁
排他(X)	用于数据修改操作,如 INSERT、UPDATE 或 DELETE。确保不会同时对同一资源进行多重更新
意向	用于建立锁的层次结构。包括意向共享(IS)、意向排他(IX)及意向排他共享(SIX)
架构	在执行依赖于表架构的操作时使用。包括架构修改(Sch – M)和架构稳定(Sch – S)
大容量更新（BU）	在向表进行大容量数据复制且指定了 TABLOCK 提示时使用
键范围	当使用可序列化事务隔离级别时保护查询读取的行的范围。确保再次运行查询时其他事务无法插入符合可序列化事务的查询的行

2. SQL Server 支持的事务隔离级别

SQL – 99 标准定义了 4 个隔离级别：Read Uncommitted(未提交读)、Read Committed(已提交读)、Repeatable Read(可重复读)、Serializable(可序列化)；每个隔离级别都比上一个级别提供更好的隔离性。SQL Server 数据库引擎支持所有这些隔离级别。

可以使用 SET TRANSACTION ISOLATION LEVEL 语句设置事务隔离级别,以协调数据完整性与事务并发性的要求。该语句的语法形式为：

SET TRANSACTION ISOLATION LEVEL

　　　{READ UNCOMMITTED|READ COMMITTED|REPEATABLE READ|SNAPSHOT|SE-RIALIZABLE}

SQL Server 2005 数据库引擎还支持使用行版本控制的两个事务隔离级别。一个是 Read Committed 的新实现,另一个是新的事务隔离级别 Snapshot(快照)：

①将 READ_COMMITED_SNAPSHOT 数据库选项设为 ON 时(默认为 OFF),Read Committed 使用行版本控制提供语句级别的读一致性。读操作只需 SCH – S 表级别的锁,不需页锁或行锁。设置方法为：

ALTER DATABASE 数据库名 SET READ_COMMITTED_SNAPSHOT ON

②Snapshot(快照)隔离级别使用行版本控制来提供事务级别的读一致性。读操作不获取页锁或行锁,只获取 SCH – S 表锁。读其他事务修改的行时,读操作将检索启动事务时存在的行的版本。将 ALLOW_SNAPSHOT_ISOLATION 数据库选项设置为 ON 时(默认为 OFF)将启用快照隔离,方法为：

ALTER DATABASE 数据库名 SET ALLOW_SNAPSHOT_ISOLATION ON

行版本控制在大量并发的情况下,能显著减少锁的使用,将发生死锁的可能性降至最低；

与 NOLOCK 相比,它又可显著减少脏读、幻读、丢失更新等现象。但这好处的取得是以时空开销的增加为代价的。由于它要在 tempdb 中存放已提交更新数据的所有旧版本,无疑将加重本就疲惫不堪的 tempdb 的负担,因此,tempdb 的空间一定不能太小;再者,一条记录的所有版本通过指针构成一个链表,查询时可能需要遍历这个链表才能得到一个正确的行版本。尽管如此,编者仍认为这种以不太大的时空开销换取 DBS 的并发性能的大幅提升是值得的。

3. 死锁及其预防

死锁(Dead LOCK)是指两个及以上的事务中的每个事务都请求封锁已被另外的事务封锁的数据,导致大家都长期等待而无法继续运行下去的现象。

在 SQL Server 2005 中,数据库引擎自动检测 SQL Server 中的死锁,如果监视器检测到循环依赖关系,通过自动取消其中一个事务来结束死锁。在发生死锁的事务中,根据事务处理时间的长短作为规则来确定其优先级。处理时间长的事务具有较高的优先级,处理时间较短的事务具有较低的优先级。在发生冲突时,保留优先级高的事务,取消优先级低的事务。

遵守特定编码惯例、使用下列方法可将发生死锁的可能性降至最小。

①按同一顺序访问对象。如果所有并发事务按同一顺序访问对象,则发生死锁的可能性会降低。例如,如果两个并发事务先获取 A 表上的锁,然后获取 B 表上的锁,则在其中一个事务完成之前,另一个事务将在 A 表上被阻塞。当第一个事务提交或回滚之后,第二个事务将继续执行,这样就不会发生死锁。将存储过程用于所有数据修改可以使对象的访问顺序标准化。

②避免事务中的用户交互。避免编写包含用户交互的事务,因为没有用户干预的批处理的运行速度远快于用户必须手动响应查询时的速度(例如回复输入应用程序请求的参数的提示)。例如,如果事务正在等待用户输入,而用户去吃午餐或甚至回家过周末了,则用户就耽误了事务的完成。这将降低系统的吞吐量,因为事务持有的任何锁只有在事务提交或回滚后才会释放。即使不出现死锁的情况,在占用资源的事务完成之前,访问同一资源的其他事务也会被阻塞。

③保持事务简短并处于一个批处理中。在同一数据库中并发执行多个需要长时间运行的事务时通常会发生死锁。事务的运行时间越长,它持有排他锁或更新锁的时间也就越长,从而会阻塞其他活动并可能导致死锁。保持事务处于一个批处理中可以最小化事务中的网络通信往返量,减少完成事务和释放锁可能遭遇的延迟。

④使用较低的隔离级别。确定事务是否能在较低的隔离级别上运行。实现已提交读允许事务读取另一个事务已读取(未修改)的数据,而不必等待第一个事务完成。使用较低的隔离级别(如已提交读)比使用较高的隔离级别(如可序列化)持有共享锁的时间更短。这样就减少了锁争用。

⑤使用基于行版本控制的隔离级别。例如:将 READ_COMMITTED_SNAPSHOT 数据库选项设为 ON,使已提交读事务使用行版本控制;或使用快照隔离。这些隔离级别可使在读写操作之间发生死锁的可能性降至最低。

⑥使用绑定连接。使用绑定连接,同一应用程序打开的两个或多个连接可以相互合作。可以像主连接获取的锁那样持有次级连接获取的任何锁,反之亦然。这样它们就不会互相阻塞。

10.3.4　事务编码指导原则

以下是编写有效事务的一些指导原则：

①尽可能使事务保持简短。这一点很重要。事务启动后，DBMS 必须在事务结束之前保留很多资源，以保护事务的 ACID 属性。如果修改数据，则必须用排他锁保护修改过的行，以防止任何其他事务读取这些行，并且必须将排他锁控制到提交或回滚事务时为止。根据事务隔离级别设置，SELECT 语句可以获取必须控制到提交或回滚事务时为止的锁。特别是在有很多用户的系统中，必须尽可能使事务保持简短以减少并发连接间的资源锁定争夺。在有少量用户的系统中，运行时间长、效率低的事务可能不会成为问题，但在有许多个用户的系统中，将不能忍受这样的事务。

不要在事务处理期间要求用户输入。应该在事务启动之前，获得所有需要的用户输入。如果在事务处理期间还需要用户输入，则应回滚当前事务，并在获取了用户输入之后重新启动该事务。因为即使用户立即响应输入，作为人，其反应时间也比计算机慢得多。事务占用的所有资源都要保留相当长的时间，这可能会造成阻塞问题。如果用户没有响应，事务仍然保持活动状态，从而锁定关键资源直到用户响应为止，但用户可能会几分钟甚至几个小时都不响应。

即使是启用快照隔离级别，长时间运行的事务将阻止从 tempdb 中删除旧版本。

②仅在需要时才打开事务。例如，浏览数据时尽量不打开事务；在所有预备的数据分析完成之前不启动事务；在明确例要进行的修改之后，再启动事务，执行修改语句，然后立即提交或回滚。

③在事务中尽量使访问的数据量最小。这样可减少锁定的行数，从而减少事务之间的争夺。

④考虑为只读查询使用快照隔离，以减少阻塞。

⑤灵活使用更低的事务隔离级别。可以很容易地编写出许多使用只读事务隔离级别的应用程序。并不是所有事务都要求可序列化的事务隔离级别。

⑥灵活使用更低的游标并发选项，例如开放式并发选项。在并发更新的可能性很小的系统中，处理"别人在您读取数据后更改了数据"的偶然错误的开销比在读数据时始终锁定行的开销小得多。

⑦小心管理隐式事务。使用隐式事务时，COMMIT 或 ROLLBACK 后的下一个 T－SQL 语句会自动启动一个新事务。这可能会在应用程序浏览数据时（甚至在需要用户输入时）打开一个新事务。在完成保护数据修改所需的最后一个事务之后，应关闭隐性事务。从而使 SQL Server 数据库引擎能在应用程序浏览数据以获取用户输入时使用自动提交模式。

10.3.5　批处理与批处理事务

批处理是包含一个或多个 T－SQL 语句的组，从应用程序一次性发送到 SQL Server 执行。SQL Server 将批处理的语句编译为一个可执行单元，称为执行计划。执行计划中的语句每次执行一条。

编译错误（如语法错误）可使执行计划无法编译。因此未执行批处理中的任何语句。

　　运行时错误(如算术溢出或违反约束)会产生以下两种情况中的一种:大多数运行时错误将停止执行批处理中当前语句和它之后的语句;某些运行时错误(如违反约束)仅停止执行当前语句,继续执行批处理中其他所有语句。

　　在遇到运行时错误之前执行的语句的结果不受影响。唯一的例外是如果批处理在事务中而且错误导致事务回滚,这种情况下,回滚运行时错误之前所进行的未提交的数据修改。

　　设批处理中有 10 条语句。若第五条语句有语法错误,则不执行批处理中的任何语句。若编译了批处理,而第二条语句在执行时失败,则第一条语句的结果不受影响,因为它已经执行。

　　以下规则适用于批处理:

　　①CREATE DEFAULT、CREATE FUNCTION、CREATE PROCEDURE、CREATE RULE、CREATE TRIGGER 和 CREATE VIEW 语句不能在批处理中与其他语句组合使用。批处理必须以 CREATE 语句开始,所有跟在该批处理后的其他语句将被解释为第一个 CREATE 语句定义的一部分。

　　②不能在同一个批处理中更改表,然后引用新列。

　　③如果 EXECUTE 语句不是批处理中的第一条语句,则需要 EXECUTE 关键字。

　　如果用户希望批处理的操作要么全部完成,要么什么都不做,这时解决问题的办法就是将整个批处理操作组织成一个事务处理,称为批处理事务。

本章小结

　　存储过程和触发器是为实现特定任务保存在服务器上的一组预编译的 T-SQL 语句集合。

　　存储过程供用户、其他过程或触发器调用,向调用者返回数据或更改表中数据以及执行特定的数据库管理任务。与在应用程序内使用 T-SQL 语句相比,存储过程具有提高应用程序可移植性与可维护性、提高代码执行效率、减少网络流量、增强数据安全性和支持延迟名称解析等优点。

　　存储过程分为系统存储过程(由数据库系统创建,过程名带"sp_"前缀)、用户定义存储过程(由用户创建,包括 T-SQL 存储过程和 CLR 存储过程)、临时过程(局部临时过程名带"#"前缀,全局临时过程名带"##"前缀)、扩展存储过程(SQL Server 环境之外生成的 DLL,带"xp_"前缀)。

　　创建存储过程要定义过程名、参数和过程体(T-QSL 语句群)。

　　可以用 CREATE PROCEDURE 语句创建、用 EXECUTE 语句调用、用对象资源管理器或 sp_helptext 等系统存储过程查看、用 ALTER PROCEDURE 语句修改、用对象资源管理器或 DROP PROCEDURE 语句删除存储过程。

　　存储过程与调用者之间的直接数据的传递通过存储过程的参数(包括输入参数、输出参数)或设置返回状态实现。参数以"@"作为其名称的前置字符,可以按位置标识和名字标识两种方式提供。未指定默认值的输入参数必须由调用者提供。输出参数必须在创建和执行存储过程时都使用 OUTPUT 关键字。可使用 RETURN 语句的参数(一个整数表达式)返回存储过程的执行状态。

触发器是数据库中发生特定事件时自动执行的特殊存储过程，不能由用户直接调用。主要用于主要用于强制复杂的数据处理业务规则或要求（强化约束、跟踪变化、自动运行级联和调用过程等）。包括 DML 触发器和 DDL 触发器两大类。

DML 触发器响应 DML 事件（INSERT、UPDATE、DELETE 语句操作事件），建立在表上（可看作表定义的一部分）；分为 AFTER 触发器（后触发器；在指定的 DML 操作都成功完成后才触发；每种触发操作可定义多个）、INSTEAD OF 触发器（替代触发器；在指定的 DML 操作执行前触发并取代 DML 操作；每种触发操作只能定义 1 个），用于监控数据变化。

DDL 触发器响应 DDL 事件（CREATE、ALTER、DROP 开头的语句操作事件），建立在数据库或服务器层面；在指定的 DDL 语句运行后才触发（但不响应类似 DDL 操作的系统存储过程）；用于监控数据库和表的结构变化。

DML 触发器使用 Deleted 和 Inserted 两个特殊的临时表。前者存储被 DELETE 和 UPDATE 语句影响的旧数据记录；后者存储被 INSERT 和 UPDATE 语句影响的新的数据记录。用户可使用这两个表检测指定的 DML 操作的效果，以帮助设计触发器。

创建触发器要指定触发器名称、与触发器关联的表或视图（DML 触发器）、触发器的作用域、激发触发器的语句和条件、触发器应完成的操作等。

可以用 CREATE TRIGGER 语句创建、用对象资源管理器或 sp_helptext 等系统存储过程查看、用 DISABLE TRIGGER 语句禁用、用 ENABLE TRIGGER 语句重新启用、（借助对象资源管理器）用 ALTER TRIGGER 语句修改、用对象资源管理器或 DROP TRIGGER 语句删除触发器。

事务是数据库环境中的逻辑工作单位，具有 ACID 特性。

SQL Server 2005 的事务分为自动提交事务、显式事务、隐式事务和批处理事务。每条 SQL 语句都是一个自动提交事务。显式事务由 BEGIN TRAN 语句启动，结束于 COMMIT TRAN 语句或 ROLLBACK TRAN 语句，其中可设置保存点。批处理事务是包含批处理的事务。

BEGIN TRAN 语句启动一个事务，并开始申请占用资源；SAVE TRAN 语句在在事务内设置保存点，以备回滚部分事务；COMMIT TRAN 语句标志事务提交，结束事务并释放资源；ROLLBACK TRAN 语句使事务回滚到起点或事务内的某个保存点，回滚到事务起点时表明事务失败并释放资源。

SQL Server 使用锁定和行版本控制机制确保事务完整性并维护数据一致性。使用的锁有 S 锁、X 锁、U 锁及意向锁、架构锁等。支持的事务隔离级别包括未提交读、已提交读、可重复读、可序列化以及快照，可使用 SET TRANSACTION ISOLATION LEVEL 语句设置事务隔离级别。

发生死锁时，数据库引擎依次先取消处理时间短的事务直到解除死锁。

下列方法有助于将死锁减至最少：按同一顺序访问对象；避免事务中的用户交互；保持事务简短并处于一个批处理中；使用较低的或基于行版本控制的隔离级别；使用绑定连接。

编写事务最重要的注意事项是：尽可能使事务保持简短；仅在需要时才打开事务。

批处理是包含一个或多个 T‑SQL 语句的组，从应用程序一次性发送到 SQL Server 执行。

习　题

1. 名词解释

存储过程　触发器　系统存储过程　用户定义存储过程　临时过程　扩展存储过程 DML 触发器　AFTER 触发器　INSTEAD OF 触发器　DDL 触发器　自动提交事务　显式事务　隐式事务　批处理事务　保存点　批处理

2. 简答题

(1) 简述存储过程与触发器的主要异同点。

(2) 与在应用程序内使用 T-SQL 语句相比,存储过程具有哪些优点?

(3) 简述存储过程的分类及其命名特点。

(4) 简述创建存储过程、触发器的主要任务。

(5) 列举创建、调用、修改、删除存储过程 T-SQL 语句。

(6) 如何借助对象资源管理器修改存储过程?

(7) 如何定义和使用存储过程的输入参数、输出参数?

(8) 如何获取存储过程的执行状态?

(9) 简述触发器的主要用途与优缺点。

(10) 简述触发器的分类及各种触发器的主要特点。

(11) DML 触发器使用 Deleted 和 Inserted 临时表内存储什么内容?

(12) 简述创建触发器的主要任务。

(13) 列举创建、启用、禁用、修改、删除触发器的 T-SQL 语句。

(14) 如何在当前结构的基础上修改 DDL 触发器?

(15) 举例说明一条 SQL 语句是一个自动提交事务。

(16) 简述事务的特点与基本结构。

(17) 为什么要尽可能使事务保持简短?

(18) 怎样将发生死锁的可能性减至最小?

(19) 简述批处理与批处理事务在执行方面的异同点。

3. 分析题(分析如下事务的缺陷)

```
BEGIN TRAN
    INSERT INTO 系部表 VALUES('化工系', '')
    IF @@ error = 0 BEGIN UPDATE 系部表 SET D_HEAD = RTRIM( D_HEAD) +'@'
                        COMMIT TRAN
                END
ELSE ROLLBACK TRAN
```

4. 应用题:设数据库"教学库"内有如下 4 个表

系部表(D_DP int PRIMARY KEY, D_HEAD char(8))

学生表(S_NO int PRIMARY KEY, S_NAME char(10), S_AGE int, S_SEX char(10), S_DP char(10) REFERENCES 系部表(D_DP))

课程表(C_NO int PRIMARY KEY，C_NAME char(12) NOT NULL，

　　　C_DP char(10) REFERENCES 系部表(D_DP))

成绩表(S_NO int REFERENCES 学生表(S_NO)，C_NO int REFERENCES 课程表(C_NO)，

　　　SC_G int PRIMARY KEY CLUSTERED (S_NO，C_NO))

(1)在教学库中创建一个名为"S_G1"的存储过程，功能是根据输入的学生学号，查询该生修读的各门课程的情况，结果集包括该生的学号、姓名、课程名、课程成绩。

(2)在教学库中创建一个名为"S_G2"的存储过程，功能是根据输入的学生学号，统计该生修读的所有课程的平均成绩和总分，并将它们以输出参数的形式返回。

(3)在教学库中创建一个名为"S_G3"的存储过程，功能是根据输入的学号、课程号和成绩，更新该生对应课程的成绩。

(4)在教学库的成绩表上建立一个 AFTER 触发器，用于撤销新成绩低于旧成绩的成绩修改。

(5)在教学库的成绩表上建立一个 INSTEAD OF 触发器，用于禁止删除该表的记录。

(6)在教学库中建立一个 DDL 触发器，用于禁止在该库增加新表。

(7)编制一个事务，验证 COMMIT TRAN 和 ROLLBACK TRAN 的效果。

第11章 数据备份/还原、分离/附加、导出/导入

本章介绍 SQL Server 2005 的数据库备份/还原的概念、模式、策略和操作；数据库分离与合并、数据导出与导入的概念、用途和操作等内容。本章学习的重点内容有：备份、还原、恢复的概念，恢复模式、备份类型与还原方案的概念、用途与种类，各类恢复模式、备份类型与还原方案的特点与适用场合，备份策略，还原顺序，备份/还原的操作方法；数据库分离/附加、数据导出/导入的操作方法。本章的难点内容有恢复模式的原理，备份类型与还原方案的正确配合使用。

通过本章学习，应达到下述目标：

- 理解备份、还原、恢复、恢复模式、备份类型、还原方案的概念，数据分离、附加、导出、导入的概念与用途；
- 掌握各类恢复模式、备份类型与还原方案的特点与适用场合，还原顺序；
- 掌握各类备份与还原的操作方法，数据分离与附加、导出与导入的操作方法。

数据库备份与还原机制是防止数据丢失的最后防线，数据分离/附加功能是方便用户使用数据库的重要手段，数据导出/导入是在数据库表和其他格式的文件之间大容量交流数据的主要途径。SQL Server 2005 提供了周密而灵活的数据库备份与还原机制、直观便捷的数据分离/附加与导出/导入功能。

11.1 数据备份与还原

尽管数据库系统(DBS)中采取了各种措施来防止数据的安全性和完整性被破坏，但系统中的硬件故障、软件错误、操作失误以及外来的恶意破坏等有害因素不能绝对避免。这些有害因素轻则造成数据错误，重则破坏数据库，导致灾难性后果。

数据库备份与还原机制是试图将灾难性后果的损失减少到最小的主要手段之一，是防止数据丢失的最后防线。SQL Server 2005 提供了高性能的备份和还原功能，它的备份和还原组件提供了重要的保护手段以保护存储在数据库中的关键数据。实施计划妥善的备份和还原策略可保护数据库避免由于各种故障造成的损坏而丢失数据，为有效地应对灾难做好准备。

11.1.1　备份/还原概述

"备份"有两个含义：第一个含义是指按照备份策略将数据库中的信息在备份媒体（例如磁盘、磁带等）上建立、保存数据库副本的过程（back up）。这些信息绝非仅限于表中的数据，还包括将数据恢复到数据库中、甚至重建数据库所需要的一切信息，囊括数据库的各种逻辑架构（例如表、视图、存储过程、触发器、索引、约束、规则、角色、用户定义数据类型、用户定义函数等数据库对象）、物理结构（例如库文件的存储结构、增长方式和存放路径等）以及事务日志等信息。第二个含义则是存储了这些信息的数据库副本（backup file）。

"还原"（restore）是从备份复制数据并将事务日志应用于该数据使其前滚到目标恢复点的过程。它不是简单的数据拷贝，而是一个多阶段过程：首先将备份中的所有数据和日志复制到数据库（加载阶段），然后扫描日志文件（log file），找出故障发生前已提交事务记录纳入重做队列、未提交事务记录纳入撤销队列，继而前滚重做队列中的所有事务（REDO，重做阶段），回滚撤销队列中所有事务（UNDO，撤消阶段），最终使数据库恢复到备份完成时或故障发生前的正确状态。

"恢复"是指使数据库处于一致且可用的状态并使其在线的一组完整操作。通常，在恢复点，数据库有未提交事务，并处于不一致、不可用状态。在此种情况下，恢复包括回滚未提交事务。

备份、还原工作需要 DBA 干预，恢复工作一般由 DBMS 自动进行。

数据库备份、还原的主要意义在于使发生故障的 DB 能得以恢复，但它对于某些例行工作（例如将数据库从一台服务器复制到另一台服务器、设置数据库镜像、机构文件归档等）也很有用。

11.1.2　恢复模式

1. 概念与优点

之所以在介绍备份之前讨论恢复模式，是因为在 SQL Server 2005 中，备份和还原操作都是基于恢复模式的。

恢复模式是数据库的一个属性，它用于控制数据库备份和还原操作基本行为。例如，恢复模式控制了将事务记录在日志中的方式、事务日志是否需要备份以及可用的还原操作。

新数据库可继承 model 数据库的恢复模式。

使用恢复模式具有下列优点：简化恢复计划；简化备份和恢复过程；明确系统操作要求之间的权衡；明确可用性和恢复要求之间的权衡。

2. 种类与选择

SQL Server 2005 提供了三种恢复模式可供用户选择。

①完整恢复模式：此模式完整记录所有事务，并保留所有的日志记录，直到将它们备份。

如果有一个或多个数据文件已损坏，则恢复操作可以还原所有已提交的事务。正在进行的事务将回滚。在 SQL Server 2005 中，用户可在数据备份或差异备份运行时备份日志。

在 SQL Server 2005 企业版中，如果数据库处于完整恢复模式或大容量日志恢复模式，用户可在数据库未全部离线情况下还原数据库（页面还原：只有被还原的页离线）；而且，如果故障发生后备份了日志尾部(未曾备份的日志记录),完整恢复模式能使数据库恢复到故障时间点。

完整恢复模式支持所有还原方案,可在最大范围内防止故障丢失数据,它包括数据库备份和事务日志备份,并提供全面保护,使数据库免受媒体故障影响。当然,它的时空和管理开销也最大。

图11-1说明了完整恢复模式:图执行了一个数据库备份(Db_1)和两个例行日志备份(Log_1 和 Log_2)。有时在执行 Log_2 备份后,数据库中的数据会丢失。

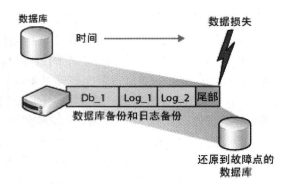

图11-1　完整恢复模式

在还原这三个备份前,DBA 必须先备份日志尾部。然后数据库管理员还原 Db_1、Log_1 和 Log_2,而不恢复数据库。接着数据库管理员还原并恢复尾日志备份(Tail)。这将数据库恢复到故障点,从而恢复所有数据。

完整恢复模式是默认的恢复模式。为了防止在完整恢复模式下丢失事务,必须确保事务日志不受损坏。SQL Server 2005 极力建议使用容错磁盘存储事务日志。

②大容量日志恢复模式:此模式简略记录大多数大容量操作(例如创建索引和大容量加载),但完整记录其他事务。

大容量日志恢复模式保护大容量操作不受媒体故障的危害,提供最佳性能并占用最小日志空间。但是,大容量日志恢复模式增加了这些大容量复制操作丢失数据的风险,因为最小日志记录大容量操作不会逐个事务重新捕获更改。只要日志备份包含大容量操作,数据库就只能恢复到日志备份的结尾,而不是恢复到某个时间点或日志备份中某个标记的事务。

大容量日志恢复模式下,备份包含大容量日志记录操作的日志需访问包含大容量日志记录事务的数据文件。如果无法访问该数据文件,则不能备份事务日志。此时,必须重做大容量操作。

大容量日志恢复能提高大容量操作的性能,常用作完整恢复模式的补充。执行大规模大容量操作时,应保留大容量日志恢复模式。建议在运行大容量操作之前将数据库设置为大容量日志恢复模式,大容量操作完成后立即将数据库设置为完整恢复模式。

大容量日志恢复模式支持所有的恢复形式,但是有一些限制。

③简单恢复模式:此模式简略记录大多数事务,所记录信息只是为了确保在系统崩溃或还原数据备份之后数据库的一致性。

简单恢复模式下,每个数据备份后事务日志将自动截断(删除不活动的日志),因而没有事务日志备份。这简化了备份和还原,但这种简化的代价是增加了在灾难事件中有丢失数据的可能。没有日志备份,数据库只可恢复到最近的数据备份时间,而不能恢复到失败的时间点。

图11-2说明了简单恢复模式。在图中,进行了一些数据库备份。在最近的备份 t5 之后的一段时间,数据库中出现数据丢失。DBA 将使用 t5 备份来将数据库还原到备份完成的时间点,该点之后对数据库的更改都将丢失。

简单恢复模式对还原操作有下列限制：文件还原和段落还原仅对只读辅助文件组可用；不支持时点还原；不支持页面还原（页面还原仅替换指定的页，且只有被还原的页离线）。

如果使用简单恢复，则备份间隔既不能太短，以免备份开销影响生产工作；但也不能太长，以防丢失大量数据。

与完整恢复模式或大容量日志恢复模式相比，简单恢复模式更容易管理，但如果数据文件损坏，出现数据丢失的风险更高。因此，简单恢复模式通常仅用于测试和开发数据库或包含的大部分数据为只读的数据库，不适合不能接受丢失最新更新的重要的数据库系统。

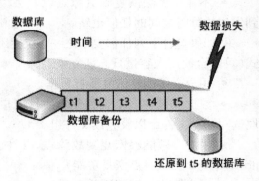

图 11 - 2　简单恢复模式

表 11 - 1 列出了三种恢复模式的性能比较。

表 11 - 1　三种恢复模式的性能比较

恢复模式	优　点	数据丢失情况	能否恢复到时间点
完整	数据文件丢失或损坏不会导致丢失工作；可恢复到任意时间点	正常情况下没有。如果日志损坏，则必须重做自最新日志备份后所做的更改	可以恢复到任何时间点
大容量日志	允许执行高性能大容量复制操作；大容量操作使用最小日志空间	如果日志损坏或自最新日志备份后执行了大容量操作，则须重做自上次备份后所做的更改；否则不丢失任何工作	可以恢复到任何备份的结尾，随后必须重做更改
简单	允许执行高性能大容量复制操作；回收日志空间以使空间要求较小	必须重做自最新数据库或差异备份后所做的更改	可以恢复到任何备份的结尾，随后必须重做更改

每种恢复模式对可用性、性能、磁盘和磁带空间以及防止数据丢失方面都有特别要求。选择恢复模式时，必须在下列业务要求之间进行权衡：大规模操作（如创建索引或大容量加载）的性能；数据丢失情况（如已提交的事务丢失）；事务日志的空间占用情况；备份和恢复的简化要求。

为了为数据库选择最佳的备份恢复策略，需要考虑多个方面，包括数据库特征（例如数据库的使用情况、大小及其文件组结构）和数据库的恢复目标和要求。根据所执行的操作，可能存在多个适合的模式，但最佳选择模式主要取决于用户的恢复目标和要求。

①如果符合下列所有要求，可考虑使用简单恢复模式：
- 丢失日志中的一些数据无关紧要。
- 无论何时还原主文件组，用户都希望始终还原读写辅助文件组（如果有）。
- 是否备份事务日志无所谓，只需要完整差异备份。

● 不在乎无法恢复到故障点以及丢失从上次备份到发生故障时之间的任何更新。

②如果符合下列任何要求之一,应使用完整恢复模式(可配合使用大容量日志恢复模式):

● 用户必须能够恢复所有数据。

● 数据库包含多个文件组,并且用户希望逐段还原读写辅助文件组以及只读文件组。

● 用户必须能够恢复到故障点。(注:只有 Enterprise Edition 提供时点恢复功能)

● 用户希望能够还原单个页。

可使用 SSMS 查看或更改数据库的恢复模式,见例 11 −1。

【例 11 −1】 查看或更改"_教学库"的恢复模式。

方法:在对象资源管理器中,单击服务器名称展开服务器树→选择"数据库\教学库"→鼠标右键单击→在

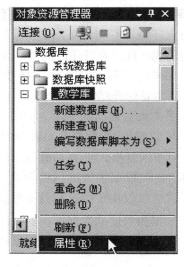

图 11 −3 选择查看数据库属性

弹出的快捷菜单中选择"属性"(图 11 −3)→系统弹出"数据库属性"对话框→在该对话框的"选择页"窗格中,单击"选项"。

当前恢复模式显示在"恢复模式"列表框中。可以从列表中选择不同的模式来更改恢复模式。可以选择"完整"、"大容量日志"或"简单"(图 11 −4)。

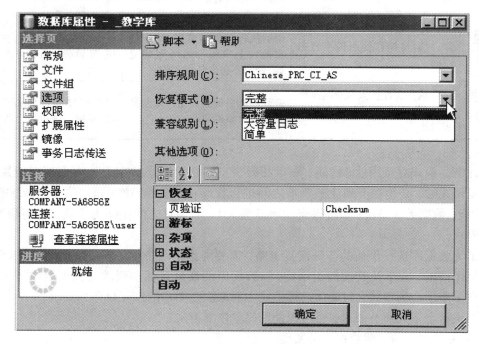

图 11 −4 查看、更改数据库恢复模式

11.1.3　数据备份

1. 备份类型

SQL Server 2005 提供了十分丰富的数据备份类型。

①按照备份内容的横向关系，分为完整备份、部分备份和文件备份三种（其中部分备份是 SQL Server 2005 的新功能）。MS SQL Server 2005 将这三种类型视为"主要数据备份类型"。

● 完整备份：备份整个数据库，包括事务日志（以便恢复整个备份）。完整备份代表备份完成时的数据库。通过包括在完整备份中的事务日志，可以使用备份恢复到备份完成时的数据库。

在简单恢复模式下，完成备份后，系统通过删除日志的非活动部分来自动截断事务日志。

创建完整备份是单一操作，通常会安排该操作定期发生。

完整备份的空间开销和时间开销都大于其他备份类型。可使用 sp_spaceused 系统存储过程估计完整备份的大小。

● 部分备份：备份主文件组、每个读写文件组以及任何指定的只读文件中的所有数据。只读数据库的部分备份仅包含主文件组。主要用于简单恢复模式。

部分备份易于使用，目的是在简单恢复模式下提供更大的备份灵活性。

● 文件备份：备份一个或多个文件（或文件组）中所有数据。

可分别备份和还原数据库中的文件。这使用户可以仅还原已损坏的文件，而不必还原数据库的其余部分，从而提高恢复速度。例如，如果数据库由位于不同磁盘上的若干个文件组成，其中一个磁盘发生故障时，只需还原故障磁盘上的文件。

通常，在备份和还原操作过程中指定文件组相当于列出文件组中包含的每个文件。但是，如果文件组中的任何文件离线（例如由于正在还原该文件），则整个文件组均将离线。

在简单恢复模式下，只能对只读文件组进行文件备份，读写文件组只能与主文件组一起备份。尽管可以在简单模式数据库中创建读写文件组的文件备份，但除非将文件组设置为只读并采取差异文件备份方式，否则在还原操作中将无法使用此备份文件。

②按照备份内容的纵向（时间）关系，分为完全备份、差异备份和事务日志备份三类（其中事务日志备份简称为日志备份）。

● 完全备份：包含一个或多个数据文件的完整映像的任何备份。备份操作会备份关于指定文件的所有数据和足够的日志。可对整个数据库或数据库的一部分进行完全备份。对整个数据库进行完全备份称为完整备份（以前称为数据库备份）。

完全备份的空间开销和时间开销都大于差异备份和日志备份。

● 差异备份：只记录自其基准备份以来进行的更新。基准备份是差异备份所对应的最近一次数据备份。可对整个数据库或数据库的一部分进行差异备份。

每种主要数据备份类型都有相应的差异备份。其中：完整差异备份基于完整备份；部分差异备份基于部分备份；文件差异备份基于文件备份。各种类型的差异备份只能与相应类型的主要数据备份类型一起使用。还原差异备份之前，必须先还原其基准备份。

通常情况下，差异备份的空间、时间开销都小于完全备份。

● 日志备份：保存前一个日志备份中没有备份的所有日志记录(即上次备份事务日志后对数据库执行的所有事务的一系列记录)，但仅在完整恢复模式和大容量日志恢复模式下才有日志备份。

定期的日志备份是采用完整恢复模式或大容量日志恢复模式的数据库的备份策略的重要部分。使用日志备份可将数据库还原到特定的时间点(如故障点)，即所谓时点还原。

日志备份有三种类型：纯日志备份(仅包含相隔一段时间的事务日志记录，不含任何大容量更改)；大容量操作日志备份(包括由大容量操作更改的日志和数据页，不支持时点恢复)；尾日志备份(从可能已破坏的数据库创建，用于捕获尚未备份的日志记录。在失败后创建尾日志备份可以防止工作损失，并且尾日志备份可包含纯日志或大容量日志数据)。

创建第一个日志备份之前，必须先创建完全备份。还原了完全备份和差异备份(后者可选)之后，必须还原后续的日志备份。

与差异备份类似，事务日志备份的备份文件和时间都会比较短。

表 11-2 简要归纳了完整恢复模式下的各种数据备份类型。

表 11-2　完整恢复模式下的数据备份类型

类型	说　明
完整备份	备份整个数据库,包括事务日志部分(以便恢复完整备份)。完整备份是自包含的,相当于备份完成时的整个数据库
部分备份	主文件组、每个读写文件组和任意指定的文件中所有数据的备份。只读数据库的部分备份仅包含主文件组
文件备份	一个或多个文件(或文件组)中所有数据的备份
完整差异备份	备份每个文件的最近一次完整(差异)备份以来修改的数据;包含足够的日志信息,可用于进行恢复
部分差异备份	备份同一数据库部分最近一次部分(差异)备份以来修改的数据;包含足够且仅够进行恢复的日志信息。只读数据库的部分差异备份仅包含主文件组
文件差异备份	备份对一个或多个文件,包含每个文件的最近文件(差异)备份以来更改的数据
日志备份	保存前一个日志备份中没有备份的所有日志记录

注：在简单恢复模式下，文件差异备份仅限于只读文件组。

2.备份设备

①备份设备的相关概念：首先介绍几个与数据库备份密切相关的概念。

备份文件(backup file)：存储数据库、事务日志、文件和/或文件组备份的文件。

备份媒体(backup media)：用于保存备份文件的磁盘文件或磁带。

备份设备(backup device)：包含备份媒体的磁带机或磁盘驱动器。创建备份时必须选择要将数据写入的备份设备。SQL Server 2005 可将数据库、日志和文件备份到磁盘和磁带设备上。磁带设备必须物理连接到运行 SQL Server 实例的计算机上，不支持备份到远程磁带设备上。

媒体集(media set)：备份媒体的有序集合。使用固定类型和数量的备份设备向其写入备份操作。给定媒体集可使用磁带机或磁盘驱动器，但不能同时使用两者。

媒体簇(media family)：备份操作向媒体集使用的备份设备写入的数据。由在媒体集中的单个非镜像设备或一组镜像设备上创建的备份构成。媒体集使用的备份设备的数量决定了媒体集中的媒体簇的数量。例如，如果媒体集使用两个非镜像备份设备，则该媒体集包含两个媒体簇。

备份集(backup set)：备份操作将向媒体集中添加一个备份集。如果备份媒体只包含一个媒体簇，则该簇包含整个备份集；如果备份媒体包含多个媒体簇，则备份集分布在各媒体簇之间。

保持期：指出备份集自备份之日起不被覆盖的日期长度(默认值为 0 天)。如果未等设定的天数过去即使用备份媒体，SQL Server 将发出警告。除非更改默认值，否则 SQL Server 不发警告。

②创建备份设备：进行备份时，必须先创建备份设备(备份到本机磁盘或磁带除外)。SQL Server 将数据库、事务日志和文件备份到备份媒体上。

在备份操作过程中，将要备份的数据写入备份设备。可以将备份数据写入 1～64 个备份设备。如果备份数据需要多个备份设备，则所有设备必须对应于一种设备类型(磁盘或磁带)。

将媒体集中的第一个备份数据写入备份设备时，会初始化此备份设备。

可以使用 SSMS 或 sp_addumpdevice 系统存储过程将备份设备添加到数据库引擎实例中。

• 使用 SSMS 创建备份设备。见例 11 - 2。

【例 11 - 2】　使用 SSMS 创建名为"备份设备 - L"的备份设备。

方法：在对象资源管理器中展开服务器树→选择"服务器对象\备份设备"→鼠标右键单击→在弹出的快捷菜单中选择"新建备份设备"(图 11 - 5)→系统弹出"备份设备"对话框→在该对话框输入设备

图 11 - 5　选择"新建备份设备"

名称"备份设备 - L"(图 11 - 6)→若要确定磁盘目标位置，单击"文件"并指定该文件的完整路径→单击"确定"→新备份设备图标出现在"服务器对象\备份设备"节点下。

• 使用 sp_addumpdevice 系统存储过程创建备份设备。

▲ 语法摘要

sp_addumpdevice [@ devtype =] ′device_type′, [@ logicalname =] ′logical_name′,
　　　　　　　[@ physicalname =] ′physical_name′

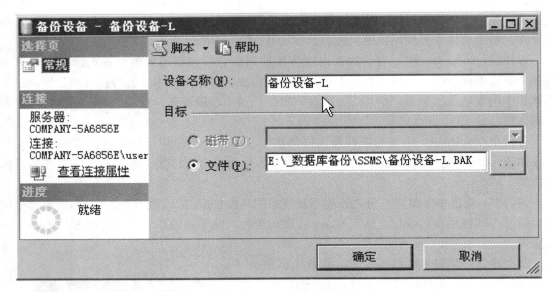

图 11 − 6 "新建备份设备"

▲ 参数摘要与说明

[@ devtype =]'device_type':备份设备的类型。device_type 的数据类型为 varchar(20),无默认值,可以是 disk(硬盘文件作为备份设备)或 tape(MS Windows 支持的任何磁带设备。

[@ logicalname =]'logical_name':在 BACKUP 和 RESTORE 语句中使用的备份设备的逻辑名称。logical_name 的数据类型为 sysname,无默认值,不能为 NULL。

[@ physicalname =]'physical_name':备份设备的物理名称。必须遵从操作系统文件名规则或网络设备的通用命名约定,且必须包含完整路径。physical_name 的数据类型为 nvarchar(260),无默认值,不能为 NULL。如果要添加磁带设备,则该参数必须是 Windows 分配给本地磁带设备的物理名称,例如,使用\\. \TAPE0 作为计算机上的第一个磁带设备名称。磁带设备必须连接到服务器计算机上,不能远程使用。如果名称包含非字母数字的字符,请用引号将其引起来。

▲ 返回值:0(成功)或 1(失败)

▲ 备注

sp_addumpdevice 存储过程会将一个备份设备添加到 sys. backup_devices 目录视图中。然后可在 BACKUP 和 RESTORE 语句中逻辑引用该设备。sp_addumpdevice 不执行对物理设备的访问。只有在执行 BACKUP 或 RESTORE 语句后才会访问指定设备。创建一个逻辑备份设备可简化 BACKUP 和 RESTORE 语句,在这种情况下指定设备名称将代替使用"TAPE ="或"DISK ="子句指定设备路径。

不能在事务内执行 sp_addumpdevice。

在远程网络位置上创建备份设备时,请确保启动数据库引擎时所用的名称对远程计算机有相应的读写权限。

【例 11 - 3】　使用 sp_addumpdevice 系统存储过程创建备份设备。
DECLARE @ 执行状态 int
EXECUTE @ 执行状态 = sp_addumpdevice 'DISK', '备份设备_M',
　　　　　　　　　　　　　　'E：_数据库备份\SSMS\备份设备_M. BAK'

PRINT @ 执行状态

3. 备份策略

创建备份的目的是为了恢复损坏的数据库。但备份和还原数据需要调整到特定环境中，并且必须使用可用资源。因此可靠使用备份和还原以实现恢复需要有一个备份和还原策略。设计良好的备份和还原策略可以尽量提高数据的可用性及尽量减少数据丢失，并考虑到特定的业务要求。

设计有效的备份和还原策略需要仔细计划、实现和测试。需要考虑各种因素，包含：用户的组织对数据库的生产目标(尤其是对可用性和防止数据丢失的要求)；每个数据库的特性(大小、使用模式、内容特性及其数据要求等)；对资源的约束(例如硬件、人员、存储备份媒体的空间以及存储媒体的物理安全性等)。

备份策略确定备份的内容、时间及类型、所需硬件的特性、测试备份的方法及存储备份媒体的位置和方法(包含安全注意事项)。还原策略定义还原方案、负责执行还原的人员以及执行还原来满足数据库可用性和减少数据丢失的目标与方法。建议将备份和还原过程记录下来并在运行手册中保留文档的副本。

备份策略中最重要的问题之一是如何选择和组合备份类型。因为单纯的采用任何一种备份类型都存在一些缺陷。完整备份执行得过于频繁会消耗大量的备份介质，过于稀疏又无法保证数据备份的质量。单独使用差异备份和事务日志备份在数据还原时都存在风险，会降低数据备份的安全性。通常的备份策略是组合这几种类型形成适度的备份方案，以弥补单独使用一种类型的缺陷。

常见的备份类型组合有：

● 完整备份：每次都对备份目标执行完整备份；备份和恢复操作简单，时空开销最大；适合于数据量不很大且更改不很频繁的情况。

● 完整备份加事务日志备份：定期进行数据库完整备份，并在两次完整备份之间按一定时间间隔创建日志备份，增加事务日志备份的次数(如每隔几小时备份一次)，以减少备份时间。此策略适合于不希望经常创建完整备份，但又不允许丢失太多的数据的情况。

● 完整备份加差异备份再加事务日志备份：创建定期的数据库完整备份，并在两次数据库完整备份之间按一定时间间隔(如每隔一天)创建差异备份，在完整备份之间安排差异备份可减少数据还原后需要还原的日志备份数，从而缩短还原时间。再在两次差异备份之间创建一些日志备份。此策略的优点是备份和还原的速度比较快，并且当系统出现故障时，丢失的数据也比较少。

备份策略还要考虑的一个重要问题是如何提高备份和还原操作的速度。SQL Server 2005 提供了以下两种加速备份和还原操作的方式：

● 使用多个备份设备：使得可将备份并行写入所有设备。备份设备的速度是备份吞吐量的一个潜在瓶颈。使用多个设备可按使用的设备数成比例提高吞吐量。同样，可将备份并行从多个设备还原。对于具有大型数据库的企业,使用多个备份设备可明显减少执行备份和还原操作的时间。SQL Server 最多支持 64 个备份设备同时执行一个备份操作。使用多个备份设备执行备份操作时,所用的备份媒体只能用于 SQL Server 备份操作。

● 结合使用完整备份、差异备份(对于完整恢复模式或大容量日志恢复模式)以及事务日志备份,可以最大限度地缩短恢复时间。创建差异数据库备份通常比创建完整数据库备份快,并减少了恢复数据库所需的事务日志量。

4. 备份操作

SQL Server 2005 备份数据库是动态的,即在数据库联机或者正在使用时可以执行备份操作。但在数据库备份操作中,不允许进行下列操作:创建或删除数据库文件;在数据库或数据库文件上执行收缩操作时截断文件(如果备份正在运行,则此操作将失败,可在备份完成后执行截断)。

可以使用 SSMS 或使用 T – SQL 的 BACKUP DATABASE 语句进行备份。

①使用 SSMS 进行备份。

【例 11 – 4】 使用 SSMS 将_教学库主文件组完全备份到例 11 – 2 创建的备份设备。

● 在对象资源管理器中展开服务器树→选择"数据库\教学库"→鼠标右键单击→在弹出的快捷菜单中选择"任务→备份"(图 11 –7)→系统弹出"备份数据库"对话框。

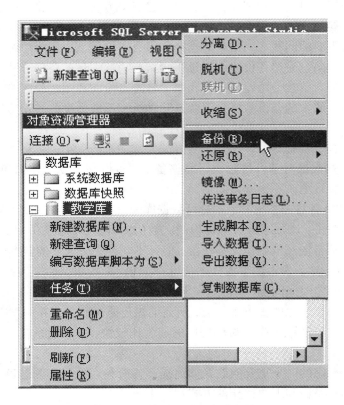

图 11 –7　使用 SSMS 启动备份

● 在"备份数据库"对话框的"常规"页的"源"区指定要备份的数据源：源数据库(_教学库)、备份类型(完整备份)→在备份组件选项区域选择"文件和文件组"(图 11-10)→在系统弹出"选择文件和文件组"对话框中选择主文件组(PRIMARAY)并单击"确定"(图 11-8)。

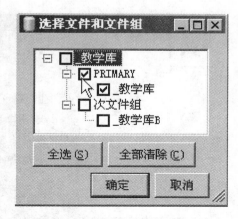

图 11-8   指定文件组

● 回到"备份数据库"对话框，在"备份集"区指定备份集的名称、说明、过期时间→在"目标"区选择原来的备份目标("E：数据备份\SQL_教学库.BAK")并按"删除"按钮将其删除→单击"添加"按钮→在弹出的"选择备份目标"对话框内选择"备份设备"→在下拉组合框中指定备份设备名称("备份设备-L")并单击"确定"按钮(图 11-9)。

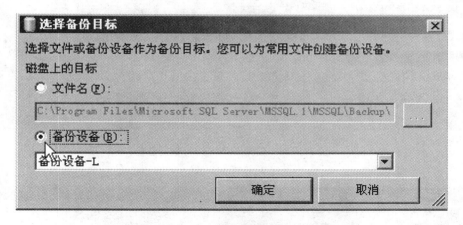

图 11-9   指定备份设备

● 回到"备份数据库"对话框，此时"备份设备-L"已出现在备份目标区的目标名称栏内(图 11-10)→可以进入"备份数据库"对话框的"选项"页，设置覆盖方式等其他属性→全部设置完毕后单击"确定"→SQL Server 立即进行指定的备份，备份完毕后弹出提示信息框，提示"对数据库"_教学库"的备份已成功完成。"

此时，可以通过查看"服务器对象\备份设备\备份设备-L"的属性，了解媒体集中本次备份生成的备份集的基本信息(图 11-11)。

②使用 BACKUP DATABASE 语句进行备份。

SQL Server 2005 提供了一条选项十分丰富的数据库备份语句 BACKUP DATABASE。表 11-3简要列举了完整恢复模式支持的所有备份类型的 BACKUP 语句的基本语法。

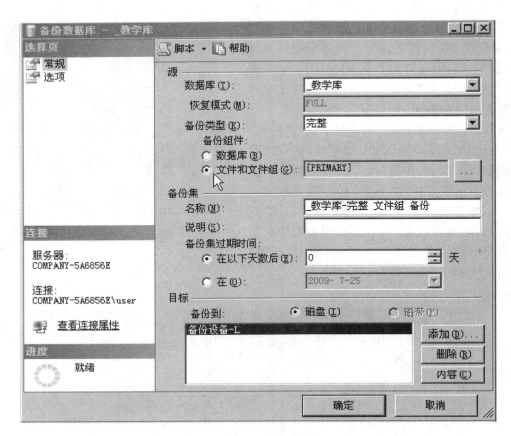

图 11 –10　使用 SSMS 进行数据备份

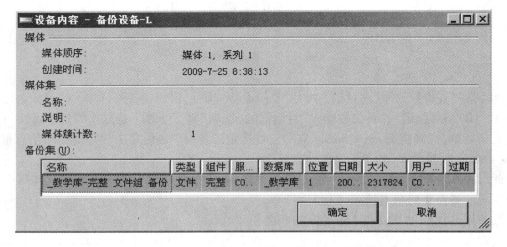

图 11 –11　备份集"_教学库 – 完整 文件组 备份"的基本信息

表 11 −3　完整恢复模式支持的所有备份类型的基本 BACKUP 语句

类型	基本语句	操作与说明
完整备份	BACKUP DATABASE ＜database_name＞ TO ＜backup_device＞	备份完整数据库
部分备份	BACKUP DATABASE ＜database_name＞ READ_WRITE_FILEGROUPS TO ＜backup_device＞	指定部分备份,含主文件组和所有具有读写权限的辅助文件组。READ_WRITE_FILEGROUPS 始终包括主文件组。如果是只读数据库,则 READ_WRITE_FILE-GROUPS 仅包括主文件组
文件备份	BACKUP DATABASE ＜database_name＞ ＜file_or_filegroup＞[,...n] TO ＜backup_device＞	指定数据库备份要包含的文件或文件组的逻辑名称。指定此类的一系列文件和文件组时,将只备份这些文件和文件组。可指定多个文件或文件组
完整差异备份	BACKUP DATABASE ＜database_name＞ TO ＜backup_device＞ WITH DIFFERENTIAL	指定备份只包含自最新完整备份以来更改的数据区数
部分差异备份	BACKUP DATABASE ＜database_name＞ READ_WRITE_FILEGROUPS TO ＜backup_device＞ WITH DIFFERENTIAL	指定备份应仅包括上次部分备份后更改的数据
文件差异备份	BACKUP DATABASE ＜database_name＞ ＜file_or_filegroup＞[,...n] TO ＜backup_device＞ WITH DIFFERENTIAL	指定备份应仅包括上次备份指定文件后更改的数据
纯日志或大容量日志备份*	BACKUP LOG ＜database_name＞ TO ＜backup_device＞ [WITH RECOVERY]	指定事务日志的日常备份。该日志是从上次成功备份日志记录备份到当前日志结尾。备份日志后,如果事务复制或活动事务不再需要,它将被截断
尾日志备份*	BACKUP LOG { ＜database_name＞ } TO ＜backup_device＞ WITH NORECOVERY	备份日志尾部(活动日志)并使数据库处于正在还原状态。当将故障转移到辅助数据库或在 RESTORE 操作前保存日志尾部时,NORECOVERY 很有用
仅复制备份	BACKUP { DATABASE|LOG } ＜database_name＞... WITH COPY_ONLY ...	COPY_ONLY 指定执行带外备份并且不应影响正常备份顺序

注:＊表示该备份方式不支持简单恢复模式。

表 11 −3 中的基本 BACKUP 语句的参数说明:

DATABASE:指定一个完整数据库备份。如果指定了一个文件和文件组的列表,则仅备份该列表中的文件和文件组。

database_name:备份事务日志、部分数据库或完整的数据库时所用的源数据库。

＜backup_device＞∷=｛logical_backup_device_name

　　　　　　　　｜｛ DISK\|TAPE ｝= 'physical_backup_device_name'｝

logical_backup_device_name:逻辑备份设备(由 sp_addumpdevice 创建)的名称。

　　{ DISK|TAPE } = 'physical_backup_device_name'：指定在磁盘或磁带上创建备份。

　　　　应输入完整的路径和文件名，例如：DISK = 'E：_数据库备份\T – SQL_教学库. BAK'。

　　READ_WRITE_FILEGROUPS：见表 11 – 3 中的"操作与说明"。

　　< file_or_filegroup >：指定包含在备份中的文件或文件组的逻辑名。可指定多个。

　　WITH DIFFERENTIAL：指定进行数据库备份或文件备份的差异备份。

　　LOG……WITH RECOVERY：指定事务日志的日常备份。

　　LOG……WITH NORECOVERY：指定备份日志尾部(活动日志)并使数据库处于正在还原状态。

　　WITH COPY_ONLY：指定此备份不影响正常的备份序列。仅复制不会影响数据库的全部备份和还原过程。

　　【例 11 – 5】　使用 BACKUP DATABASE 语句对"_教学库"进行完整备份。(图 11 – 12)

BACKUP DATABASE _教学库 TO DISK = 'E：_数据库备份\T – SQL_教学库. BAK'

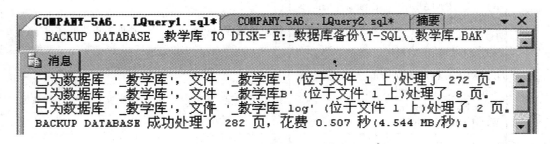

图 11 – 12　使用 BACKUP DATABASE 语句对"_教学库"进行完整备份

11.1.4　数据还原

1. 还原方案与顺序

　　"还原方案"定义从备份还原数据并在还原所有必要备份后恢复数据库的过程。使用还原方案可以还原下列某个级别的数据：数据库、数据文件和数据页。每个级别的影响如下：

　　● 数据库级别：还原和恢复整个数据库，并且数据库在还原和恢复操作期间处于离线状态。

　　● 数据文件级别：还原和恢复一个数据文件或一组文件。在文件还原过程中，包含相应文件的文件组在还原过程中自动变为离线状态。访问离线文件组的任何尝试都会导致错误。

　　● 数据页级别：可以对任何数据库进行页面还原，而不管文件组数为多少。

　　注：简单恢复模式不支持数据页级别还原。

　　如前所述，SQL Server 2005 数据库的数据备份和还原操作是基于恢复模式的。不同恢复模式下进行的数据备份所能采用的还原方案自然也有所差异。

　　表 11 – 4、表 11 – 5 分别列举了完整日志恢复模式和大容量日志恢复模式、简单恢复模式所支持的几种基本还原方案。

表 11 – 4　完整恢复模式和大容量日志恢复模式支持的基本还原方案

还原方案	说　明
数据库完整还原	这是基本的还原策略。在完整/大容量日志恢复模式下,数据库完整还原涉及还原完整备份和(可选)差异备份(如果存在),然后还原所有后续日志备份(按顺序)。通过恢复并还原上一次日志备份(RESTORE WITH RECOVERY)完成数据库完整还原
文件还原	还原一个或多个文件,而不还原整个数据库。可在数据库处于离线或数据库保持在线状态(对于某些版本)时执行文件还原。在文件还原过程中,包含正在还原的文件的文件组一直处于离线状态。必须具有完整的日志备份链(包含当前日志文件),并且必须应用所有这些日志备份以使文件与当前日志文件保持一致
页面还原	还原损坏的页面。可以在数据库处于离线状态或数据库保持在线状态(对于某些版本)时执行页面还原。在页面还原过程中,包含正在还原的页面的文件一直处于离线状态。必须具有完整的日志备份链(包含当前日志文件),并且必须应用所有这些日志备份以使页面与当前日志文件保持一致
段落还原 *	按文件组级别并从主文件组开始,分阶段还原和恢复数据库

注：* 只有 Enterprise Edition 支持在线还原。

表 11 – 5　简单恢复模式支持的基本还原方案

方案	说　明
数据库完整还原	这是基本还原策略。在简单恢复模式下,数据库完整还原可能涉及简单还原和恢复完整备份。另外,数据库完整还原也可能涉及还原完整备份并接着还原和恢复差异备份
文件还原*	还原损坏的只读文件,但不还原整个数据库。仅在数据库至少有一个只读文件组时才可以进行文件还原
段落还原*	按文件组级别并从主文件组和所有读写辅助文件组开始,分阶段还原和恢复数据库
仅恢复	适用于从备份复制的数据已经与数据库一致而只需使其可用的情况

注：* 只有 Enterprise Edition 支持在线还原。

　　无论如何还原数据,数据库引擎都会保证整个数据库的逻辑一致性,以便可以使用数据库;例如,若要还原一个文件,则必须将该文件前滚足够长度,以便与数据库保持一致,才能恢复该文件并使其在线。

　　SQL Server 中还原方案使用一个或多个有序还原步骤(操作)来实现,称为"还原顺序"。还原的顺序与使用的恢复模式、备份类型和方式有关。在简单情况下,还原操作只需要一个完整数据库备份、一个差异数据库备份和后续日志备份。在很多情况下,只需要还原完整备份、完整差异备份以及一个或多个日志备份。在这些情况下,很容易构造一个正确的还原顺序。例如,若要将整个数据库还原到故障点,先备份事务日志(日志尾部)。然后,按备份的创建顺序还原最新的完全数据库备份、最新的差异备份(如果有)以及所有后续事务日志备份。

　　但是,在较为复杂的情况下,需要还原多个数据备份(如文件备份)。这些情况可能需要将数据还原到特定时间点或遍历跨一个或多个恢复分叉的已分叉恢复路径。这时,构造一个正确的还原顺序可能是个复杂的过程。这里就不作介绍了。

2. 还原操作

一般而言,无论使用哪种还原方案、还原顺序,在开始还原备份文件之前,首先备份事务日志尾部总是正确的、必要的。如果日志尾部已确无存在的必要,则在恢复操作中应选择进行覆盖。

可以使用 SSMS 或使用 T–SQL 的 RESTORE DATABASE 语句进行还原。

①使用 SSMS 进行还原。

【例 11–6】 使用 SSMS 将例 11–4 备份的_教学库主文件组备份文件还原。

• 在对象资源管理器中展开服务器树→选择"数据库\教学库"→鼠标右键单击→在弹出的快捷菜单中选择"任务→还原"(图 11–13)→系统弹出"还原文件和文件组"对话框。

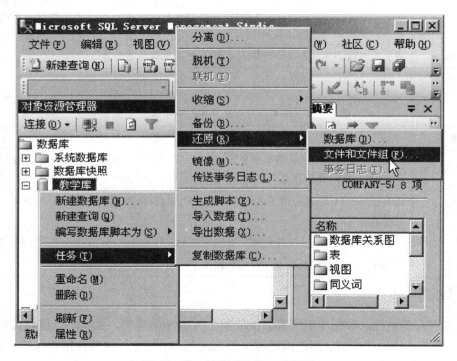

图 11–13 使用 SSMS 启动还原

• 在"还原文件和文件组"对话框的"常规"页的"源"区指定要还原的目标数据库(_教学库)→在"选择用于还原的备份集"区选择"_教学库–完整 文件组 备份"备份集(图 11–14)→单击"确定"→SQL Server 立即进行指定的恢复,恢复完毕后弹出提示信息框,提示"对数据库"_教学库"的还原已成功完成。"

②使用 RESTORE DATABASE 语句进行还原。

与 BACKUP DATABASE 语句相似,SQL Server 2005 提供的数据库还原语句 RESTORE DATABASE 语句的选项也十分丰富。实际应用中,RESTORE 语句的选项与恢复模式及还原方案密切相关。下面仅介绍完整恢复模式下的数据库完整还原的 RESTORE 语句摘要。

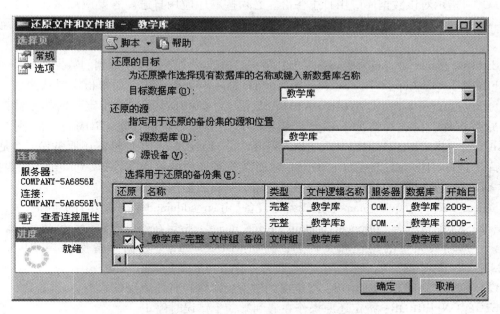

图 11 – 14　使用 SSMS 将_教学库主文件组备份文件还原

- 语法摘要

RESTORE DATABASE {database_name|@ database_name_var}

[FROM ＜backup_device＞ [，...n]]

[WITH [{ CONTINUE_AFTER_ERROR | STOP_ON_ERROR }]

　　　[[，] FILE = { file_number | @ file_number }]

　　　[[，] MEDIANAME = { media_name | @ media_name_variable }]

　　　[[，] { RECOVERY | NORECOVERY

　　　　　| STANDBY = {standby_file_name|@ standby_file_name_var} }]

　　　[[，] REPLACE]

　　　[[，] RESTART]

　　　[[，] RESTRICTED_USER]

　　　[[，] STOPAT = { date_time | @ date_time_var }]

]

其中：＜backup_device＞：： = { logical_backup_device_name

　　　　　　　　　　　　　|{ DISK|TAPE } = 'physical_backup_device_name'}

- 参数摘要与说明

DATABASE：指定目标数据库。如果指定了文件和文件组列表，则只还原那些文件和文件组。对于使用完全恢复模式或大容量日志记录恢复模式的数据库，除非 RESTORE 语句包含 WITH REPLACE 或 WITH STOPAT 子句，否则在没有先备份日志尾部的情况下还原数据库时将导致错误。

LOG：指示对该数据库应用日志备份。必须按顺序应用日志。若要应用多个日志，请在除上一个外的所有还原操作中使用 NORECOVERY 选项。上一个还原的日志通常是尾日志备份。

database_name|@database_name_var：是将日志或整个数据库还原到的数据库。

FROM ｛<backup_device>［，...n］|<database_snapshot>｝：通常指定要从哪些备份设备还原备份。此外，在 RESTORE DATABASE 语句中，FROM 子句可指定要向哪个数据库快照还原数据库，在这种情况下不允许使用 WITH 子句。如果省略 FROM 子句，则必须在WITH 子句中指定 NORECOVERY、RECOVERY 或 STANDBY，并且将不还原备份，而是恢复数据库。这样，用户可以恢复用 NORECOVERY 选项还原的数据库，或转到一个备用服务器。

<backup_device>：指定还原操作要使用的逻辑或物理备份设备。

logical_backup_device_name：逻辑备份设备(由 sp_addumpdevice 创建)的名称。

｛DISK|TAPE｝= ′physical_backup_device_name′：指定在磁盘或磁带上创建备份。

应输入完整的路径和文件名，例如：DISK =′E:_数据库备份\T - SQL_教学库. BAK′。

CONTINUE_AFTER_ERROR：指定遇到错误后继续执行还原操作。

STOP_ON_ERROR：指定还原操作在遇到第一个错误时停止。

FILE =｛file_number|@file_number｝：标识要还原的备份集。例如，file_number 为 1 指示备份媒体中的第一个备份集，file_number 为 2 指示第二个备份集。默认值为 1，但对 RESTORE HEADERONLY 会处理媒体集中的所有备份集。

MEDIANAME =｛media_name|@media_name_variable｝：指定媒体名称。如果提供了媒体名称，该名称必须与备份卷上的媒体名称相匹配，否则还原操作将终止。如果没有给出媒体名称，将不会对备份卷执行媒体名称匹配检查。

RECOVERY：指示还原操作回滚未提交事务(默认值)。在恢复进程后即可随时使用数据库。如果安排了后续 RESTORE 操作(RESTORE LOG 或从差异数据库备份 RESTORE DATABASE)，则应指定 NORECOVERY 或 STANDBY。

NORECOVERY：指示还原操作不回滚任何未提交事务。如果稍后必须应用另一个事务日志，则应指定 NORECOVERY 或 STANDB。使用 NORECOVERY 选项执行脱机还原操作时，数据库将无法使用。

还原数据库备份和一个或多个事务日志时，或需多个 RESTORE 语句(如还原一个完整的数据库备份并随后还原一个完整差异备份)时，RESTORE 需要对所有语句使用 WITH NORECOVERY 选项(最后的 RESTORE 除外)。最佳方法是按多步骤还原顺序对所有语句都使用 WITH NORECOVERY，直到达到所需的恢复点为止，然后仅使用单独的 RESTORE WITH RECOVERY 语句执行恢复。

NORECOVERY 选项用于文件或文件组还原操作时，它会强制数据库在还原操作结束后保持还原状态。这在以下情况中很有用：还原脚本正在运行且始终需要应用日志；使用文件还原序列，且在两次还原操作之间不能使用数据库。

STANDBY = standby_file_name：指定一个允许撤消恢复效果的备用文件。STANDBY 选项可用于脱机还原(包括部分还原)，但不能用于联机还原。如果必须升级数据库，也不允许使用 STANDBY 选项。standby_file_name 指定一个备用文件，其位置存储在数据库的日志中。
如果某个现有文件使用了指定的名称，该文件将被覆盖，否则数据库引擎会创建该文件。如
果指定备用文件所在驱动器上的磁盘空间已满，还原操作将停止。

REPLACE：指定即使存在另一个具有相同名称的数据库，SQL Server 也应该创建指定的
数据库及其相关文件。这种情况下将删除现有数据库。如果没有指定 REPLACE，则会进行
安全检查，以防意外覆盖其他数据库。安全检查可确保在以下条件同时存在的情况下，RE-
STORE DATABASE 语句不会将数据库还原到当前服务器：在 RESTORE 语句中命名的数据库
已存在于当前服务器中，并且该数据库名称与备份集中记录的数据库名称不同。若无法验证
现有文件是否属于正在还原的数据库，则 REPLACE 允许 RESTORE 覆盖该文件。WITH RE-
PLACE 可以用于 RESTORE LOG 选项。REPLACE 还会覆盖在恢复数据库之前备份尾日志的
要求。

RESTART：指定 SQL Server 从中断点重新启动被中断的还原操作。

RESTRICTED_USER：限制只有 db_owner、dbcreator 或 sysadmin 角色的成员才能访问新
近还原的数据库。该选项可与 RECOVERY 选项一起使用。

STOPAT = date_time | @ date_time_var：指定将数据库还原到指定的日期和时间时的状态。
只有在指定的日期和时间前写入的事务日志记录才能应用于数据库。如果指定的 STOPAT 时
间超出 RESTORE LOG 操作的结束范围，数据库将处于不可恢复状态，其效果与在 RESTORE
LOG 中使用 NORECOVERY 一样。

- 备注：离线还原过程中，如果指定的数据库正在使用，则在短暂延迟之后，RESTORE
将强制用户离线。对于非主文件组的在线还原，除非要还原的文件组为离线状态，否则数据
库可以保持使用状态。指定数据库中的所有数据都将由还原的数据替换。

表 11－6 简要列举了完整恢复模式下各种基本还原方案的 RESTORE 语句基本语法。

表 11－6　完整恢复模式支持的基本还原方案的相应基本 RESTORE 语句

还原方案	语　　句	操作与说明
数据库 完整还原	RESTORE DATABASE ＜数据库名称＞ ... WITH NORECOVERY ...	复制备份中的所有数据，如果备份包含日志， 还会前滚数据库
文件还原	RESTORE DATABASE ＜数据库名称＞ ＜文件或文件组＞[n] ... WITH NORECOV- ERY ...	仅从备份复制指定的文件或文件组，如果备 份包含日志，则前滚数据库
页面还原*	RESTORE DATABASE ＜数据库名称＞ PAGE = '文件:页[,...p]' ... WITH NORE- COVERY ...	仅从备份中复制指定的页，如果某个页的备 份包含日志，还会前滚数据库
段落还原	RESTORE DATABASE ＜数据库＞[＜文件 组＞[n]] ... WITH PARTIAL，NORECOV- ERY ...	复制主文件组及指定的文件组或组，如果备 份包含日志则前滚数据库。如果未指定任何 文件组则还原备份集的所有内容
日志还原*	RESTORE LOG ＜数据库名称＞ ... WITH RECOVERY ...	还原日志备份并使用该日志前滚数据

注：* 表示该还原方案不支持简单恢复模式。

表 11 - 6 中参数说明:

NORECOVERY:指定不发生回滚,从而使前滚按顺序在下一条语句中继续进行。这种情况下,还原顺序可还原其他备份,并执行前滚。如果不指定 NORECOVERY 或指定 RECOVERY 则在完成当前备份前滚之后执行回滚。恢复数据库要求要还原的整个数据集("前滚集")必须与数据库一致。如果前滚集尚未前滚到与数据库保持一致的地步,并指定了 RECOVERY,则数据库引擎将发出错误。

PARTIAL:指定进行段落还原。

【例 11 - 7】 使用 RESTORE 语句对"_教学库"进行完整还原。(图 11 - 15)

RESTORE DATABASE _教学库 FROM DISK = 'E:_数据库备份\T - SQL_教学库. BAK'
WITH REPLACE

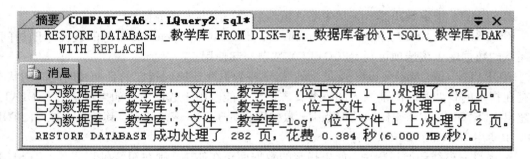

图 11 - 15 使用 RESTORE DATABASE 语句对"_教学库"进行完整还原

【例 11 - 8】 使用 RESTORE 语句将例 11 - 4 创建的_教学库主文件组备份还原。(图 11 - 16)

RESTORE DATABASE _教学库 FROM DISK = 'E:_数据库备份\SSMS\备份设备 - L. bak'
WITH NORECOVERY, REPLACE

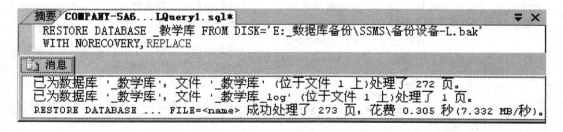

图 11 - 16 使用 RESTORE 语句将例 11 - 4 创建的_教学库主文件组备份还原

11.2　数据分离与附加

11.2.1　概念与用途

可以先分离数据库的数据和事务日志文件，然后将它们重新附加到同一或其他 SQL Server 实例。如果要将数据库更改到同一计算机的不同 SQL Server 实例或要移动数据库，分离和附加数据库功能会很有用。

分离数据库是指将数据库从 SQL Server 实例中删除，但使数据库在其数据文件和事务日志文件中保持不变。

如果存在下列任何情况，则不能分离数据库：已复制并发布数据库；数据库中存在数据库快照；数据库处于可疑状态。

附加数据库是分离的逆操作，即利用从 SQL Server 实例分离出来的文件将数据库附加到任何 SQL Server 实例。

通常，附加数据库时会将数据库重置为它分离或复制时的状态。

附加数据库时，所有数据文件（MDF 文件和 NDF 文件）都必须可用。如果任何数据文件的路径不同于首次创建数据库或上次附加数据库时的路径，则必须指定文件的当前路径。如果所附加的主数据文件为只读，则数据库引擎会假定数据库也是只读的。

分离再重新附加只读数据库后，会丢失差异基准信息。这会导致 master 数据库与只读数据库不同步。之后所做的差异备份可能导致意外结果。因此，如果对只读数据库使用差异备份，在重新附加数据库后，应通过进行完整备份来建立当前差异基准。

11.2.2　分离操作

①使用 SSMS 分离：在 SSMS 中，可以很方便地进行数据库分离，参见例 11 - 9。

【例 11 - 9】　使用 SSMS 分离"_教学库"。

● 在对象资源管理器中展开服务器树→选择"数据库\教学库"→鼠标右键单击→在弹出的快捷菜单中选择"任务→分离"（参见图 11 - 7 或图 11 - 13）→系统弹出"分离数据库"对话框。

● 在分离数据库对话框（图 11 - 17）内选择要分离的数据库并设置相关属性→单击"确定"。

这时，该数据库的所有文件（扩展名分别为 . mdf、. ldf、. ndf（如果有的话））就可以拷贝到任何一台机器上并附加到任何 SQL Server 实例了。

建议在实施分离前通过查询数据库属性记下数据库物理文件的位置，以免分离后去查找。

②使用 sp_detach_db 系统存储过程分离：更加简单，参见例 11 - 10。

【例 11 - 10】　使用 sp_detach_db 系统存储过程分离"_教学库"
sp_detach_db '_教学库'

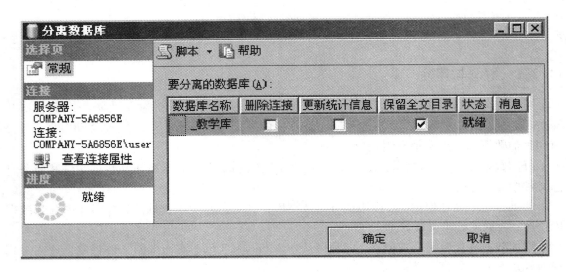

图 11 –17　分离数据库对话框

11.2.3　附加操作

① 使用 SSMS 附加数据库：很方便。参见例 11 –11。

图 11 –18　选择附加数据库

· 在对象资源管理器中展开服务器树→选鼠标右键单击"数据库"→在弹出的快捷菜单中选择"附加（A）"（图 11 –18）→系统弹出"附加数据库"对话框。

· 单击附加数据库对话框"添加"按钮→在弹出的"定位数据库文件"对话框展开要添加的数据库文件所在文件夹→选定数据库主文件→单击"确定"→返回附加数据库对话框。

· 附加数据库对话框分区域显示将附加的数据库的基本情况，包括数据库名称、物理文件名称及存储路径（如果消息提示未找到文件，可在此修正存储路径）等（图 11 –19）→单击"确定"。

数据库引擎随即将指定的数据库附加的到当前 SQL Server 实例。稍后刷新"数据库"节点，即可看到刚附加进来的数据库，并可使用了。

②使用 CREATE DATABASE 语句附加数据库：参见例 11 –11。

【例 11 –11】　使用 CREATE DATABASE 语句附加一组操作系统文件 D：_SJK_教学库. MDF 和 D：_SJK_教学库_log. ldf 到当前 SQL Server 实例。

CREATE DATABASE SS 教学库 ON（ FILENAME = 'D：_SJK_教学库. mdf'）

LOG ON（ FILENAME = 'D：_SJK_教学库_log. ldf'）FOR ATTACH

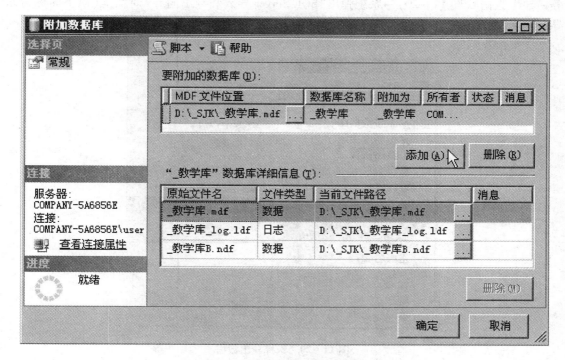

图 11 –19　附加数据库对话框

11.3　数据导出与导入

11.3.1　概念与方法

数据导出是指将数据从 SQL Server 表复制到其他格式的数据文件；数据导入是指将数据从其他格式的数据文件加载到 SQL Server 表。

在数据库表和其他格式的文件之间移动数据功能是数据库管理的基本要求之一。通过数据导出和导入操作，SQL Server 2005 可以方便地与外界（例如 Microsoft Excel、Microsoft Access 应用程序等）进行大容量的数据交流。

除了通过将查询结果保存到文件（详见本书第 9.1.7 节）而将 SQL Server 表数据导出外，用户还可以通过使用 BULK INSERT、INSERT...SELECT...、Integration Services（SSIS）、XML 大容量加载、bcp 命令以及 SSMS 的数据导出、数据导入功能等方法，实现 SQL Server 表与外界的大容量数据交流。本节仅以示例的形式介绍 SSMS 的数据导出、数据导入功能的使用。

11.3.2　导出操作

【例 11 –12】　使用 SSMS 导出"_教学库..学生表"的数据到文本文件。

①鼠标右键单击对象资源管理器中的"数据库\教学库"→选择弹出的快捷菜单中的"任

务→导出数据"(图11-20)→系统弹出"SQL Server 导入和导出向导"对话框(以下简称为向导)的"数据源"页;

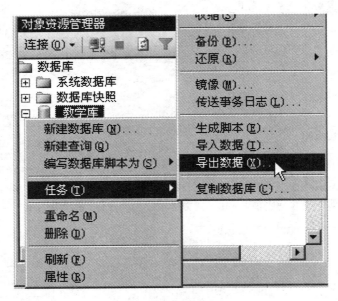

图 11-20　选择导出数据

②在向导的"数据源"页指定数据源为"SQL Native Client"(SQL 本地客户机)、服务器为本计算机名、数据库为"_教学库"(图11-21)→单击"下一步"→向导进入"目标"页;

③在"目标"页指定导出目标:单击"目标"框→在下拉选项中选择"平面文件目标"→"目标"页出现"文件名"等输入框→输入文件名(带路径)等(图11-22)→单击"下一步"→向导进入"指定表复制或查询"页;

"目标"框的下拉选项有17项,其中:"Microsoft Access"表示导出到 Access 文件;"Microsoft Excel"表示导出到 Excel 文件;"SQL Native Clint"表示导出到其他 SQL Server 服务器中;"平面文件目标"表示导出到文本文件。

④在"指定表复制或查询"页指定"复制一个或多个表或视图的数据"→(图11-23)单击"下一步"→向导进入"配置平面文件目标"页;

⑤在"配置平面文件目标"页单击"源表或源视图"组合框的下拉按钮→在下拉选项中选择"学生表"(图11-24)→单击"下一步"→向导进入"执行并保存包"页;

⑥在"执行并保存包"页选择"立即执行"(图11-25)→单击"完成"→向导进入"完成该向导"提示页;

⑦在"完成该向导"提示页单击"完成"(图11-26)→向导进入"执行成功"提示页;

⑧单击"执行成功"提示页的"消息"或"报告"按钮可查看关于本次导出的执行情况。关闭"执行成功"提示页(图11-27)。此时,指定的 SQL Server 数据表的数据已经以指定的格式保存在指定路径和文件名称的文本文件中。

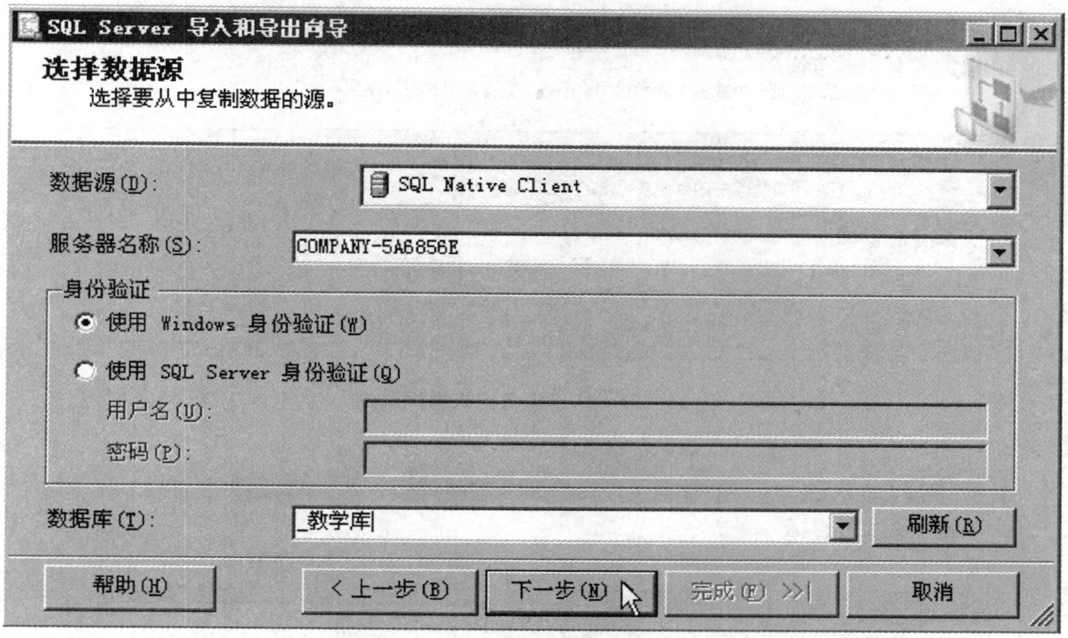

图 11－21　选择数据源

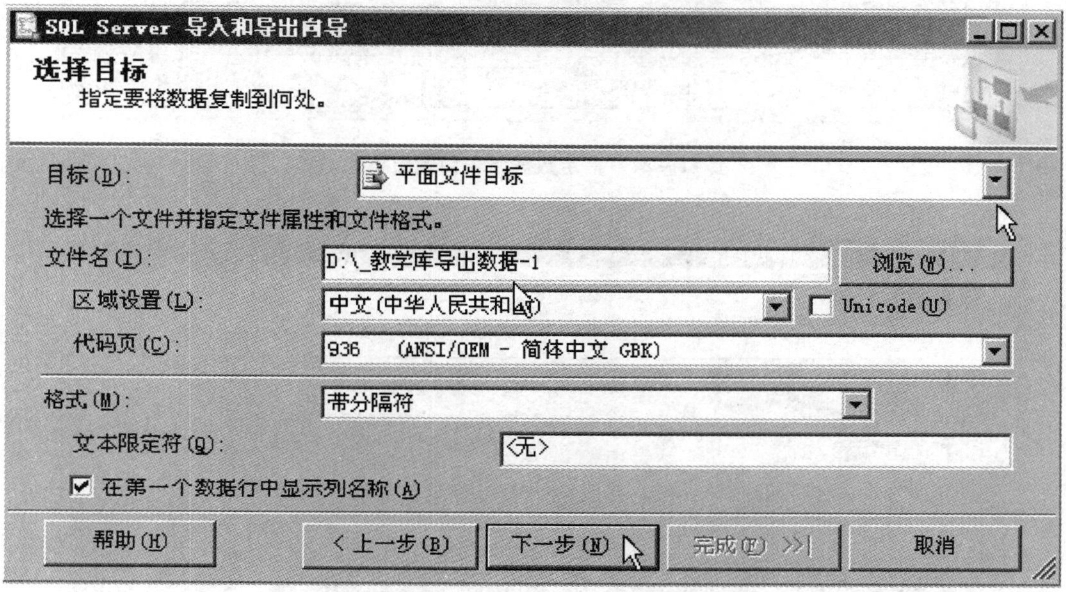

图 11－22　指定导出目标类型、名称等

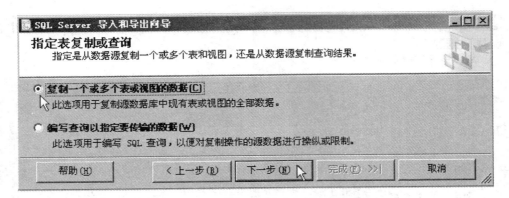

图 11-23　指定表复制或数据查询

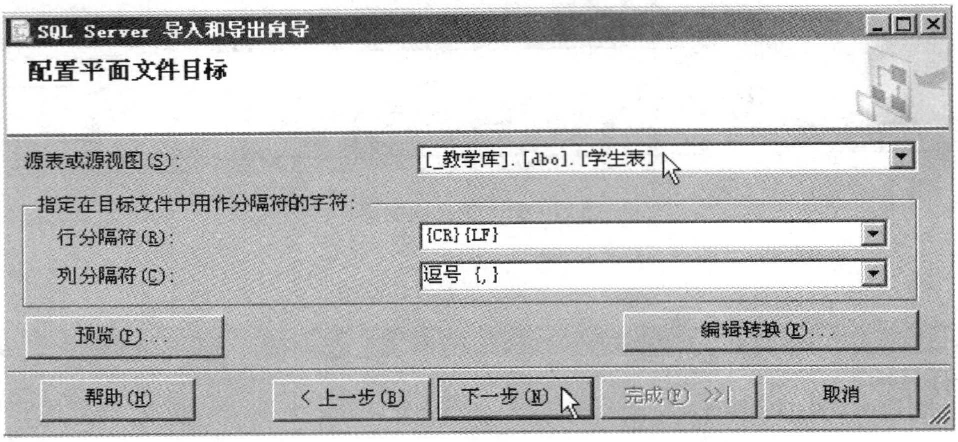

图 11-24　指定数据源表和输出格式

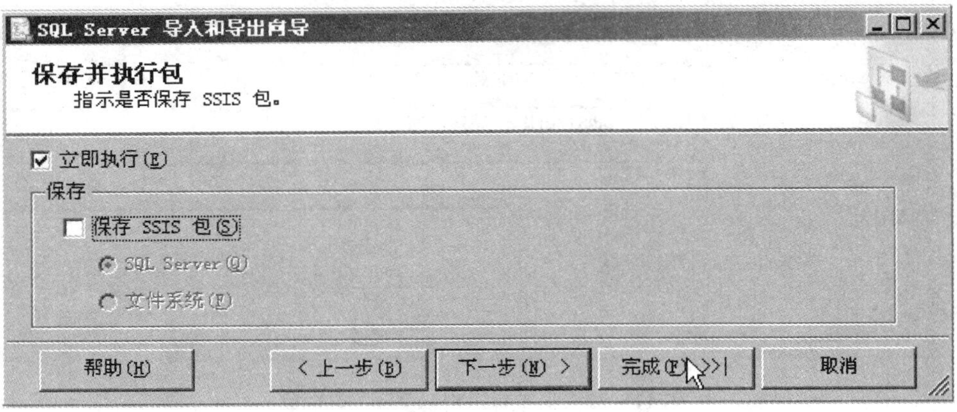

图 11-25　选择"立即执行"

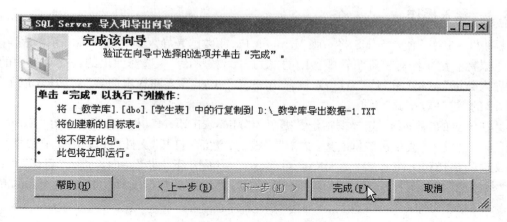

图 11 – 26　"完成该向导"提示页

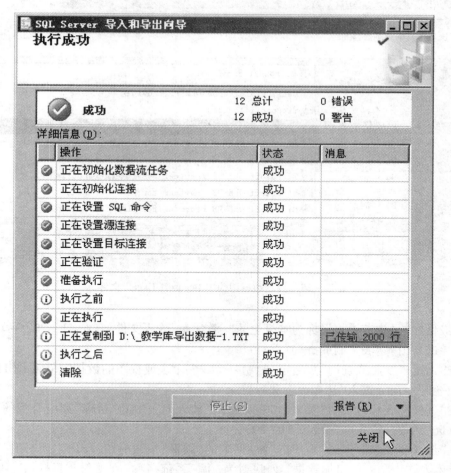

图 11 – 27　"执行成功"提示页

11.3.3　导入操作

【例 11 –13】　使用 SSMS 将一张 Microsoft Excel 数据表导入到"_教学库.. 系部表"中。

①鼠标右键单击对象资源管理器中的"数据库\教学库"→选择弹出的快捷菜单中的"任务→导入数据"(参见图 11 –20)→系统弹出"SQL Server 导入和导出向导"对话框(以下简称为向导)的"选择数据源"页；

②在该页的"数据源"选择框指定数据源为"Microsoft Excel"(图 11 –28)→在"Excel 文件路径"输入框输入(或单击该框右边的"游览"按钮,激活"打开"文件窗口,在其中选择)要导入的文件的路径和文件名"D:_SJK\新系部. xls"→单击"下一步"→向导进入"目标"页；

"数据源"框的下拉选项有 20 项,分别表示各种格式的数据文件。其中："Microsoft Excel"表示 Excel 文件；平面文件目标"表示文本文件。

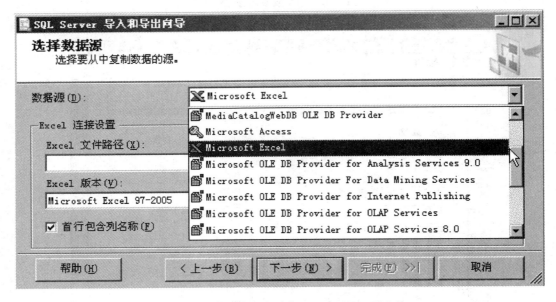

图 11 –28　指定数据源为"Microsoft Excel"文件

③在"目标"页指定导入目标为本机上的"_教学库"输入文件名(图 11 –29)→单击"下一步"→向导进入"指定表复制或查询"页；

④在"指定表复制或查询"页指定"复制一个或多个表或视图的数据"(参见图 11 –23)→单击"下一步"→向导进入"选择源表和源视图"页；

⑤在"选择源表和源视图"页单击"表和视图"输入列表中的"目标"列组合框的下拉按钮→在下拉选项中选择"系部表"(图 11 –30)；

⑥在"选择源表和源视图"页单击"映射"列的"编辑"按钮→在弹出的"列映射"对话框设置数据导入方式为向表中追加数据；列映射为：源"系部名称"列映射到目标"D_DP"列,源"系主任姓名"列映射的目标"D_HEAD",忽略源的"系主任电话"列(图 11 –31)→单击"确定"→返回向导的"选择源表和源视图"页→单击"下一步"→向导进入"执行并保存包"页；

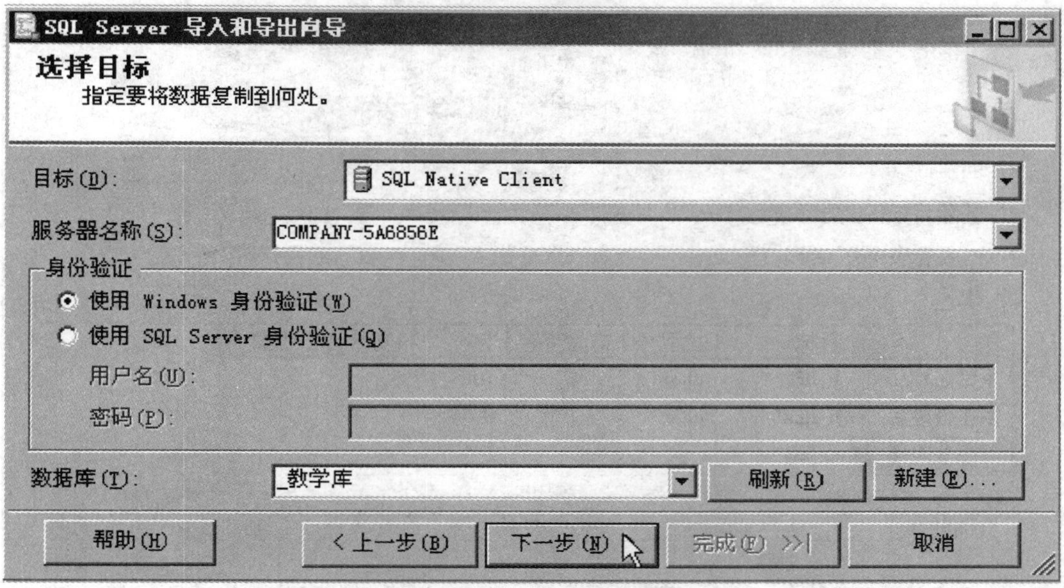

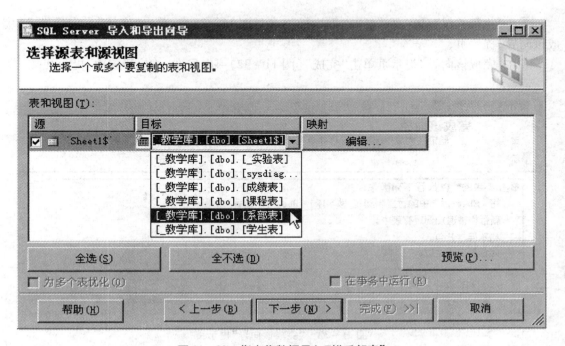

图 11-29　指定导入目标为"_教学库"

图 11-30　指定将数据导入到"系部表"

图 11 – 31　设置列映射及数据导入方式

　　⑦在"执行并保存包"页选择"立即执行"(参见图 11 – 25)→单击"完成"→向导进入"完成该向导"提示页;

　　⑧在"完成该向导"提示页单击"完成"(图 11 – 32)→向导进入"执行成功"提示页;

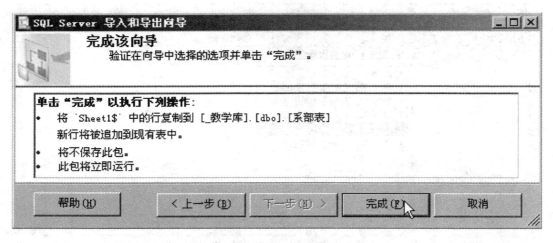

图 11 – 32　"完成该向导"提示页

　　⑨单击"执行成功"提示页的"消息"或"报告"按钮可查看关于本次导入的执行情况。关闭"执行成功"提示页(图 11 – 33)。此时,指定的 Excel 表的数据已经导入到指定的 SQL

Server 数据表中。

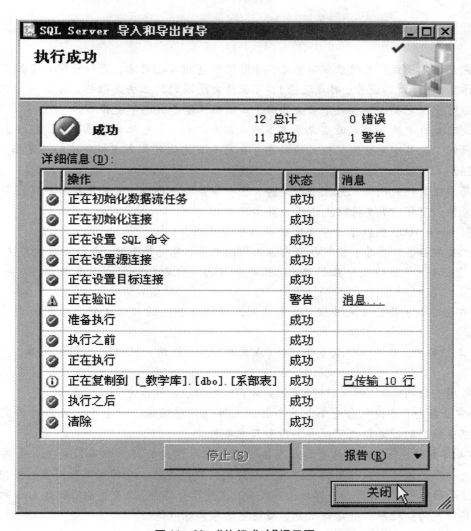

图 11-33　"执行成功"提示页

本章小结

备份有两个含义：一是按照备份策略将数据库中的信息在备份媒体上建立数据库副本的过程；二是存储了这些信息的数据库副本。还原是从备份复制数据并将事务日志应用于该数据使其前滚到目标恢复点的过程。恢复是使数据库处于一致且可用状态并使其在线的一组操作。

在 SQL Server 2005 中，备份和还原操作都是基于恢复模式的。恢复模式是数据库的一个属性，用于控制数据库备份和还原操作基本行为。使用恢复模式具有下列优点：简化恢复计划；简化备份和恢复过程；明确系统操作要求之间的权衡；明确可用性和恢复要求之间的权衡。

SQL Server 2005 提供了三种恢复模式。最佳选择模式主要取决于用户的恢复目标和要求。

①完整恢复模式完整记录所有事务，并保留所有的日志记录，直到将它们备份。支持所有还原方案(包括页面还原、时点还原)，可在最大范围内防止丢失数据，时空和管理开销也最大。为防止在完整恢复模式下丢失事务，必须确保事务日志不受损坏。

②大容量日志恢复模式简略记录大多数大容量操作，完整记录其他事务。能提高大容量操作的性能，常用作完整恢复模式的补充。大容量日志恢复模式支持所有的恢复形式，但有一些限制。

③简单恢复模式简略记录大多数事务，没有事务日志备份。文件还原和段落还原仅对只读辅助文件组可用，不支持时点还原和页面还原。

SQL Server 2005 提供了十分丰富的数据备份类型。

①主要数据备份类型：按照备份内容的横向关系，分完整备份、部分备份和文件备份。

● 完整备份：备份整个数据库，包括事务日志。代表备份完成时的数据库。时空开销最大。

● 部分备份：备份主文件组、每个读写文件组及指定的只读文件。主要用于简单恢复模式。

● 文件备份：备份一个或多个文件(或文件组)。使用户可仅还原损坏文件，提高恢复速度。

②按照备份内容的纵向(时间)关系，分完全备份、差异备份和日志备份。

● 完全备份：备份包含一个或多个数据文件的完整映像。对整个数据库进行完全备份就是完整备份。时空开销大于差异备份和日志备份。

● 差异备份：备份只记录自其基准备份以来进行的更新。基准备份是差异备份所对应的最近一次备份。可对数据库的全部或一部分进行差异备份。每种主要数据备份类型都有相应的差异备份(完整差异备份；部分差异备份；文件差异备份)。差异备份配合对应的主要数据备份类型使用。还原差异备份之前，必须先还原其基准备份。

● 日志备份：备份包括前一个日志备份中没有备份的所有日志记录。定期的日志备份是采用完整恢复模式或大容量日志恢复模式的数据库的备份策略的重要部分。日志备份可使数据库进行时点还原。备份文件和时间都较短。

在 SQL Server 2005 中，备份文件指存储数据库、事务日志、文件和/或文件组备份的文件；备份媒体一般是保存备份文件的磁盘文件或磁带；备份设备指包含备份媒体的磁带机或磁盘驱动器；媒体集是备份媒体的有序集合；媒体簇由在媒体集中的备份构成；备份集一次是备份操作向媒体集中添加的一个备份文件集；保持期指出备份集自备份之日起不被覆盖的日期长度。

备份策略确定备份的内容、时间及类型、所需硬件的特性、测试备份的方法及存储备份媒体的位置和方法(包含安全注意事项)。还原策略定义还原方案、负责执行还原的人员以及执行还原来满足数据库可用性和减少数据丢失的目标与方法。

　　备份策略中最重要的问题之一是选择和组合备份类型。常用的组合有：完整备份(每次都对备份目标执行完整备份；备份和恢复操作简单，时空开销最大；适合于数据量不很大且更改不很频繁的情况)、完整备份加事务日志备份(在定期的完整备份之间按一定时间间隔进行日志备份；适合于不想经常完整备份，但又不允许丢失太多数据的情况)、完整备份加差异备份加日志备份(在定期的完整备份之间按一定时间间隔进行差异备份，再在两次差异备份之间进行一些日志备份；备份和还原速度较快，故障时丢失数据较少)。

　　可以使用 SSMS 或使用 T–SQL 的 BACKUP DATABASE 语句进行备份。

　　还原方案定义从备份还原数据并在还原所有必要备份后恢复数据库的过程。基本还原方案包括数据库完整还原、文件还原、页面还原、段落还原几种。

　　在开始还原备份文件之前，首先备份事务日志尾部总是正确的、必要的。可以使用 SSMS 或使用 T–SQL 的 RESTORE DATABASE 语句进行还原。

　　分离数据库是指将数据库从 SQL Server 实例中删除并转移到指定文件，但使数据库在其数据文件和事务日志文件中保持不变。附加数据库是利用从分离出来的文件将数据库附加到 SQL Server 实例。附加数据库时，所有数据文件(MDF 文件和 NDF 文件)都必须可用。

　　可以很方便地使用 SSMS 或 sp_detach_db 系统存储过程分离数据库，使用 SSMS 或 CREATE DATABASE 语句附加数据库。

　　数据导出是指将数据从 SQL Server 表复制到其他格式的数据文件；导入是指将数据从其他格式的数据文件加载到 SQL Server 表。

　　可以很方便地使用 SSMS 的数据导出、数据导入功能实现 SQL Server 表数据的导出、导入。

习　题

　　1. 名词解释

　　备份　还原　恢复　恢复模式　完整恢复模式　大容量日志恢复模式　简单恢复模式完整备份　部分备份　文件备份　完全备份　差异备份　基准备份　日志备份　备份设备备份集　保持期　备份策略　还原方案　数据库完整还原　文件还原　页面还原　段落还原时点还原　日志尾部　分离数据库　附加数据库　数据导出　数据导入

　　2. 简答题

　　(1)"还原"与"恢复"的概念有何区别？

　　(2)为什么说 SQL Server 2005 的备份、还原操作是基于恢复模式的？

　　(3)简述 SQL Server 2005 的三种恢复模式的异同点、适用场合。

　　(4)为什么说简单恢复模式不能使数据库恢复到发生故障前一刻的状态？

　　(5)为什么 SQL Server 2005 极力建议使用容错磁盘存储事务日志？

　　(6)SQL Server 2005 的备份是如何分类的？

　　(7)如何将完整恢复模式下使用完整加差异加日志备份的数据库恢复到故障前一刻的正确状态？

　　(8)基于完整恢复模式的基本还原方案有哪些？各是何含义？有何优缺点？

3.应用题

(1)使用 Q - SQL 语句将一个实验数据库进行完整备份。

(2)使用 SSMS 在上小题基础上进行完整差异备份。

(3)使用 SSMS 的数据库分离/附加功能将实验数据库从一台计算机移到另一台计算机。

(4)将实验数据库的一个表中的部分数据(条件自定)导出到 Excel 表中。

(5)将一文本文件内的数据(用","分隔各列)导入并追加到实验数据库的一个合适的表中。

第 *12* 章　SQL Server 的安全管理

本章介绍 SQL Server 2005 的安全机制，身份验证模式，账户与登录管理，数据库用户管理，权限管理，角色管理等内容。本章学习的重点内容有：身份验证模式的概念与种类，账户的概念、作用、创建与权限设置，数据库用户的概念、创建与删除，权限的类型与设置，角色的类型、意义与各类角色的特点，在角色中添加、删除成员的方法，设置、撤销登录名与数据库用户的角色成员身份的方法，创建、修改、删除自定义角色的方法。

通过本章学习，应达到下述目标：

- 理解身份验证模式的概念与种类，掌握身份验证模式的更改方法；
- 理解账户的概念、作用；掌握账户的建立与权限设置方法；
- 理解数据库用户的概念及其与账户异同点；掌握创建与删除数据库用户的方法；
- 了解授权主体与安全对象的概念；掌握权限的类型与设置方法；
- 理解角色的概念与意义；掌握角色的分类，在角色中添加、删除成员的方法，设置、撤销登录名、数据库用户的角色成员身份的方法，创建、修改、删除自定义角色的方法。

数据库系统可能受到来自多方面的干扰和破坏，例如硬件设备和软件系统的故障、数据库的滥用等都可能破坏数据库。其中数据库的滥用是指对数据库的不合法使用，可分为无意滥用（如事务处理不当、程序员的误操作等）和恶意滥用（如非法用户窃取数据）或修改、删除破坏数据等）。

数据库的安全管理是指采用各种安全性控制技术保护数据库以防止数据库的滥用所造成的数据泄露、更改或破坏。目前使用较为广泛的主要 DBMS 中采用得较多的安全性控制技术有：用户标识与鉴别，权限授予、转授和撤销，存取控制，视图机制，审计机制，数据加密等。这些控制机制均为 SQL Server 2005 所采用。

12.1　安全机制与身份验证模式

12.1.1　SQL Server 2005 的安全机制

数据库的安全性和计算机系统的安全性（包括操作系统、网络系统的安全性）密切相关，

SQL Server 2005 也不例外。SQL Server 2005 安全机制主要包括以下 5 个方面：

①客户机的安全机制：用户必须能登录到客户机，然后才能使用 SQL server 应用系统或客户机管理工具访问 SQL Server 服务器。对于 Windows 系统的客户，主要涉及 Winodws 账户的安全。

②网络传输的安全机制：网络传输的安全问题一般采用数据加密技术解决，但加密的 SQL Server 会使网络速度较慢，所以一般对安全性要求不高的网络都不采用加密技术。

③服务器的安全机制：用户登录到服务器时，必须使用账户（登录名）和密码，这个账户和密码是关于服务器的，服务器会按照不同的身份验证方式来判断这个账户和密码的正确性。

④数据库的安全机制：任何能登录到服务器的账户和密码都对应一个默认工作数据库，SQL Server 对数据库级别的权限管理采用的是"数据库用户"的概念。

⑤数据对象的安全机制：用户通过前 4 道防线后才能访问数据库中的数据对象，对数据对象能够做什么样的访问称为访问权限。常见的包括数据的查询、更新、插入和删除权限。

这 5 个方面中，除网络传输的安全机制外，其他机制的实现都基于一个共同的基础——用户身份验证。因此可以说 SQL Server 的安全性管理是建立在身份验证和访问许可机制上的。

12.1.2　身份验证模式

用户要想连接到 SQL Server 实例，首先必须通过身份验证。身份验证的内容包括确认用户的账户（登录名）是否有效、能否访问系统、能访问系统的哪些数据等。

SQL Server 能在两种身份验证模式（Authentication Modes）下运行：Windows 身份验证模式（Windows Mode）、混合模式（SQL Server 和 Windows 身份验证模式，Mixed Mode）。

（1）Windows 身份验证模式

在 Windows 身份验证模式下，SQL Server 依靠 Windows 身份验证来验证用户的身份。只要用户能够通过 Windows 用户账户验证，即可连接到 SQL Server。这种模式只适用于能够提供有效身份验证的 Windows 操作系统，实际上是对 Windows 安全管理机制的整合。这种模式下用户不能指定 SQL Server 2005 登录名。

SQL Server 系统按照下列步骤处理 Windows 身份验证方式中的登录账户：

①当用户连接到 Windows 系统上时，客户机打开一个到 SQL Server 系统的委托连接。该委托连接将 Windows 的组和用户账户传送到 SQL Server 系统中。

②如果 SQL Server 在系统表 syslogins 的 SQL Server 用户清单中找到该用户的 Windows 用户账户或者组账户，就接受这次身份验证连接。这时，SQL Server 不需要重新验证密码是否有效，因为 Wmdows 已经验证用户的密码是有效的。

③在这种情况下，该用户的 SQL Server 系统登录账户既可以是 Windows 的用户账户，也可以是 Windows 组账户。当然，这些用户账户或者组账户都已定义为 SQL Server 系统登录账户。

④如果多个 SQL Server 机器在一个域或者在一组信任域中，那么登录到单个网络域上就可以访问全部的 SQL Server 机器。

Windows 身份验证方式具有下列优点：提供了更多的功能，例如，安全确认和密码加密、审核、密码失效、最小密码长度和账户锁定；通过增加单个登录账户，允许在 SQL Server 系统中增加用户组；允许用户迅速访问 SQL Server 系统，而不必使用另一个登录账户和密码。

（2）混合模式

在混合模式下，用户既可使用 Windows 身份验证，也可使用 SQL Server 身份验证。如果用户在登录时提供了 SQL Server 2005 登录用户名，则系统将使用 SQL Server 身份验证对其进行验证。如果没有提供 SQL Server 2005 登录用户名或请求 Windows 身份验证，则使用 Windows 身份验证。

当使用 SQL Server 身份验证时，用户必须提供登录用户名和密码，该登录用户名是 DBA（数据库管理员）在 SQL Server 中创建并分配给用户的，这些用户和密码与 Windows 的账户无关。这时，SQL Server 按照下列步骤处理自己的登录账户：

①当一个使用 SQL Server 账户和密码的用户连接 SQL Server 时，SQL Server 验证该用户是否在系统表 syslogins 中，且其密码是否与以前记录的密码匹配。

②如果在系统表 syslogins 中没有该用户账户或密码不匹配，那么这次身份验证失败，系统拒绝该用户的连接。

混合模式的 SQL Server 身份验证方式有下列优点：允许非 Windows 客户、Internet 客户和混合的客户组连接到 SQL Server 中。

身份验证模式是对服务器而言，身份验证方式是对客户端而言。

12.1.3　身份验证模式的更改

在安装过程中，SQL Server 数据库引擎（SQL Server Database Engine 即已经被设置为其中的一种（默认为 Windows 身份验证模式）。用户可以通过修改 SQL Server 服务器属性来更改身份验证模式。

【例 12 - 1】　设置服务器身份验证模式为只能使用 SQL Server 身份验证或 Windows 身份验证。

按 Ctrl + Ait + G 组合键或选择 SSMS 主菜单上的"视图\已注册的服务器"选项→鼠标右键单击要更改身份验证模式的服务器名称→在弹出的快捷菜单内选择"属性"（图 12 - 1）→单击弹出的"编辑服务器注册属性"对话框的"常规"选项卡的"身份验证"下拉列表框（图 12 - 2）→选择所需的身份验证模式→单击"保存"。

注意：用此法设置 SQL Server 身份验证（或 Windows 身份验证）后，将不能再使用 Windows 身份验证（或 SQL Server 身份验证）。

【例 12 - 2】　设置服务器身份验证模式为 Windows 身份验证或混合身份验证。

在对象资源管理器，鼠标右键单击要更改身份验证模式的服务器名称→在弹出的快捷菜单内选择"属性"（图 12 - 1）→在弹出的"服务器属性"对话框的"选择页"选择框选择"安全性"页→在"服务器身份验证"区选择所需的身份验证模式→单击"确定"。

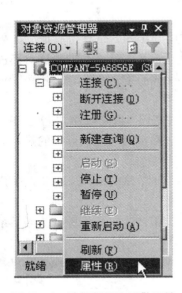

图 12-1　选择数据库引擎属性

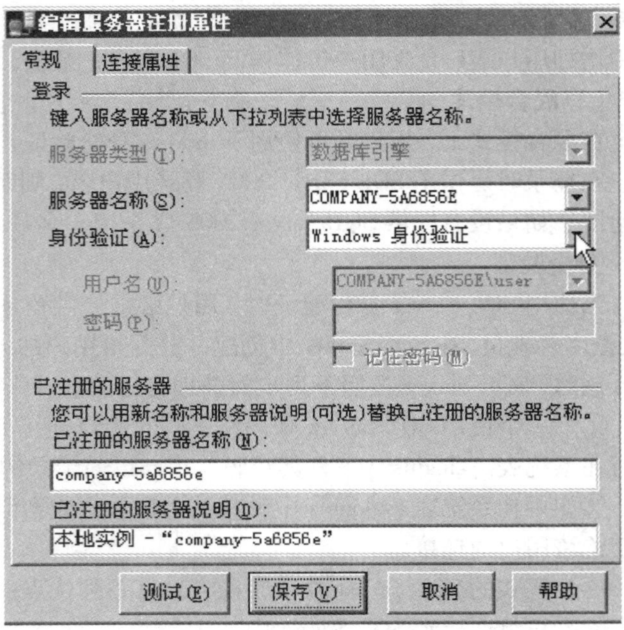

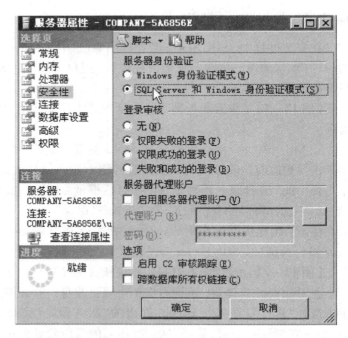

图 12-2　设置只能使用 SQL Server 或 Windows 身份验证

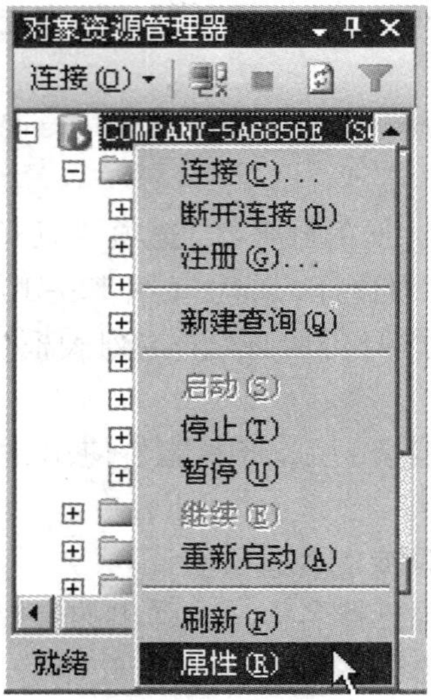

图 12-3　选择数据库引擎属性

图 12-4　设置使用 Windows 身份验证或混合身份验证

12.2 账户与登录管理

无论使用哪种身份验证模式,用户都必须以一种合法身份登录。"账户"(又称为"登录名")是用户合法身份的标识,是用户与 SQL Server 之间建立的连接途径。只有合法的账户才能登录 SQL Server 2005。

SQL Server 2005 的登录管理通过对账户的管理而实现,即通过对用户账户的创建/删除、连接到数据库引擎权限的授予/拒绝、登录活动的启用/禁用等来控制用户对 SQL Server 2005 服务器的登录、访问。

安装 SQL Server 2005 后,系统已自动创建了一些内置账户。展开"对象资源管理器"组件中的"安全性"选项,可以看到当前数据库服务器中的账户信息(如图 12 –5)。

图 12 –5 SQL Server 2005 系统内置账户

其中,BUILTIN\Administrators 是 Windows 的组账户,在默认情况下,属于这个组的账户都可以作为 SQL Server 的登录账户并拥有 SQL Server 所有的权限许可。sa 是 SQL Server 的数据库管理员账户,是一个特殊的超级账户(Super Administer),它对 SQL Server 的数据库拥有不受限制的完全访问权。

当然,账户还有一些其他的重要用途,例如映射用户、承担角色等。这些内容将稍后介绍。

在实际的使用过程中,用户经常需要要添加一些登录账户。用户可以将 Windows 账户添加到 SQL Server 2005 中,也可以新建 SQL Server 账户。

1. 添加 Windows 账户

【例 12 –3】 将 Windows 账户添加到 SQL Server 2005 中。

● 新建一个 Windows 账户"abc":在 Windows 中,进入"控制面板\管理工具\计算机管理"→展开"本地用户和组"文件夹→右键单击"用户"文件夹→在弹出的快捷菜单中选择"新用户"(图12-6)→在弹出的"新用户"对话框填入用户名、密码、确认密码→单击"创建"(图12-7)→单击关闭，完成创建。

图 12-6　Windows 的"计算机管理"窗口

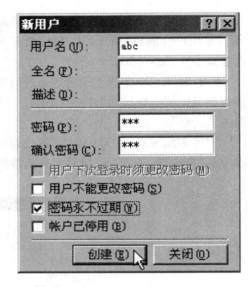

图 12-7　"新用户"对话框

- 将 Windows 账户"abc"添加到 SQL Server：

▲ 在对象资源管理器内选择要添加用户的服务器的"安全性\登录名"→右键单击→在弹出的快捷菜单中选择"新建登录名"(图12-8)；

图 12-8　选择新建登录名

▲ 在弹出的"登录名-新建"对话框(参见图12-11)内单击"登录名"输入框右边的"搜索"按钮(参见图12-9)；

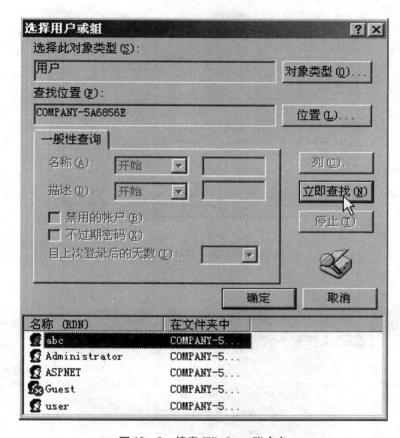

图 12 – 9　搜索 Windows 账户名

▲ 在弹出的"选择用户或组"对话框中设置"对象类型"为"用户"（参见图 12 – 9），再单击"高级"按钮→单击扩大的"选择用户或组"对话框中的"立即查找"按钮→选择查到的用户"abc"，单击"确定"（图 12 – 9）→单击复原的"选择用户或组"对话框（图 12 – 10）的"确定"；

▲ 返回"登录名 – 新建"对话框，用户"abc"出现在"登录名"框内（图 12 – 11）→单击"确定"→Windows 账户"abc"添加到 SQL Server。

这时，在图 12 – 5 所示的"登录名"选项下将会出现一个新账户"abc"。当用户以"abc"账户登录 Windows 后，就可用 Windows 身份验证方式直接登录 SQL Server 2005 而不用再输入用户名和密码。

2. 新建 SQL Server 账户

如果不是将 Windows 账户加入 SQL Server 2005 系统，而是新建一个新的 SQL Server 账户，用户可以直接在图 12 – 11 所示的"登录名 – 新建"对话框的"登录名"输入框中输入一个新的 SQL Server 账户名，并选择"SQL Server 身份验证"，然后单击确定。这样新建的账户可以用于登录 采用"SQL Server 和 Windows 身份验证模式"的 SQL Server 2005 实例了。

3. 设置 SQL Server 账户登录权限

图 12－10　选择 Windows 账户

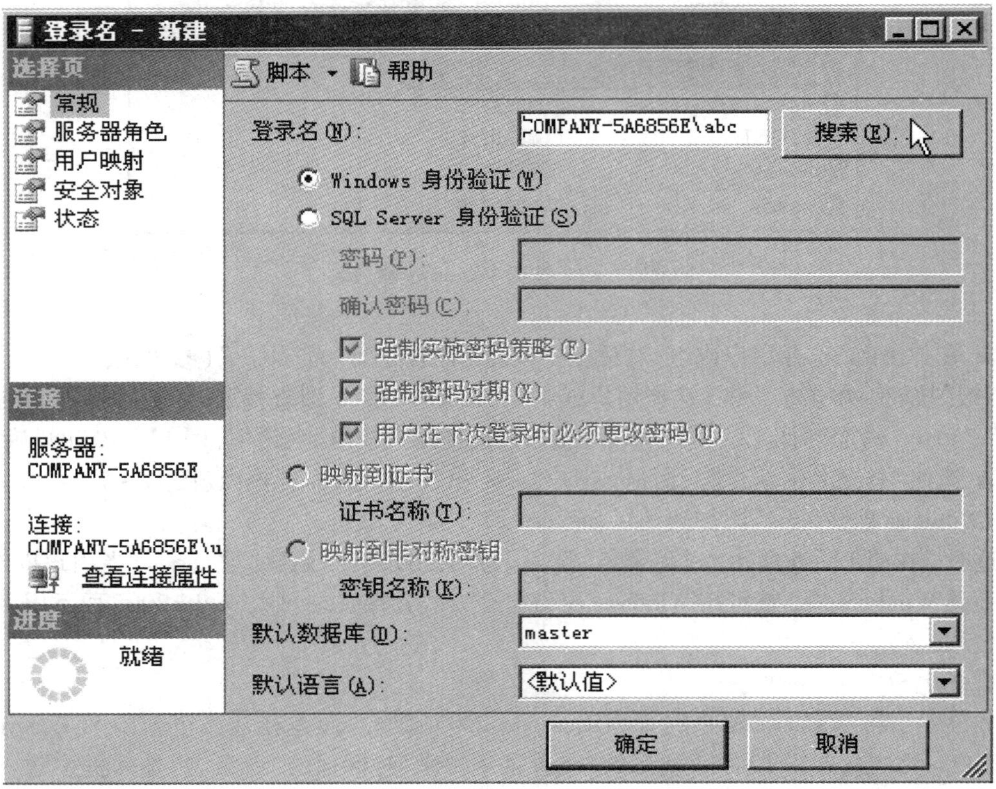

图 12－11　将 Windows 账户添加到 SQL Server 2005 中

【例 12 - 4】　设置账户"abc"的登录权限状态。

● 在对象资源管理器内展开目标服务器的"安全性\登录名"节点→右键单击指定的账户→在弹出的快捷菜单中选择"属性"(图 12 - 12);

● 在弹出的"登录属性"对话框的"状态"页,根据需要修改该账户的登录权限,例如连接到数据库引擎权限的授予/拒绝、登录活动的启用/禁用等(图 12 - 13)→设置完毕后单击"确定"。

图 12 - 12　选择账户属性

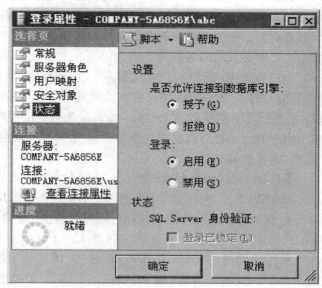

图 12 - 13　设置账户的登录权限状态

4. 删除 SQL Server 账户

在图 12 - 12 所示的快捷菜单内选择"删除",然后在弹出的"删除对象"对话框单击"确定"即可删除账户。

5. 关于 guest 账户

guest 账户允许没有用户账户的登录访问数据库。

当满足下列所有条件时,登录采用 guest 用户的标识:登录有访问 MS SQL Server 实例的权限,但没有通过自己的用户账户访问数据库的权限;数据库中含有 guest 用户。

可将权限应用到 guest 用户,就如同它是任何其他用户一样。可在除 master 和 tempdb 外(在这两个数据库中它必须始终存在)的所有数据库中添加或删除 guest 用户。默认情况下,新建的数据库中没有 guest 用户。

guest 账户对于应用程序角色(参见第 12.5.1 节)有重要意义。

12.3 数据库用户管理

在 SQL Server 2005 中，数据库用户是指对数据库具有访问权的用户，用来控制用户访问 SQL Server 数据库的权限。

数据库用户和登录是两个不同的概念。登录是对服务器而言，只表明它通过了 Windows 或 SQL Server 身份验证，但不能表明其可以对数据库进行操作。而用户是对数据库而言，属于数据库级。数据库用户就是指对该数据库具有访问权的用户。它用来指出哪些人可以访问数据库。本书后续内容均从此概念。

创建登录账户后，如果在数据库中没有授予该用户访问数据库的权限，则该用户仍然不能访问数据库，所以对于每个要求访问数据库的登录(用户)，必须将其用户账户添加到数据库中，并授予其相应的活动权限，使其成为数据库用户。

用户管理通过对数据库用户的创建/删除、权限的授予/撤销而实现。

1. 创建数据库用户

①使用 SSMS 添加数据库用户，见例 12 - 5。

【例 12 - 5】 为"_教学库"创建一个新的数据库用户，其登录名为"abc"。

• 在对象资源管理器内选择目标服务器的"_教学库\安全性\用户"节点→右键单击→在弹出的快捷菜单中选择"新建用户"(图 12 - 14)；

• 单击弹出的"数据库用户 - 新建"对话框的"登录名"右边的"…"按钮→在弹出的"选择登录名"对话框中单击"游览"按钮→在弹出的"查找对象"对话框中选择登录名"abc"(图 12 - 15)后单击"确定"→返回"选择登录名"对话框，指定的登录名"abc"已在列表中(图 12 - 16)，单击"确定"→返回"数据库用户 - 新建"对话框；

图 12 - 14   选择新建数据库用户

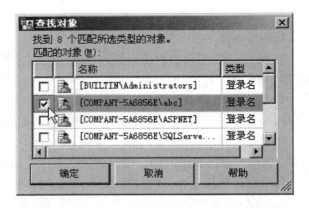

图 12 - 15   查找数据库用户的登录名

• 在"数据库用户 - 新建"对话框：根据需要设置该数据库用户账户的用户名(可以与登录名不一样)默认架构、数据库角色成员等属性 (图 12 - 17)→设置完毕后单击"确定"即可。

此时，在"_教学库"的"安全性\用户"下就新建了一个名称为"XYZ"的数据库用户，见图 12 - 18。

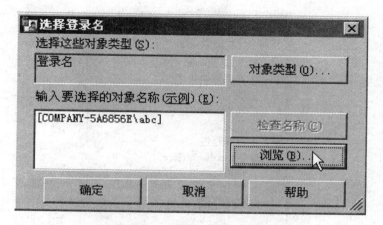

图 12 - 16　选择登录名对话框

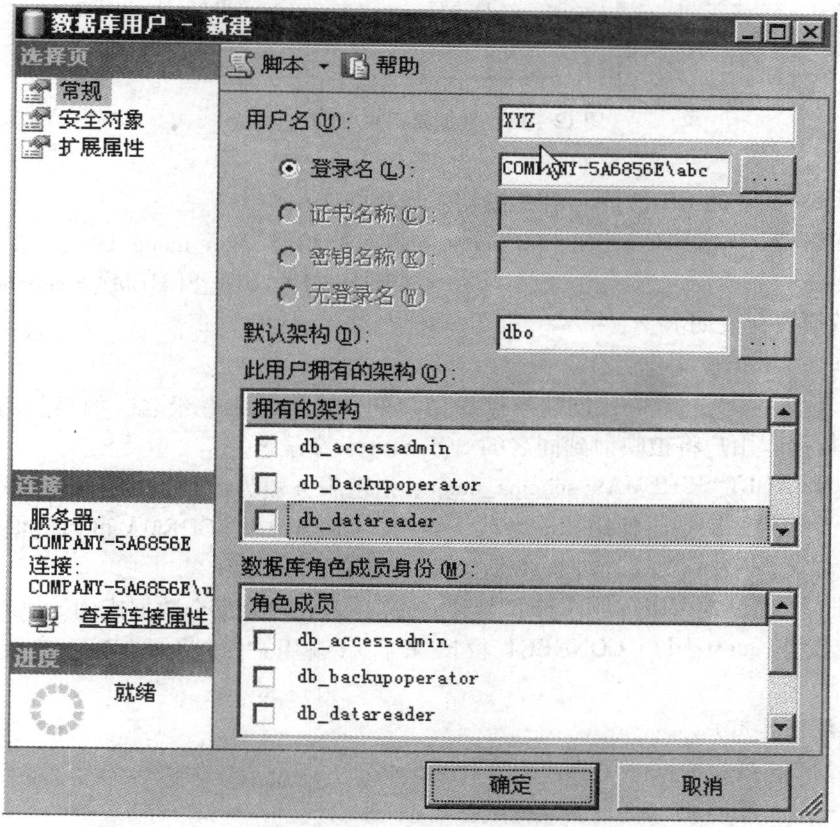

图 12 - 17　设置数据库用户的相关属性

图 12 – 18　数据库用户 XYZ 已建成

②使用 T – SQL 的 CREATE USER 语句添加数据库用户。

● 语法摘要：CREATE USER user_name〔 FOR LOGIN login_name 〕

〔 WITH DEFAULT_SCHEMA = schema_name 〕

● 参数摘要与说明

user_name：数据库用户名称。

LOGIN login_name：指定要创建数据库用户的 SQL Server 登录名。如果忽略 FOR LOG-IN，则新的数据库用户将被映射到同名的 SQL Server 登录名。

WITH DEFAULT_SCHEMA = schema_name：指定服务器为此数据库用户解析对象名称时搜索的第一个架构。缺省时使用 dbo 为默认架构。DEFAULT_SCHEMA 可为数据库中当前不存在的架构。

● 备注：不能使用 CREATE USER 创建 guest 用户，因为每个数据库中均已存在 guest 用户。可通过授予 guest 用户 CONNECT 权限来启用该用户，例如：GRANT CONNECT TO GUEST。

2. 删除数据库用户

①使用 SSMS 删除数据库用户，见例 12 – 6。

【例 12 – 6】　删除例 12 – 5 创建的数据可以"XYZ"。

在对象资源管理器内展开目标数据库的"安全性\用户"节点→右键单击要删除的数据库用户→在弹出的快捷菜单中选择"属性"→在弹出的"删除对象"对话框单击"确定"即可。

请参见稍后介绍的 DROP USER 语句的备注。

②使用 T – SQL 的 DROP USER 语句添加数据库用户。

- 语法摘要：DROP USER user_name
- 备注：不能从数据库中删除拥有安全对象的用户，必须先删除或转移安全对象的所有权，才能删除这些数据库用户；不能删除 guest 用户，但可在除 master 或 temp 之外的任何数据库中执行 REVOKE CONNECT FROM GUEST 来撤销它的 CONNECT 权限，从而禁用 guest 用户。

3. 数据库用户的权限管理

数据库用户创建后，即可对其实施各种权限管理，可以通过直接对其设置、撤销相关权限(参见第 12.4.3 节例 12 – 7，但仅限于数据库级权限)或为其设置、撤销相关种角色成员身份等方式进行(参见第 12.5.2 节)。

12.4　权限管理

权限是关于用户使用和操作数据库对象的权力与限制。SQL Server 使用许可权限来加强数据库的安全性，用户登录到 SQL Server 后，SQL Server 将根据用户被授予的权限来决定用户能够对哪些数据库对象执行哪些操作。

12.4.1　授权主体与安全对象

主体是可以请求 SQL Server 资源的个体、组和过程。主体的影响范围取决于主体定义的范围(Windows、服务器或数据库)以及主体是否不可分。例如：Windows 登录名是一个不可分主体；Windows 组是一个集合主体；Windows 级别的主体有 Windows 域登录名、Windows 本地登录名；SQL Server 级别的主体有 SQL Server 登录名、服务器角色；数据库级别的主体有数据库用户、数据库角色、应用程序角色。每个主体都有一个唯一安全标识符(SID)。

授权的主体指授权时被授权的主体，即被授权的账户、用户或角色。

安全对象是 SQL Server Database Engine 授权系统控制对其进行访问的资源，其中最突出的就是服务器、数据库。通过创建可以为自己设置安全性的名为"范围"的嵌套层次结构，可以将某些安全对象包含在其他安全对象中。安全对象范围有服务器、数据库和架构。其中：

服务器安全对象范围包含以下安全对象：端点，登录账户，数据库。

数据库安全对象范围包含以下安全对象：用户，角色，应用程序角色，程序集，消息类型，路由，服务，远程服务绑定，全文目录，证书，非对称密钥，对称密钥，约定，架构。

架构安全对象范围包含以下安全对象：类型，XML 架构集合，数据库对象(包括表，视图，聚合，约束，函数，过程，队列，统计信息，同义词)。

12.4.2　权限的类型

SQL Server 2005 中的权限很多(总计达 196 种)，大致可以分为如下 3 大类。

①对象权限：表示对特定的安全对象(例如表、视图、列、存储过程、函数等)的操作权限，它控制用户在特定的安全对象上执行相应的语句或存储过程、函数的能力。如果用户想对某一对象进行操作，必须具有相应的操作的权限。主要的对象权限可以分为 11 类见表 12 – 1 所示。

表 12 - 1　主要的对象权限类别与适用对象对象

对象权限类别	适 用 对 象
SELECT	表和列,视图和列,同义词,<B>和列
UPDATE	表和列,视图和列,同义词
INSERT	表,视图,同义词
DELETE	表,视图,同义词
REFERENCES	表和列,视图和列,<A>,<B>和列,Service Broker 队列
ALTER	<C>,Service Broker 队列
CONTROL	<C>,Service Broker 队列,同义词
VIEW DEFINITION	<C>,Service Broker 队列,同义词
TAKE OWNERSHIP	<C>,同义词
EXECUTE	过程(T - SQL 和 CLR),<A>,同义词
RECEIVE	Service Broker 队列

其中:<A>::= 标量函数和聚合函数(T - SQL 和 CLR)
　　　<B>::= 表值函数(T - SQL 和 CLR)
　　　<C>::= 过程(T - SQL 和 CLR),<A>,表,<B>,视图

②语句权限:表示对数据库的操作权限,或者说创建数据库及数据库中其他内容所需要的权限类型。通常是一些具有管理性的操作。执行这些操作的语句虽然仍包含有操作对象,但这些对象在执行该语句之前并不存在于数据库中,因此,语句权限针对的是某个 SQL 语句,而不是数据库中已经创建的特定的数据库对象,所以将其归为语句权限范畴。SQL Server 2005 的语句权限亦有数十种之多,表 12 - 2 列出了几种主要的 CREATE 类和 BACKUP 类语句权限及其作用。

表 12 - 2　语句权限及其作用

语句权限	作 用	语句权限	作 用
CREATE DATABASE	创建数据库	CREATE RULE	在数据库中创建规则
CREATE TABLE	在数据库中创建表	CREATE FUNCTION	在数据库中创建函数
CREATE VIEW	在数据库中创建视图	CREATE ROLE	在数据库中创建数据库角色
CREATE DEFAULT	在数据库中创建默认对象	BACKUP DATABASE	备份数据库
CREATE PROCEDURE	在数据库中创建存储过程	BACKUP LOG	备份日志

③隐含权限:是指系统自行预定义而不需要授权就有的权限,包括固定服务器角色、固定数据库角色和数据库对象所有者所拥有的权限。

12.4.3　权限的设置

权限管理是通过设置账户或数据库用户的权限，完成权限的授予（包括转授）、拒绝、撤销等操作实现的。可以通过使用 SSMS 或 T – SQL 语句两种方式设置权限。

转授是指主体将自己获得并具有转授权限的权限授给其他主体；拒绝是指主体拒绝接受授予自己的权限，通常用于组主体或角色主体，以防止其他主体通过组成员或角色成员身份继承权限。关于角色和继承的介绍见第 12.5 节；撤销是指取消已经授予主体的权限（包括取消该主体转授给其他主体的权限）。

1. 使用 SSMS 设置权限

使用 SSMS 设置权限时，虽然服务器级权限与数据库级权限的授权主体（前者主要是账户或角色，后者主要是数据库用户）和安全对象（见第 12.4.1 节）都有较大差别，但操作方法大体相似。

【例 12 – 7】　使用 SSMS 为账户“abc”设置权限。

在 SSMS 环境中，可以通过 3 种方式为账户设置权限。第一是为账户指定服务器角色，第二是为账户指定数据库角色，第三是直接为账户指定安全对象。这三种方式设置的权限各不相同。前两种方式将在第 12.5.2 节“角色管理”中介绍，本例介绍第三种方式。

①在指定账户所在的服务器的“安全性\登录名”下，右键单击目标账户→在弹出的快捷菜单中选择“属性”（图 12 – 19）→系统弹出“登录属性”对话框；

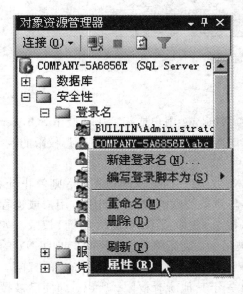

图 12 – 19　选择账户属性

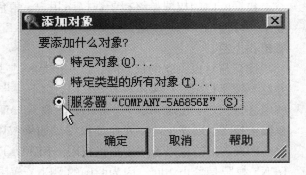

图 12 – 20　指定添加的对象

②在“登录属性”对话框“选择页”区选择“安全对象”→进入“安全对象”页→单击“添加”（参见图 12 – 21）→在弹出的“选择对象”对话框选择第三项“服务器……”（图 12 – 20），单击“确定”→返回“安全对象”页；

③此时"安全对象页"右上部"安全对象"列表区出现服务器名称，右下部权限列表区列出了可在该服务器使用的相关权限（图 12 – 21）→按需要就相关权限逐一进行设置：选择（√）"授与"、"具有授予权限"（即转授权限）或"拒绝"，或者取消选择（取消原来的选择即撤销权限，注意，这种撤销包括撤销该账户转授给其他一切主体的该权限）→设置完毕后单击"确定"→数据库引擎立即进行相应的设置操作。

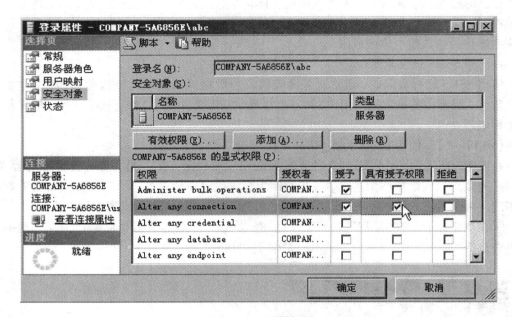

图 12 – 21   设置权限

2. 使用 T – SQL 语句设置权限

数据库内的权限始终授予数据库用户、角色和 Windows 用户或组，从不授予 SQL Server 登录。可使用 T – SQL 提供的 GRANT、EVOKE 和 DENY 语句对数据库用户进行权限的授予、撤销和拒绝。

计算与对象关联的权限时，第一步是检查 DENY 权限。如果权限被拒绝，则停止计算，并且不授予权限。如果不存在 DENY，则下一步将与对象关联的权限和调用方用户或进程的权限进行比较，在这一步中，可能会出现 GRANT（授予）权限或 REVOKE（吊销）权限。如果权限被授予，则停止计算并授予权限。如果权限被吊销，则删除先前 GRANT 或 DENY 的权限。因此，吊销权限不同于拒绝权限。REVOKE 权限删除先前 GRANT 或 DENY 的权限。而 DENY 权限是禁止访问。因为明确的 DENY 权限优先于其他所有权限，所以，即使已被授予访问权限，DENY 权限也将禁止访问。

① GRANT 语句：GRANT 语句用于将安全对象的权限授予主体。

- 语法摘要：GRANT ALL | permission [（column[，...n]）][，...n]

        [ON [class：：] securable] TO principal [，...n]

        [WITH GRANT OPTION] [AS principal]

- 参数摘要与说明

ALL：该选项并不授予全部可能的权限。授予 ALL 参数相当于授予以下权限。如果安全对象为数据库，则 ALL 表示 BACKUP DATABASE、BACKUP LOG、CREATE DATABASE、CREATE DEFAULT、CREATE FUNCTION、CREATE PROCEDURE、CREATE RULE、CREATE TABLE 和 CREATE VIEW；安全对象为标量函数，则 ALL 表示 EXECUTE 和 REFERENCES；安全对象为存储过程，则 ALL 表示 DELETE、EXECUTE、INSERT、SELECT 和 UPDATE；安全对象为表、视图或表值函数，则 ALL 表示 DELETE、INSERT、REFERENCES、SELECT 和 UP-DATE。

Permission：权限的名称。

Column：指定表中将授予其权限的列的名称。需使用括号"( )"。

Class：指定将授予其权限的安全对象的类。需要范围限定符"∷"。

Securable：指定将授予其权限的安全对象。

TO principal：主体的名称。可为其授予安全对象权限的主体随安全对象而异。

GRANT OPTION：指示被授权者在获得指定权限的同时还可以将指定权限授予其他主体。

AS principal：指定一个主体，执行该查询的主体从该主体获得授予该权限的权利。

- 备注：数据库级权限在指定的数据库范围内授予。如果用户需要另一个数据库中的对象的权限，请在该数据库中创建用户账户，或者授权用户账户访问该数据库以及当前数据库。

【例 12 – 8】　使用 GRANT 语句为数据库用户 XYZ 授权：许可对学生表的 S_NO 列和 S_NAME 列的 SELECT、S_NO 列的 UPDATE 操作；许可对成绩表的全部操作并可转授他人。

GRANT SELECT(S_NO, S_NAME), UPDATE(S_NO) ON 学生表 TO XYZ

GRANT ALL ON 成绩表 TO XYZ WITH GRANT OPTION

② REVOKE 语句：撤销以前授予或拒绝了的权限。

- 语法摘要：REVOKE ［ GRANT OPTION FOR ］

　　　　　　　{ ALL | { permission［(column［, ... n］)］［, ... n］ } }

　　　　　　　［ ON ［class∷］ securable］ { TO|FROM } principal［, ... n］

　　　　　　　［ CASCADE］［AS principal］

- 参数摘要与说明

ALL、permission、column、class 见 GRANT 语句的参数摘要与说明(将授予改为撤销)。

GRANT OPTION FOR：指示将撤销授予指定权限的能力。

TO | FROM principal 主体的名称。

CASCADE：指示当前正在撤销的权限也将从其他被该主体授权的主体中撤销。

AS principal：指定一个主体，执行该查询的主体从该主体获得撤销该权限的权利。

- 备注：如果仅撤销主体转授权限的权限，必须同时指定 CASCADE 和 GRANT OPTION FOR 参数。

【例 12 – 9】　使用 REVOKE 撤销数据库用户 XYZ 的权限：XYZ 及其转授主体的对成绩表的 UPDATE 操作权限；XYZ 转授其对成绩表的 DELETE 权限(保留 XYZ 本身对成绩表的

DELETE 权限)。

　　REVOKE UPDATE ON 成绩表 FROM XYZ CASCADE

　　REVOKE GRANT OPTION FOR DELETE ON 成绩表 FROM XYZ CASCADE

　　③ DENY 语句：拒绝授予主体权限。防止主体通过其组或角色成员身份继承权限。

- 语法摘要：DENY ALL｜{ permission [(column[，...n])][，...n] }

　　　　　　　　[ON [class：：] securable] TO principal[，...n]

　　　　　　　　[CASCADE] AS principal]

- 参数摘要与说明：参见 GRANT 、REVOKE 语句(将授予、撤销改为拒绝)。

- 备注：如果某主体的该权限是通过指定 GRANT OPTIONDENY 获得的，那么，在撤销其该权限时，如果未指定 CASCADE，则 DENY 将失败。

　　【例12－10】　使用 DENY 使数据库用户 XYZ 拒绝授予其对成绩表的 INSERT 操作权限。

DENY INSERT ON 成绩表 TO XYZ CASCADE

12.5　角色管理

　　角色是 DBMS 为方便权限管理而设置的管理单位。角色定义了常规的 SQL Server 用户类别，每种角色将该类别的用户(即角色的成员)与其使用 SQL Server 的权限相关联。角色中的所有成员自动继承该角色所拥有的权限，对角色进行的权限授予、拒绝或撤销将对其中所有成员生效。

　　SQL Server 提供了用户通常管理工作的预定义角色(包括服务器角色和数据库角色)。用户还可以创建自己的数据库角色，以便表示某一类进行同样操作的用户。当用户需要执行不同的操作时，只需将该用户加入不同的角色中即可，而不必对该用户反复授权许可和撤销许可。

12.5.1　角色的类型与权限

　　1.角色的类型

　　①按照角色权限的作用域，可以分为服务器角色与数据库角色。

- 服务器角色是作用域为服务器范围的用户组。SQL Server 根据系统的管理任务类别及其相对重要性，把具有 SQL Server 管理职能的用户划分为不同的用户组，每一组所具有的管理 SQL Server 的权限都是 SQL Server 内置的。用户必须有登录账户才能加入服务器角色。

- 数据库角色是权限作用域为数据库范围的用户组。可以为某些用户授予不同级别的管理或访问数据库及数据库对象的权限，这些权限是数据库专有的。一个用户可属于同一数据库的多个角色。SQL Server 提供了两类数据库角色：固定数据库角色、用户自定义数据库角色。

　　②按照角色的定义者，可以分为预定义角色与自定义角色。

- 预定义角色是由 SQL Server 预先定义好的角色，它们可以由用户使用(添加或删除成员，public 角色除外)，但不能被用户修改、添加或删除。SQL Server 提供了3类预定义角色：服务器角色、固定数据库角色、public 角色。

● 自定义角色是由用户创建的角色。属于数据库角色。SQL Server 支持自定义数据库角色、应用程序角色两类。

综上所述，在 SQL Server 2005 中有 5 种角色：public 角色、服务器角色、固定数据库角色、自定义数据库角色、应用程序角色。

③关于 public 角色、应用程序角色。

● public 角色在每个数据库中都存在，提供数据库中用户的默认权限。每个登录和数据库用户都自动是此角色的成员，因此，无法在此角色中添加或删除用户。

2．预定义角色描述与权限

①服务器角色：在服务器库级定义并存在于数据库之外。角色的每个成员都能够向该角色中添加其他登录。

● 在 SSMS 中的位置：展开对象资源管理器中"安全性\服务器角色"节点，可看到当前服务器的所有服务器角色(图 12 – 22)。

图 12 – 22　固定服务器角色

● 角色描述与权限：SQL Server 提供了 8 种常用的服务器角色来授予组合服务器级管理员权限。表 12 – 3 列出了各服务器角色及其描述与权限。

表 12 – 3　服务器角色描述与权限

服务器角色	描述	已授予服务器级权限
bulkadmin	批量输入管理员：管理大容量数据输入操作	ADMINISTER BULK OPERATIONS
dbcreator	数据库创建者：可创建、更改、删除和还原任何数据库	CREATE DATABASE
diskadmin	磁盘管理员：管理磁盘文件	ALTER RESOURCES
processadmin	进程管理员：可终止 SQL Server 实例中运行的进程	ALTER ANY CONNECTION、ALTER SERVER STATE
securityadmin	安全管理员：管理登录名及其属性。GRANT、DENY 和 REVOKE 服务器级和数据库级权限；重置 SQL Server 登录名的密码	ALTER ANY LOGIN
serveradmin	服务器管理员：管理 SQL Server 服务器端的设置。可更改服务器范围的配置选项和关闭服务器	ALTER ANY ENDPOINT、ALTER RESOURCES、ALTER SERVER STATE、ALTER SETTINGS、SHUTDOWN、VIEW SERVER STATE
setupadmin	安装管理员：增加、删除连接服务器，建立数据库复制以及管理扩展存储过程	ALTER ANY LINKED SERVER
sysadmin	系统管理员：拥有 SQL Server 所有的权限许可	已使用 GRANT 选项授予：CONTROL SERVER

注：默认情况下，Windows BUILTIN\Administrators 组(本地管理员组)的所有成员都是 sysadmin 角色成员。

②固定数据库角色：在数据库级定义并存在于每个数据库中。db_owner 和 db_securityad-min 数据库角色的成员可以管理固定数据库角色成员身份，但只有 db_owner 角色成员可将其他用户添加到 db_owner 固定数据库角色中。

● 在 SSMS 中的位置：展开对象资源管理器中目标数据库的"安全性\角色\数据库角色"节点，可看到当前数据库的所有数据库角色(图 12 - 23)。

图 12 - 23　固定数据库角色

● 角色描述与权限：SQL Server 提供了 10 种常用的固定数据库角色来授予组合数据库级管理员权限。表 12 - 4 列出了各固定数据库角色及其描述与权限。

VIEW ANY DATABASE 权限是服务器级权限，它控制是否显示 sys. databases 和 sysdata-bases 视图以及 sp_helpdb 系统存储过程中的元数据。获得此权限的登录账户可查看描述所有数据库的元数据，而不管该登录账户是否拥有特定的数据库或实际上是否可以使用该数据库。

表 12 - 4　固定数据库角色描述与权限

固定数据库角色	描　述	已授予数据库级权限
db_accessadmin	可为登录账户添加或删除访问权限	ALTER ANY USER、CREATE SCHEMA 已使用 GRANT 选项授予：CONNECT
db_backupoperator	可备份该数据库	BACKUP DATABASE、BACKUP LOG、CHECKPOINT
db_datareader	可读取用户表中所有数据	SELECT
db_datawriter	可在所有用户表中增、删、改数据	DELETE、INSERT、UPDATE
db_ddladmin	可在数据库中运行任何数据定义语言（DDL）命令	ALTER ANY ASSEMBLY、ALTER ANY ASYMMETRIC KEY、ALTER ANY CERTIFICATE、ALTER ANY CONTRACT、ALTER ANY DATABASE DDL TRIGGER、ALTER ANY DATABASE EVENT、NOTIFICATION、ALTER ANY DATASPACE、ALTER ANY FULL-TEXT CATALOG、ALTER ANY MESSAGE TYPE、ALTER ANY REMOTE SERVICE BINDING、ALTER ANY ROUTE、ALTER ANY SCHEMA、ALTER ANY SERVICE、ALTER ANY SYMMETRIC KEY、CHECKPOINT、CREATE AGGREGATE、CREATE DEFAULT、CREATE FUNCTION、CREATE PROCEDURE、CREATE QUEUE、CREATE RULE、CREATE SYNONYM、CREATE TABLE、CREATE TYPE、CREATE VIEW、CREATE XML SCHEMA COLLECTION、REFERENCES
db_denydatareader	不能读取数据库内用户表中的任何数据	已拒绝：SELECT
db_denydatawriter	不能增、删、改数据库内用户表中的任何数据	已拒绝：DELETE、INSERT、UPDATE
db_owner	可执行数据库的所有配置和维护活动	已使用 GRANT 选项授予：CONTROL
db_securityadmin	可修改角色成员身份和管理权限	ALTER ANY APPLICATION ROLE、ALTER ANY ROLE、CREATE SCHEMA、VIEW DEFINITION
public	可查看元数据	VIEW ANY DATABASE

注：除 db_denydatawriter 角色外，其他角色都已授予权限 VIEW ANY DATABASE。

默认情况下，VIEW ANY DATABASE 权限被授予 public 角色。因此，连接到 SQL Server 2005 实例的每个用户都可查看该实例中的所有数据库。

若要限制数据库元数据的可见性，请取消登录账户的 VIEW ANY DATABASE 权限。取消此权限之后，登录账户只能查看 master、tempdb 以及所拥有的数据库的元数据。

每个数据库用户都属于 public 数据库角色。当尚未对某个用户授予或拒绝对安全对象的特定权限时，则该用户将继承授予该安全对象的 public 角色的权限。

12.5.2　角色的管理

利用角色，SQL Server 管理者可以将某些用户设置为某一角色，这样只要对角色进行权限设置便可以实现对所有用户权限的设置，大大减少了管理员的工作量。

使用 SSMS 可以方便快捷地实施角色管理，也可以使用有关系统存储过程进行角色管理。

1.设置登录名的服务器角色身份

①使用 SSMS 设置或撤销登录名（账户）的服务器角色成员身份：使用 SSMS 可以方便快捷地为登录名一次设置或撤销多个角色成员身份。

【例 12 - 11】　为账户"abc"设置服务器角色成员身份。

- 在账户所在服务器的"安全性\登录名"下，右键单击目标账户→在弹出的快捷菜单中选择"属性"（图 12 - 24）；

- 在弹出的"登录属性"对话框"选择页"区选择"服务器角色"→进入"服务器角色"页；

- 在"服务器角色（S）"区设置（打上√）需要的服务器角色或撤销（去掉√）不要的服务器角色身份（图 12 - 25）→设置完毕后单击"确定"即可。

②使用 sp_addsrvrolemember（sp_dropsrvrolemember）系统存储过程设置（删除）登录名的服务器角色成员身份。

图 12 - 24　选择账户属性

- 语法摘要

设 置：sp_addsrvrolemember ［@ loginame = ］'login'，［@ rolename = ］'role'

删除：sp_dropsrvrolemember ［@ loginame = ］'login'，［@ rolename = ］'role'

- 参数摘要与说明

［@ loginame = ］'login'：指定要设置|删除服务器角色身份的登录名。login 必须存在，必须带服务器名称。

［@ rolename = ］'role'：指定服务器角色名。role 必须为以下值之一：sysadmin、securityadmin、serveradmin、setupadmin、processadmin、diskadmin、dbcreator、bulkadmin。

- 备注

需要具有 sysadmin 角色成员身份，或同时具有对服务器的 ALTER ANY LOGIN 权限以及从中设置|删除成员的角色中的成员身份。

不能更改 sa 登录和 public 的角色成员身份。

不能在用户定义的事务内执行 sp_addsrvrolemember 或 sp_dropsrvrolemember。

返回代码值：0（成功）或 1（失败）

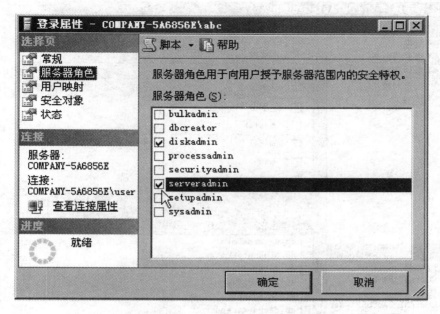

图 12 - 25　为账户"abc"设置服务器角色成员身份

【例 12 - 12】　为账户"abc"设置服务器角色成员身份。

sp_addsrvrolemember @ loginame = 'COMPANY - 5A6856E\abc', @ rolename = 'sysadmin'

2. 设置登录名的固定数据库角色身份

使用 SSMS 设置或撤销登录名（账户）的固定数据库角色成员身份：使用 SSMS 可以方便快捷地为登录名一次设置或撤销多个角色成员身份。

【例 12 - 13】　为账户"abc"设置固定数据库角色成员身份。

* 同例 12 - 11 的第一步（图 12 - 24）。
* 在弹出的"登录属性"对话框"选择页"区选择"用户映射"→进入"用户映射"页；
* 在"用户映射"右上区选择（打上√）需要设置数据库角色或撤销（去掉√）不要设置数据库角色身份的数据库（可分别映射设置多个数据库）；
* 在"用户映射"右下区设置（打上√）需要的数据库角色或撤销（去掉√）不要的数据库角色身份（图 12 - 26，均是对于右上区选择的数据库映射）→设置完毕后单击"确定"即可。

3. 设置数据库用户的固定数据库角色身份

①使用 SSMS 设置或撤销数据库用户的固定数据库角色成员身份：使用 SSMS 可以方便快捷地为数据库用户一次设置或撤销多个角色成员身份。

【例 12 - 14】　利用 SSMS 为"_教学库"的数据库用户"XYZ"设置固定数据库角色成员身份。

* 在用户所在的"_教学库\安全性\用户"下，右键单击目标用户→在弹出的快捷菜单中选择"属性"（图 12 - 27）→系统弹出"数据库用户"对话框；
* 在弹出的"数据库用户"对话框的"常规"页的右下部"角色成员"区内，逐一设置（打

登录属性 - COMPANY-5A6856E\abc				

脚本 ▾ 帮助

选择页
- 常规
- 服务器角色
- 用户映射
- 安全对象
- 状态

映射到此登录名的用户(D):

映射	数据库	用户	默认架构
☑	_教学库	COMPANY-5A6856E\abc	...
☐	_学生库		
☐	master		
☐	model		
☐	msdb		
☐	tempdb		

☐ 已启用 Guest 帐户: _教学库

数据库角色成员身份(R): _教学库

- ☐ db_accessadmin
- ☑ db_backupoperator
- ☐ db_datareader
- ☐ db_datawriter
- ☐ db_ddladmin
- ☐ db_denydatareader
- ☐ db_denydatawriter
- ☑ db_owner
- ☐ db_securityadmin
- ☑ public

连接

服务器:
COMPANY-5A6856E

连接:
COMPANY-5A6856E\user

🔍 查看连接属性

进度

就绪

确定   取消

图 12-26   为账户"abc"设置固定数据库角色成员身份

图 12-27   选择数据库用户属性

上√)需要的固定数据库角色成员身份或撤销(去掉√)不要的固定数据库角色成员身份(图 12 - 28)→设置完毕后单击"确定"即可。

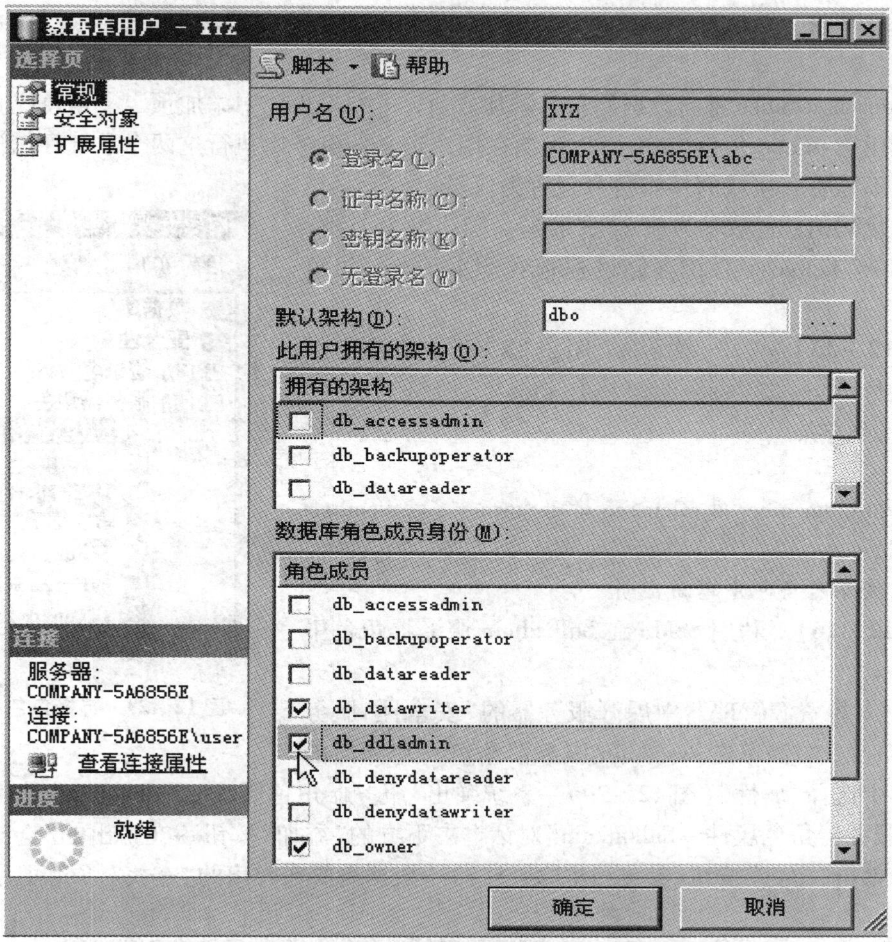

图 12 - 28　为"_教学库"的数据库用户"XYZ"设置固定数据库角色成员身份

②使用 sp_addrolemember(sp_droprolemember)系统存储过程在当前数据库中设置(删除)用户的固定数据库角色成员身份。

- 语法摘要

设置：sp_addrolemember [@ rolename =] 'role', [@ membername =] 'security_account'

删除：sp_droprolemember [@ rolename =] 'role', [@ membername =] 'security_account'

- 参数摘要与说明

role：当前数据库中的数据库角色名。无默认值。必须存在于当前数据库中。

security_account：将设置或删除角色成员身份的用户名。无默认值。可以是数据库用户、自定义数据库角色、Windows 登录或 Windows 组。必须存在于当前数据库中。

● 备注

sp_addrolemember 需具备下列条件之一：db_owner 或 db_securityadmin 角色身份；拥有该角色的角色中成员身份或对角色的 ALTER 权限。sp_droprolemember 需有 sysadmin 固定服务器角色成员身份，或对服务器具有 ALTER ANY LOGIN 权限以及将从中删除成员的角色的成员身份。

sp_addrolemember 将向数据库角色添加成员，不能向角色中添加预定义角色或 dbo。

不能用于 public 角色或 dbo，也不能在用户定义的事务中执行这两个系统存储过程。

角色不能将直接或间接将自身包含为成员。

返回代码值：0(成功) 或 1(失败)。

可用 sp_helpuser 系统存储过程查看 SQL Server 角色的成员。

【例 12 – 15】 为 "_教学库" 用户 "XYZ" 设置固定数据库角色身份。

USE _教学库

GO

sp_addrolemember @ rolename = ′db_owner′, @ membername = ′XYZ′

4. 在服务器角色中增减成员

【例 12 – 16】 利用 SSMS 在 bulkadmin 服务器角色中增减成员。

图 12 – 29 选择角色属性

● 在对象资源管理器中展开服务器的 "安全性\服务器角色" 节点，右键单击 sysadmin 服务器角色→在弹出的快捷菜单中选择 "属性"(图 12 – 29)→系统弹出 "服务器角色属性 – bulkadmin" 对话框，单击弹出的 "服务器角色属性 – bulkadmin" 对话框右下方的 "添加" 按钮→在弹出的 "选择登录名" 对话框中单击 "游览" 按钮(参见(图 12 – 31))→根据需要在弹出的 "查找对象" 对话框中选择

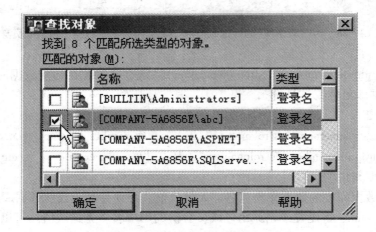

图 12 – 30 查找数据库用户的登录名

登录名"abc"等（图 12－30，可以一次选择多个）后单击"确定"→返回"选择登录名"对话框，指定的登录名"abc"等已在列表中（图 12－31），单击"确定"→返回"服务器角色属性－bulkadmin"对话框；

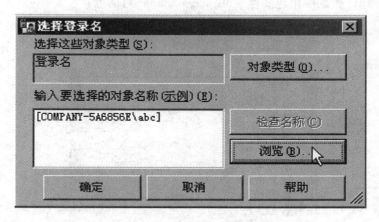

图 12－31 选择登录名对话框

● 这时，在"服务器角色属性－bulkadmin"对话框右边的"角色成员"列表中已出现刚才选定的登录名"abc"（图 12－32）→根据需设置或删除（先选中要删除的登录名，再按"删除"按钮）角色中的成员→设置完毕后单击"确定"，即可。

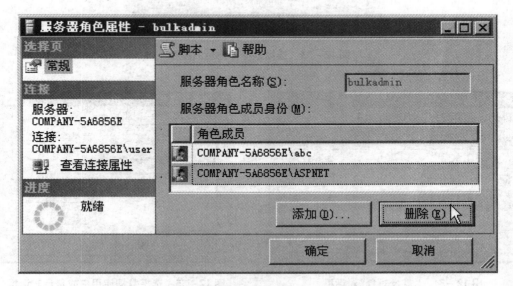

图 2－32 在"服务器属性－bulkadmin"对话框增减成员

5. 在固定数据库角色中增减成员

【例 12－17】 利用 SSMS 在当前服务器的"_教学库"的 db_accessadmin 固定数据库角色

增减成员。

- 在对象资源管理器中展开目标服务器的"数据库_教学库安全性\角色\数据库角色"节点，右键单击 db_accessadmin 固定数据库角色→在弹出的快捷菜单中选择"属性"(图 12 – 33)→系统弹出"数据库角色属性 – db_accessadmin"对话框；

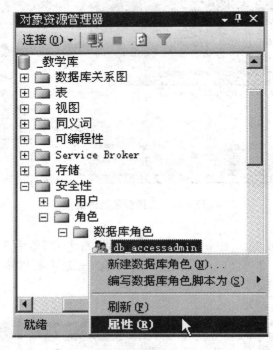

图 12 – 33　选择数据库角色的属性

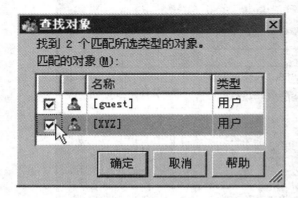

图 12 – 34　"查找对象"对话框

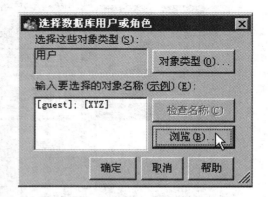

图 12 – 35　选择数据库用户或角色对话框

- 单击"数据库角色属性 – db_accessadmin"对话框(图 12 – 36)右下方的"添加"按钮→在弹出的"选择数据库用户或角色"对话框中单击"游览"按钮((图 12 – 35))→根据需要在弹出的"查找对象"对话框中选择登录名"XYZ"等(图 12 – 34，可以一次选择多个)后单击"确

定"→返回"选择数据库用户或角色"对话框，指定的登录名"XYZ"等已在列表中（图 12 –
34)，单击"确定"→返回"服务器属性 – bulkadmin"对话框；

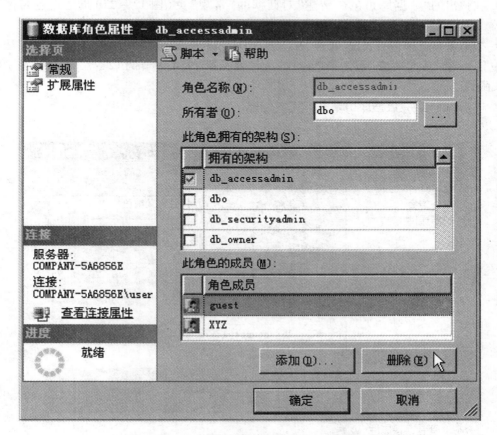

图 12 – 36　选择数据库用户或角色对话框

- 这时，在"数据库角色属性 – db_accessadmin"对话框右下部的"此角色拥有的成员"列
表中已出现刚才选定的用户名"XYZ"等（图 12 – 36)→根据需设置或删除（先选中要删除的
成员，再按"删除"按钮）角色中的成员→设置完毕后单击"确定"，即可。

12.5.3　创建、使用、删除自定义角色

创建自定义数据库角色就是创建一个用户组，这些用户具有相同的一组权限。如果一组
用户需要执行在 SQL Server 中指定的一组操作并不存在对应的 Windows 组，或者没有管理
Windows 用户账号的权限，就可以在数据库中建立一个自定义数据库角色。

1. 创建自定义数据库角色

①使用 SSMS 创建自定义数据库角色。见例 12 – 18。

【例 12 – 18】　利用 SSMS 在当前服务器的"_教学库"内创建自定义数据库角色。

- 右键单击对象资源管理器中目标服务器的"数据库_教学库\安全性\角色\数据库角

色"节点或该节点下的任一角色→在弹出的快捷菜单中选择"新建数据库角色"(参见图 12 – 33);

　　● 在弹出的"数据库角色 – 新建"对话框的"常规"页(图 12 – 37)指定角色名称和所有者;

　　● 接下来可选择进行:在"常规"页指定架构,按"添加"按钮为角色添加成员(方法参见例 12 – 17);在"安全对象"页为角色授权(方法参见第 12.4.3 节例 12 – 7,但只能授予数据库级权限);

　　● 单击"确定"→数据库引擎立即完成创建。

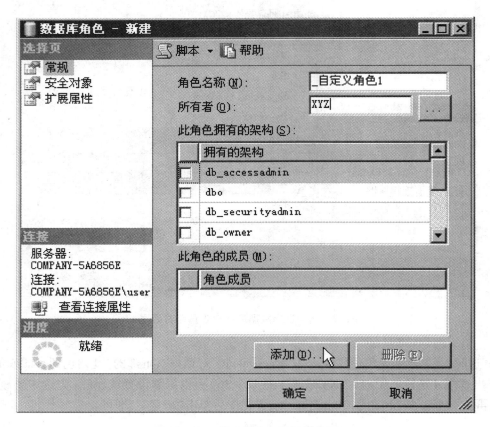

图 12 – 37　创建自定义数据库角色

②使用 T – SQL 语句 CREATE ROLE 在当前数据库中创建新的自定义数据库角色。
　　● 语法摘要:CREATE ROLE role_name ﹝ AUTHORIZATION owner_name ﹞
　　● 参数摘要与说明
role_name:待创建角色的名称。
AUTHORIZATION owner_name:将拥有新角色的数据库用户或角色。缺省为执行该语句的用户。
【例 12 – 19】　利用 CREATE ROLE 在当前数据库创建自定义数据库角色。

CREATE ROLE _自定义角色2 AUTHORIZATION XYZ

自定义数据库角色创建后，可随时对其进行添加、删除成员（方法同固定数据库角色一样，见第12.5.2节）和权限设置（方法参见第12.4.3节例12－7或使用 GRANT、DENY 和 REVOKE 语句，但只能授予数据库级权限）操作。

2.创建应用程序角色

①使用 SSMS 创建应用程序角色。见例12－20。

● 右键单击对象资源管理器中目标服务器的"数据库_教学库\安全性\角色\应用程序角色"节点→在弹出的快捷菜单中选择"新建应用程序角色"（图12－38）；

● 在弹出的"数据库角色－新建"对话框的"常规"页（图12－37）指定角色名称和所有者；

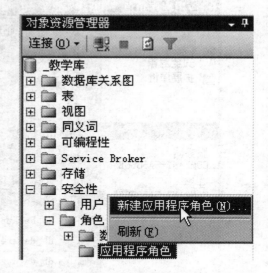

图12－38 选择新建应用程序角色

● 接下来可选择进行：在"常规"页指定架构；在"安全对象"页为角色授权（方法参见第12.4.3节例12－7，但只能授予数据库级权限）；

● 单击"确定"→数据库引擎立即完成创建。

自定义数据库角色创建后，可随时对其进行权限设置（（方法参见第12.4.3节例12－7或使用 GRANT、DENY 和 REVOKE 语句，但只能授予数据库级权限））操作。

②使用 CREATE APPLICATION ROLE 语句在当前数据库中创建新的自定义数据库角色。

● 语法摘要：CREATE APPLICATION ROLE application_role_name

WITH PASSWORD = ′password′［，DEFAULT_SCHEMA = schema_name］

● 参数摘要与说明

application_role_name：应用程序角色名称。不应使用该名称引用数据库中的任何主体。

PASSWORD = ′password′：指定用户将用于激活应用程序角色的密码。应始终使用强密码。

DEFAULT_SCHEMA = schema_name：指定解析该角色对象名时将搜索的第一个架构。默认是 DBO。

● 备注：设置角色密码时将检查密码复杂性。调用角色的应用程序必须存储它们的密码。

【例12－19】 利用 CREATE ROLE 在当前数据库创建自定义数据库角色。

CREATE APPLICATION ROLE 应用程序角色2 WITH PASSWORD = ′1234567890′

应用程序角色是一种特殊的自定义数据库角色。它使应用程序能用其自身的、类似用户的权限运行，从而可让没有直接访问数据库权限的用户访问特定数据。如果要让某些用户只

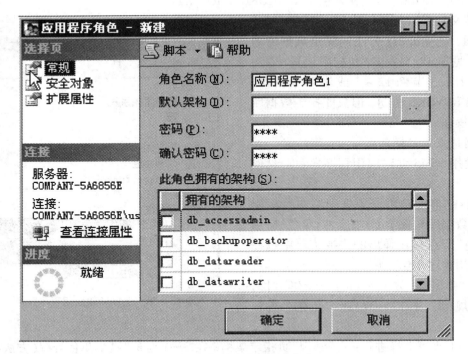

图 12 – 39　创建应用程序角色

能通过特定的应用程序间接存取数据库的数据而不是直接访问数据库时，应考虑使用应用程序角色。

应用程序角色使用 Mixed 身份验证模式，可被 sp_setapprole 系统存储过程激活。它只能通过其他数据库中授予 guest 用户账户的权限来访问这些数据库。任何已禁用 guest 用户账户的数据库对其他数据库中的应用程序角色来说都是不可访问的。

应用程序角色切换安全上下文的过程是：用户执行客户端应用程序→应用程序作为用户连接到 SQL Server→应用程序用一个只有它知道的密码执行 sp_setapprole 存储过程，证明自己的身份→如果应用程序提交的应用程序角色名称和密码都有效，则激活应用程序角色→此时，连接将失去原用户权限，获得应用程序角色权限，而且在连接期间始终有效。

在 SQL Server 的早期版本中，用户若要在激活应用程序角色后重新获取其原始安全上下文，唯一的方法就是断开 SQL Server 连接，然后再重新连接。在 SQL Server 2005 中，sp_setapprole 提供了一个新选项，可在激活应用程序之前创建一个包含上下文信息的 Cookie。sp_unsetapprole 可以使用此 Cookie 将会话恢复到其原始上下文。

由于只有应用程序（而非用户）知道应用程序角色的密码，因此，只有应用程序可以激活此角色，并访问该角色有权访问的对象。应用程序角色包含在特定的数据库中，如果它试图访问其他数据库，将只能获得其他数据库中 guest 账户的权限。

应用程序角色不需要服务器登录名，但创建应用程序角色的 T – SQL 语句必须包含对应于此应用程序角色的密码。因此，创建应用程序角色的安装脚本时一定要小心。在使用应用程序角色的任何数据库中,应撤销 public 角色的权限。对于不希望应用程序角色的调用方具有访问权限的数据库,可禁用 guest 账户。

3. 修改、删除自定义角色

可以使用 SSMS 很方便地修改自定义角色(包括自定义数据库角色或应用程序角色),方法是在对象资源管理器中双击(或右键单击自定义角色的名称或图标,在弹出的快捷菜单中选择"属性"),然后可在弹出的自定义角色属性对话框中进行各种修改,其界面和修改方法与创建时一样(参见例 12 - 18、例 2 - 19)。

也可以使用 T - SQL 的相关语句进行修改,主要语法如下:

- 更改数据库角色的名称:ALTER ROLE role_name WITH NAME ＝ new_name

更改数据库角色的名称不会更改角色的 ID 号、所有者或权限。

- 更改应用程序角色的名称、密码或默认架构:

ALTER APPLICATION ROLE application_role_name WITH ＜ set_item ＞[, ... n]

$$< set\_item > : : = \{ NAME = new\_application\_role\_name \mid PASSWORD = 'password' \mid DEFAULT\_SCHEMA = schema\_name \}$$

如果要删除自定义角色,可以在对象资源管理器中右键单击自定义角色的名称或图标,在弹出的快捷菜单中选择"删除",然后在弹出的删除对象对话框中单击"确定"即可。

也可以使用 T - SQL 的相关语句进行删除,主要语法如下:

- 从数据库删除自定义数据库角色:DROP ROLE role_name
- 从当前数据库删除应用程序角色:DROP APPLICATION ROLE rolename

注意:删除拥有安全对象的数据库角色之前,必须先移交这些安全对象的所有权,或从数据库删除它们。

12.6　通用安全管理措施

下面列举一些适合大多数情况的通用安全管理措施:

①尽量选择 Windows 身份验证模式。

②经常为 Windows 和 SQL Server 升级。

③特别小心在 IIS 上配置 SQL XML 支持。

④应用程序不要将敏感信息返回给客户(消息和错误信息要用更普遍的回应代替)。

⑤在每个服务器上创建标准的 SQLAdmin 数据库用来创建用于管理的存储过程。

⑥所有用户的默认数据库改为一个数据库而非 master。

⑦不允许用户在 master 或 msdb 上创建对象。

⑧考虑从生产服务器中删除 pubs 和 northwind 示例数据库。

⑨严格地直接为 public 角色授予权限;不要拒绝权限给 public 角色。

⑩从所有用户数据库中清除 guest 账户。

⑪从物理和逻辑上隔离 SQL Server;绝对不要直接连接到 Internet。

⑫定期备份所有数据,并将副本存储在现场以外的安全位置。

⑬将 SQL Server 安装在 NTFS 文件系统上(NTFS 更稳定且更易于恢复,支持更多的安全

选项)。

⑭使用 Microsoft 基线安全分析器(MBSA)对服务器进行监视(MBSA 工具用来扫描几个 Microsoft 产品中普遍存在的不安全配置)。

⑮设置强健的 sa 密码。

⑯选择尽可能安全的连接:不要使用 sa 或任何 sysadmins 成员登录;为应用程序创建登录账号并仅授权它连接的必需的数据库。

⑰以最小的权限需要登录运行:把登录账号的权限定为所需语句和对象的最小需要。

⑱与直接对数据库的访问相比,视图和存储过程更好:基于商业规则使用视图分割数据;对所有的插入、更新、删除操作使用存储过程。

⑲在防火墙上禁用 SQL Server 端口(TCP 端口 1433 以及 UDP 端口 1434)。

⑳不要将日志文件和数据文件保存在同一个硬盘上。

㉑定期地查看日志,审核指向 SQL Server 的连接。

㉒质疑非标准功能需求:例如扩张存储过程、发电子邮件等。

本章小结

SQL Server 2005 安全机制主要包括 5 个方面:客户机的安全机制(账户安全管理);网络传输的安全机制(数据加密);服务器的安全机制(身份验证);数据库的安全机制(用户管理);数据对象的安全机制(权限管理)。SQL Server 的安全性管理建立在身份验证和访问许可机制上。

身份验证是指核对连接到 SQL Server 的账户名和密码是否正确,以确定用户是否具有连接到 SQL Server 的权限。SQL Server 采用 Windows 身份验证、SQL Server 和 Windows 身份验证两种身份验证模式验证用户的身份。

账户(登录名)是用户合法身份的标识,是用户与 SQL Server 之间建立的连接途径。用户访问 SQL Server 数据库之前,必须使用有效账户连接到数据库。

登录管理通过对账户的管理而实现,即通过对用户账户的创建/删除、连接权限的授予/拒绝、登录活动的启用/禁用等来控制用户对 SQL Server 2005 服务器的登录、访问。

SQL Server 的数据库管理员账户 sa 对 SQL Server 的数据库拥有不受限制的完全访问权。

数据库用户是对数据库具有访问权的用户。它与登录是两个不同的概念。登录是对服务器而言,用户是对数据库而言。用户管理通过对数据库用户的创建/删除、权限的授予/撤销而实现对用户访问 SQL Server 数据库的控制。

权限是关于用户使用和操作数据库对象的权力与限制。SQL Server 使用许可权限来加强数据库的安全性,SQL Server 根据用户被授予的权限来决定用户能对哪些数据库对象执行哪些操作。

主体是可以请求 SQL Server 资源的个体、组和过程。可以是账户、用户或角色。安全对象是 SQL Server 数据库引擎授权系统控制对其进行访问的资源,其中最突出的是服务器和数据库。

SQL Server 2005 中的权限可以分为三大类:对象权限、语句权限和隐含权限。对象权限表示对特定安全对象的操作权限，它控制用户在特定的安全对象上执行相应语句或存储过程、函数的能力，其中最主要、最常用的有 SELECT、INSERT、UPDATE、DELETE、ALTER、EXECUTE、REFERENCES 等。语句权限表示对数据库的操作权限，通常是一些具有管理性的操作，其中最主要、最常用的有 CREATE 类和 BACKUP 类权限。隐含权限是系统自行预定义而不需要授权就有的权限，包括服务器角色、固定数据库角色和数据库对象所有者的权限。

权限管理是通过设置账户或数据库用户的权限，完成权限的授予（包括转授）、拒绝、撤销等操作实现的。转授是指主体将自己获得并具有转授权限的权限授给其他主体；拒绝是指主体拒绝接受授予自己的权限，以防其他主体通过成员身份继承权限；撤销是指取消已经授予主体的权限。

角色是 DBMS 为方便权限管理而设置的管理单位。它将用户分成若干类别并分别授予相应的权限或约束。角色的所有成员自动继承该角色所拥有的权限，对角色进行的权限授予、拒绝或撤销将对其中所有成员生效。角色可以大大减少 DBA 的工作量。

SQL Server 2005 中有 5 种角色：public 角色、服务器角色、固定数据库角色、自定义数据库角色、应用程序角色。服务器角色由 SQL Server 在服务器库级定义并存在于数据库之外，其中的 sysadmin 角色拥有 SQL Server 所有的权限许可。固定数据库角色由 SQL Server 在数据库级定义并存在于每个数据库中，其中 db_owner 角色可执行数据库的所有配置和维护活动，db_ddladmin 角色可在数据库中运行任何 DDL 命令，而 public 角色则涵盖了每个数据库用户。自定义数据库角色和应用程序角色由用户自行定义以满足其特殊需求，其中应用程序角色使得 DBA 能让某些用户只能通过特定的应用程序间接存取数据库的数据而不是直接访问数据库。

角色管理通过设置/撤销用户的角色成员身份和在角色中添加/删除成员而实现。

上述各种管理都能通过使用 SSMS 或某些 T－SQL 语句或某些系统存储过程而实现。

习　题

1. 名词解释

登录管理　用户管理　权限管理　角色管理　身份验证　Windows 身份验证模式　混合身份验证模式　账户　sa　数据库用户　权限　主体　安全对象　对象权限　语句权限　隐含权限　转授　拒绝　角色　public 角色　服务器角色　固定数据库角色　自定义数据库角色　应用程序角色

2. 简答题

(1) 简述身份验证的重要性。

(2) SQL Server 2005 采用哪些身份验证模式？为什么要采用这些身份验证模式？

(3) 简述账户与数据库用户的异同点。

(4) 既然账户能够表明用户的身份，为什么还要设立数据库用户？

(5) 简述权限的用途与意义。

(6) 最主要、最常用的对象权限有哪几类些？

(7) 简述权限转授功能的优缺点。

(8)简述角色的性能特点。

(9)SQL Server 2005 的角色有哪几类？各有何特点？

(10)简述应用程序角色的优缺点。

3.应用题

(1)分别在 Windows 和 SQL Server 2005 中新建 1 个账户，设置不同的身份验证模式，实验登录 SQL Server 2005。

(2)将上题的账户分别映射到同一数据库的两个数据库用户，并分别用例 12−7 提及的 3 种方式为其授予不同的权限。

(3)将上题用到的账户和数据库用户分别添加到你认为合适的 2 个服务器角色、2 个固定数据库角色成员中。

参考文献

［1］ 王小玲，刘卫国.数据库应用基础教程［M］.北京：中国铁道出版社，2008

［2］ 施伯乐，丁宝康，汪卫.数据库系统教程［M］.第 3 版.北京：高等教育出版社，2008

［3］ 程云志，张帆，崔翔.数据库原理与 SQL Server 2005 应用教程［M］.北京：机械工业出版社，2006

［4］ 苗雪兰，刘瑞新，宋会群.数据库技术及应用［M］.北京：机械工业出版社，2006

［5］ 李春葆，曾平.数据库原理与应用：基于 SQL Server 2000［M］.北京：清华大学出版社，2006

［6］ 宁洪，赵文涛，贾丽丽.数据库系统原理［M］.北京：北京邮电大学出版社，2005

［7］ 何玉洁.数据库基础及应用技术［M］.第 2 版.北京：清华大学出版社，2004

［8］ Microsoft Corporation. SQL Server 2005 文档［OL］. http：//technet. microsoft. com /zh－cn/library/ms203721（SQL. 90）. aspx

图书在版编目(CIP)数据

数据库技术与应用:SQL server 2005.应用篇/陆琳,刘桂林主编.
--长沙： 中南大学出版社,2010
高等学校计算机专业规划教材
ISBN 978 - 7 - 5487 - 0007 - 4

Ⅰ.数... Ⅱ.①陆...②刘... Ⅲ.关系数据库—数据库管理
系统 SQL Server 2005—高等学校—教材 Ⅳ.TP311.138

中国版本图书馆 CIP 数据核字(2010)第 036317 号

数据库技术与应用(应用篇)
SQL server 2005.
主编 陆 琳 刘桂林

□**责任编辑**	刘 辉	
□**责任印制**	易红卫	
□**出版发行**	中南大学出版社	
	社址：长沙市麓山南路	邮编：410083
	发行科电话：0731 - 88876770	传真：0731 - 88710482
□**印 装**	长沙理工大印刷厂	

□**开 本**	787×1092 1/16 □**印张** 19.75 □**字数** 486 千字	
□**版 次**	2010 年 3 月第 1 版 □2017 年 7 月第 2 次印刷	
□**书 号**	ISBN 978 - 7 - 5487 - 0007 - 4	
□**定 价**	48.00 元	

图书出现印装问题,请与经销商调换